Astrid Lusch

Entwicklung rekombinanter Alpha 1-Antitrypsin-Neoglykoproteine

Astrid Lusch

Entwicklung rekombinanter Alpha 1-Antitrypsin-Neoglykoproteine

Modifikation von A1AT und der Einfluss auf die Serumhalblebenszeit und Bioaktivität

Südwestdeutscher Verlag für Hochschulschriften

Imprint

Publisher:
Südwestdeutscher Verlag für Hochschulschriften
is a trademark of
Dodo Books Indian Ocean Ltd., member of the OmniScriptum S.R.L Publishing group
str. A.Russo 15, of. 61, Chisinau-2068, Republic of Moldova Europe
Printed at: see last page
ISBN: 978-3-8381-2693-7

Zugl. / Approved by: Berlin, FU, Diss., 2010

Inhaltsverzeichnis

Abkürzungen

%	Prozent
°C	Grad Celsius
2AB	2-Aminobenzamid
2dGal	2-Desoxy-D-galactose
A1AT	Alpha 1-Antitrypsin
AAC	Anionenaustauschchromatographie
AEM	Adenovirus-Expressionsmedium
AGP	α-1-saures Glykoprotein
Ara	Arabinosazon
ASGPR	Asialoglykoproteinrezeptor
bp	Baasenpaare
C	*Coulomb*, elektrische Ladung
CDG	*Congenital Disorders of Glycosylation*
CDS	*Coding Sequence*
CL	*Clearance*
Cys	Cystein
Da	Dalton
DCF	2',7'-Dichlorofluorescein
DCFA	2',7'-Dichlorofluorescein-Diacetat
Fuc	Fucose
DMB	1,2-Diamino-4,5-methylendioxybenzen
DMEM	Dulbecco's *Modified Eagle Medium*
EGFP	*Enhanced Green Fluorescent Protein*
EPO	Erythropoetin
ESI	Elektrospray-Ionisation
FKS	fetales Kälberserum
FPLC	*Fast protein liquid chromatography*
Gal	Galactose
GalT	Galactosyltransferase
Glc	Glucose
Gly	Glycin
h	Stunden
HEK293	*Human Embryonic Kidney 293*
Hex	Hexose
HexNAc	*N*-Acetyl-Hexosamin
HPAEC-PAD	*High Performance Anion Exchange Chromatography with Pulsed Amperometric Detection*
HPLC	*High Performance Liquid Chromatography*
HRP	Meerrettichperoxidase (*Horseradish Peroxidase*)
IgG	Immunglobulin G
IL	Interleukin
IRES	Internal Ribosomal Entry Site
kb	Kilobasen
kDa	Kilodalton
lag-Phase	Verzögerungsphase
m/z	Masse-zu-Ladungs-Verhältnis
mAK	Monoklonaler Antikörper
MALDI -TOF	*Matrix Assisted Laser Desorption Ionization-Time of Flight*
ManNProp	*N*-Propanoylneuraminsäure
MilliQ	Wasser, aufbereitet durch Wasseraufbereitungsanlage

MMP	Matrixmetalloproteasen
MS	Massenspektrometrie
nC	Nanocoulomb
p.A.	pro Analysis
PAGE	Polyacrylamidgelelektrophorese
pAK	Polyklonaler Antikörper
PBS	*Phosphate buffered saline*
pH	negativer dekadischer Logarithmus der Protonenkonzentration
PMA	Phorbol 12-myristat 13-acetat
PNGase F	Peptid-N4-(*N*-Acetyl-β-glucosaminyl) Asparagin Amidase
SDS	Natriumdodecylsulfat
SEM	*Standard Error of the Mean*
Ser	Serin
SialT	Sialyltransferase
TFA	Trifluoressigsäure
Thr	Threonin
TOF	*Time of Flight*
Trp	Tryptophan
vgl.	vergleiche
wt	wildtypisch

Zusammenfassung

Das Serumglykoprotein Alpha 1-Antitrypsin (A1AT) hat durch seine inhibitorische Aktivität gegenüber der Neutrophilen Elastase eine besondere physiologische Bedeutung in der Lunge. Bei der A1AT-Mangel-Erkrankung kommt es bei Patienten zu einer gesundheitsgefährdenden niedrigen Konzentration des Serinprotease-Inhibitors und einer erhöhten Gefahr, an einem Lungenemphysem zu erkranken. Zurzeit werden Patienten mit A1AT behandelt, welches aus humanem Plasma isoliert wird. So besteht stets die Gefahr einer Infektion. Patienten müssen aufgrund der schnellen Degradation von A1AT wöchentlich zur Behandlung erscheinen, um ein schützendes Level an A1AT im Serum aufrecht zu erhalten [1].

Eine bedeutende postranslationale Modifikation für die Serumhalblebenszeit wird in der Glykosylierung von Serumglykoproteinen gesehen, da Asialoglykoproteine vom Asialoglykoproteinrezeptor in der Leber erkannt und aus der Zirkulation entfernt werden [2]. Deshalb ist die Sialylierung vieler Glykokonjugate essenziell für deren Stabilität im Serum [3].

In dieser Arbeit wurden zusätzliche *N*-Glykosylierungsstellen mittels gerichteter Mutagenese-PCR in die A1AT-CDS eingefügt, um eine erhöhte molekulare Masse und eine gesteigerte negative Ladung, vermittelt durch terminale Sialinsäuren, zu erreichen. Die zusätzlichen *N*-Glykane liefern zudem ein gegen proteolytische Enzyme besser abgeschirmtes A1AT-Glykoprotein. Die eingefügten *N*-Glykosylierungsstellen wurden für die Anheftung von *N*-Glykanen genutzt, wobei die inhibitorische Aktivität der A1AT-Varianten erhalten werden konnte. A1AT-Expressionen aus verschiedenen Zelllinien (HEK293, HEK293-SialT/GalT, AGE1.HN, CHO) wurden anhand ihrer *N*-Glykane mittels MALDI-TOF-MS, HPLC- und CE-LIF untersucht. Der Vergleich verschiedener Expressionssysteme zeigt eine zelllinienspezifische, jedoch proteinbestimmte *N*-Glykan-ausstattung von A1AT. Die Expression der A1AT-Varianten in AGE1.HN-Zellen war möglich und führte, neuronalen Zellen entsprechend, zur Verknüpfung komplexer *N*-Glykane mit einem erhöhten Fucosylierungsgrad.

Als besondere Glykanstrukturen wurden in Expressionen aus HEK293-Zellen terminale GalNAc-Reste, β (1-4)/β (1-3) Galactose-Tetraisomere und eine *C*-Mannosylierungsstelle für A1AT nachgewiesen. Nach Einfügen zusätzlicher *N*-Glykosylierungsmotive konnte eine Ausstattung mit höher antennären Strukturen beobachtet werden.

Erste präklinische Daten wurden anhand der pharmakokinetischen Eigenschaften in der CD-1-Maus ermittelt. Der Einfluss von A1AT auf die Invasivität einer Lungentumorzelllinie (A549) und Neutrophile wurde mittels *in vitro*-Tests gewonnen. Die Halbwertzeiten der A1AT-Varianten aus HEK293-Zellen in der CD-1-Maus konnten erhöht werden. Für die A1AT-Variante N123 zeigte sich eine Steigerung um 29 min (von 47 min auf 76 min). Die rekombinanten A1AT-Varianten hatten keinen Einfluss auf die Aktivität von Neutrophilen und auf das invasive Potenzial von humanen Lungentumorzellen.

Die gezielte Modifikation der *N*-Glykane mit nicht natürlichen Monosacchariden (2dGal und ManNProp) sollte auf den Einfluss auf die Sialidaseresistenz untersucht werden. Die Ergebnisse zur Serumhalblebenszeit aus der CD-1-Maus und aus dem Neuraminidase-Assay sprechen für einen geringfügigen Einfluss der Analoga auf die Sialidaseresistenz.

Durch die Überexpression von β (1-4) Galactosyltransferase und α (2-6) Sialyltransferase in HEK293-Zellen konnte in dieser Arbeit eine vollständigere Sialylierung und Galactosylierung erreicht werden. Zudem zeigen die Ergebnisse zur Serumhalblebenszeit eine weitere Senkung der Clearance-Rate.

Die verwendeten Techniken stellten sich als ein geeignetes Werkzeug zur Verbesserung der Serumhalblebenszeit von A1AT dar. Weiterführende Arbeiten sind in Hinblick auf eine Aufklärung der biologischen Bedeutung der GalNAc-Struktur und der β (1-3) Galactose-Tetraisomere in *N*-Glykanen aus A1AT sowie der *C*-Mannosylierung geplant. Eine Untersuchung von A1ATwt und ausgewählten A1AT-Varianten in einem A1AT-defizienten Mausmodell würde aufklären, ob die *in vivo*-Aktivität beeinflusst ist. Zudem soll ein Langzeitversuch zeigen, inwiefern das rekombinante A1AT immunogenen Einfluss besitzt, wenn es mehrfach appliziert wird. In diesem Zusammenhang sollen ebenfalls deutlich höhere Dosen von A1AT eingesetzt werden, um einen unerwünschten Nebeneffekt der Neoglykoproteine auszuschließen.

Summary

Alpha 1-Antitrypsin (A1AT) is a human serum glycoprotein with the main biological function as inhibitor of neutrophil elastase in the lung. A1AT-deficiency leads to lower levels of the serine protease inhibitor which increases the risk of developing emphysema in lungs. Currently, patients undergo augmentation therapy with A1AT derived from human serum. This presents several disadvantages like the risk of infections. In addition, weekly treatment intervals are needed to keep a protective level of A1AT in serum [1].

Glycosylation is an important post-translational modification of proteins regarding serum half-life. Sialylation is essential to ensure the stability of glycoconjugates in serum [3] as asialoglycoproteins are recognized by the asialoglycoprotein receptor to be removed from circulation [2].

Using site directed mutagenesis PCR, additional *N*-glycosylation sites were introduced into the coding sequence of A1AT in order to increase molecular mass and to raise the degree of sialylation. The additional *N*-glycans are expected to enhance the protection of proteins against proteolytic enzymes. The additional *N*-glycosylation sites were used and the inhibitory activity of A1AT variants remained the same. A1AT was expressed using different cell lines, namely HEK293, HEK293-SialT/GalT, AGE1.HN and CHO, *N*-glycans were released and investigated using MALDI-TOF-MS, HPLC and CE-LIF. Comparison of the *N*-glycan expression systems reveals cell line-specific and also protein-specific features. The expression of A1AT-variants in AGE1.HN cells led to the linkage of complex

N-glycans with neuronal characteristics. In particular, A1ATwt and variants expressed in HEK293 cells exhibited *N*-glycans with terminal GalNAc residues and with β (1-4)/β (1-3) linked galactose. The presence of *C*-mannosylation was established in A1ATwt expressed in HEK293 cells. Introduction of additional *N*-glycosylation sites led to a higher degree of antennarity.

Pharmakokinetical tests were carried out in CD-1-mice and the influence of A1AT on invasiveness and neutrophils was examined via in vitro testing. Serum half-life could be increased for A1AT variants in CD-1-mice; the N123 A1AT variant exhibited a 29-min increase (from 47 to 76 min). We also demonstrated that recombinant A1ATwt does neither affect neutrophils nor the invasiveness of the human lung tumor cell line (A549).

The modification of *N*-glycans by artificial precursors (2dGal and ManNProp) was investigated for its resistance towards sialidase. The serum half-life in CD-1-mice and the results of the neuraminidase assay show a minor influence of analogues on sialidase resistance.

Overexpression of β (1-4) galactosyltransferase and α (2-6) sialyltransferase resulted in a complete galactosylation and sialylation of *N*-glycans. Additionally, the clearance rate could be further reduced.

To summarize, the techniques presented in this work are potent tools to improve the serum half-life of A1AT. Further experiments could focus on the biological function of terminal GalNAc residues, of β (1-3) linked galactose and of *C*-mannosylation in A1AT. The analysis of A1ATwt and selected A1AT variants using an A1AT-deficient mouse model would clarify the impact of additional *N*-glycosylation sites on *in vivo* activity. In addition, a long term study could evaluate the tolerance of the recombinant antiprotease A1AT after repeated applications using various concentrations.

1 Einleitung

1.1 Glykobiologie

In den letzten Jahrzehnten haben sich Forscher umfassend mit der Identifikation von Proteinen, die an bestimmten zellulären Prozessen beteiligt sind, beschäftigt. Dabei wurde deutlich, dass Proteine vielfältige Funktionen haben. Sie gehören zu den Grundbausteinen der Zelle, katalysieren als Enzyme eine Vielzahl von Prozessen und bilden die molekulare Maschinerie für Transport und Signalübertragung. Betrachtet man die Gesamtheit aller Proteine in einem Lebewesen, einem Gewebe, einer Zelle oder einem Zellkompartiment unter exakt definierten Bedingungen und zu einem bestimmten Zeitpunkt, spricht man vom Proteom. Neben der Identifikation der Proteine, die an zellulären Prozessen beteiligt sind, wird auch die Veränderung des Expressionslevels eines Proteins untersucht. In diesem Zusammenhang wurden in der Vergangenheit Proteinmodifikationen, die häufig mit einer veränderten Proteinexpression einhergehen, vernachlässigt [4].

Die Bedeutung der Proteinmodifikationen konnte vielfach gezeigt werden, so dass der Fokus der Aufmerksamkeit mehr und mehr auf posttranslationale Modifikationen (z.B. Acetylierung, Methylierung und Alkylierung, Biotinylierung, Glykierung, Phosphorylierung, Sulfatierung und Glykosylierung) gerichtet wird. Die Glykosylierung, die die Verknüpfung von Proteinen mit Glykanen beschreibt, ist eine weitverbreitete und sehr komplexe Form der posttranslationalen Modifikation. In Forschung und pharmazeutischer Anwendung gewinnt sie immer mehr an Bedeutung [5, 6]. Die Glykomik setzt sich mit der vollständigen Charakterisierung der Glykanstrukturen in lebenden Organismen auseinander. So genannte Glykoproteine bestehen aus einem Proteinanteil und einer variablen Zahl an Glykanen, wobei die Glykane die Funktion und Eigenschaften des Proteins auf vielfältige Weise modulieren können [7].

Die Proteoglykane stellen als Bestandteil des Bindegewebes und der extrazellulären Matrix eine wichtige Klasse dar. Sie umfassen die Glykosaminoglykane, die einen hohen Kohlenhydratanteil von etwa 95 % aufweisen. Dabei sind Polymere aus sich wiederholenden Disaccharideinheiten an ein Protein gebunden. Glykolipide sind beispielsweise als Zellmembranbestandteil zu finden, hier sind ein oder mehrere Mono- oder Oligosaccharide glykosidisch an ein Lipidmolekül gebunden. Die individuelle Zusammensetzung der Glykolipide bestimmt beispielsweise die Blutgruppe. Bei den Glykophospholipiden ist der variable Kohlenhydratanteil mit einem Ceramid verknüpft, welches in der Zellmembran verankert ist. Ein weiterer Vertreter sind die Glykosylphosphatidylinositole (GPI-Anker), die der Verankerung von Proteinen in Membranen dienen.

1.2 Glykosylierung

Glykanstrukturen an Proteinen kommt in vielerlei Hinsicht Bedeutung zu. Die Glykosylierung hat eine zentrale Funktion bei Zell-Zell-Erkennungsprozessen (Rezeptor-Ligandbindung, Wirt-Pathogenerkennung, Zelldifferenzierung und -entwicklung, Tumorwachstum und Metastasen sowie der Immunantwort), bei der Zielstrukturfindung (Targeting), Sekretion, Proteinfaltung, und der Regulation der Serumhalblebenszeit [8, 9]. Im Gegensatz zu DNA, RNA und Proteinen können Glykane komplex verzweigte Strukturen formen. Aus diesem Grund wird der überschaubare Satz an Monosaccharidbausteinen schnell zu einer enormen Zahl an möglichen Verknüpfungsvarianten. Die Glykane können vom einzelnen Monomer bis hin zum Polymer mit mehr als 100 Monosaccharideinheiten aufgebaut sein [10, 11].

■ *N*-Acetylglucosamin (GlcNAc) □ *N*-Acetylgalactosamin (GalNAc)
◍ Mannose (Man) ● Glucose (Glc)
○ Galactose (Gal)
◀ Fucose (Fuc)
◆ Sialinsäure (Sia)

Abbildung 1: Monosaccharidbausteine in *N*-Glykanen. Gezeigt werden die für die Arbeit relevanten Oligosacchharide. Verwendete Abkürzungen stehen in Klammern.

Im humanen System sind die Monosaccharide GlcNAc, GalNAc, Man, Gal, Sia und Fuc am verbreitetsten [12]. Die Monosaccharide können in zwei Hauptgruppen eingeteilt werden, die geladenen und ungeladenen. Die ungeladenen Monosaccharide GlcNAc, GalNAc, Man, Gal und Fuc bilden die Basis für ein vollständiges Glykan. Zu den geladenen Monosacchariden zählen die terminalen Sialinsäuren. Proteine können an verschiedenen Aminosäuren ihrer Seitenketten modifiziert sein. Die hauptsächlich vorkommenden Zuckerketten werden entsprechend der Glykosylierungsform in *O*- und *N*-verknüpfte Glykane klassifiziert. Die *O*-verknüpften Glykane enthalten einen *N*-Acetylgalactosamin-Rest am reduzierenden Ende, der an die Hydroxylgruppe eines Serin- oder Threonin-Restes (Ser/Thr) der Polypeptidkette gebunden ist. Die *N*-verknüpften Glykane sind über einen *N*-Acetylglucosamin-Rest an ihrem reduzierenden Ende an die Amidgruppe eines Asparagin-Restes (Asn) der Polypeptidkette gebunden. Neben den genannten Glykosylierungsformen wurden weitere Glykosylierungstypen beschrieben. So ist eine weniger bekannte Form der Glykosylierung die *C*-Glykosylierung, identifiziert worden, bei der eine einzelne Mannose über eine C-C-Bindung mit dem ersten Tryptophan-Rest (Trp) des Motivs Trp Xxx Xxx Trp (Xxx: beliebige Aminosäure) verknüpft wird.

1.2.1 *N*-Glykane

Als Konsensusmotiv für die *N*-Glykosylierung wurde das Motiv Asn Xxx Ser/Thr identifiziert (Xxx: beliebige Aminosäure außer Prolin) [13]. Es gibt auch Hinweise darauf, dass sich ein Prolin C-terminal vom *N*-Glykosylierungsmotiv hemmend auf die Glykosylierungseffizienz auswirkt [14]. Vereinzelt wurden auch Glykosylierungen an abweichenden Konsensusmotiven Asn Xxx Cys und Asn Gly Gly Thr beobachtet [15, 16]. In tierischen Zellen erfolgt die Verknüpfung in *β*-Konformation stets zwischen dem Asparagin und dem GlcNAc des reduzierenden Endes. N-Glykane weisen eine Gemeinsamkeit bezüglich ihrer Basisstruktur auf. Dieses auch als core bezeichnete Pentasaccharid setzt sich aus zwei N-Acetylglucosamin- und drei Mannose-Resten zusammen. Da die Verknüpfung der Monosaccharideinheiten bestimmten Regeln folgt, lassen sich drei Grundtypen der N-Glykane unterscheiden, denen die Basisstruktur gemein ist (Abbildung 2).

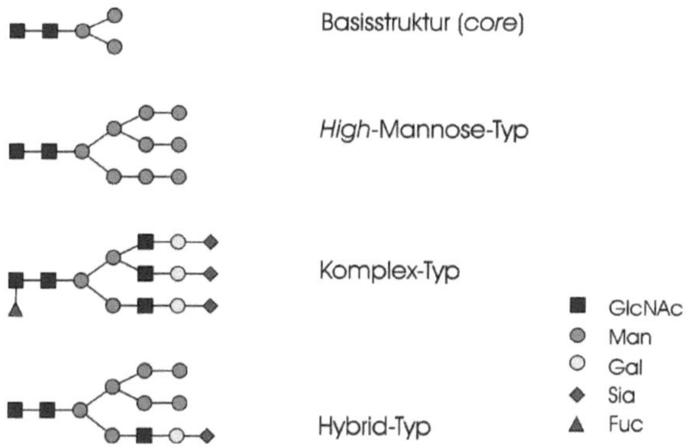

Abbildung 2: Grundtypen der *N*-Glykane. Alle *N*-Glykane weisen eine gemeinsame Basisstruktur aus zwei *N*-Acetylglucosamin- und drei Mannose-Resten auf.

Die Basisstruktur kann am ersten GlcNAc mit einer Fucose 1,6-glykosydisch verknüpft sein. Beim *High*-Mannose-Typ ist die Basisstruktur ausschließlich mit Mannosen erweitert. Der Komplextyp wird vornehmlich von Säugerzellen gebildet und weist außer den drei Mannosen der Basisstruktur keine weiteren Mannose-Reste auf. Die *N*-Acetylglucosamin-Reste sind an ihrem reduzierenden Ende mit den zwei α-Mannosyl-Resten verbunden. Der Hybrid-Typ zeigt charakteristische Merkmale aus *High*-Mannose- und Komplex-Typ. Eine weitere Unterteilung der *N*-Glykane erfolgt anhand der Anzahl der Antennen. Häufig können bi-, tri- und tetraantennäre Glykane nachgewiesen werden. In der Natur kommen aber auch vereinzelt mono- und pentaantennäre Strukturen vor [17, 18].

1.2.1.1 Biosynthese der N-Glykane

Die Biosynthese der *N*-Glykane ist ein komplexer Prozess, der über mehrere Schritte verläuft [19, 20]. Das Oligosaccharid entsteht zunächst an einem Dolicholphosphat-Molekül (Dol-P), das als lipidverankerter Carrier dient (Abbildung 3).

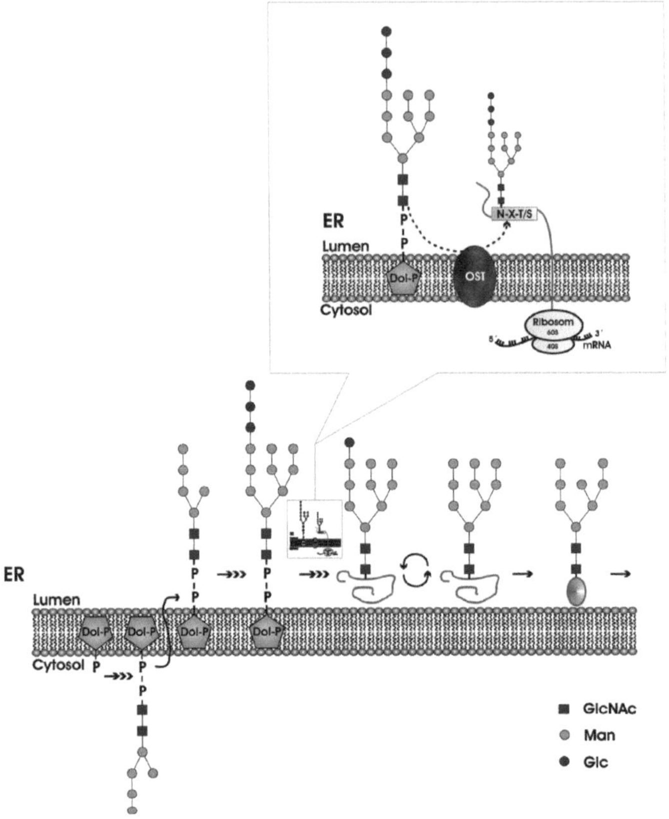

Abbildung 3: Biosynthese I des *N*-Glykan-Vorläufers. Der *N*-Glykan-Vorläufer wird an einem lipidverankerten Carrier im Cytosol gebildet (Dol-P). Dieser wird in das ER-Lumen transloziert und das Glykan wird mittels Oligosaccharyltransferase (OST) auf das entstehende Polypeptid übertragen (vergrößerter Ausschnitt). Während der Proteinreifung werden Monosaccharide des Glykans abgespalten und andere hinzugefügt. Das Protein ist gereift und gefaltet (rotes Oval) bevor die Synthese im Golgi fortgesetzt wird. In Anlehnung an Helenius *et al.* [21].

Auf der cytoplasmatischen Seite des rauen endoplasmatischen Retikulums (ER) werden zunächst zwei GlcNAc mit Dol-P verbunden. Nach Anfügen von fünf Mannose-Resten wird die Struktur durch eine noch unbekannte Flippase auf die andere Seite der Membran in das ER-Lumen transloziert [22, 23]. Hier werden vier weitere Mannose-Reste angefügt. Mit der Verknüpfung von drei Glucose-Resten ist die Vorläuferstruktur $Glc_3Man_9GlcNAc_2$ fertiggestellt. Der Prozess der Glykosylierung beginnt während der Translation der *messenger* RNA (mRNA) zum Protein. Das Ribosom ist am endoplasmatischen Retikulum (ER) lokalisiert, wo das entstehende Protein mit fortschreitender Translation in das Lumen des ER wächst. Die Vorläuferstruktur $Glc_3Man_9GlcNAc_2$ wird cotranslational auf den Asparagin-Rest der Konsensussequenz Asn Xxx Ser/Thr des Proteins übertragen. Dieser

Schritt wird durch den membrangebundenen Enzymkomplex Oligosaccharyltransferase (OST) vermittelt [24-26]. Während der folgenden Reifung werden Monosaccharide vom transferierten Oligosaccharid abgespalten (*trimming*) und hinzugefügt (*processing*) [27, 28]. Nach Abspaltung des endständigen Glucose-Restes (durch Glucosidase I) und des folgenden Glucose-Restes (durch Glucosidase II) liegt das monoglucosylierte Oligosaccharid vor. Die Chaperone Calnexin und Calreticulin können dieses binden und die Proteinfaltung im ER unterstützen [21, 29]. Kommt es zur Abspaltung des letzten Glucose-Restes, obwohl das Protein nicht vollständig gefaltet ist, dissoziiert der Komplex und das Oligosaccharid wird durch die α-Glucosyltransferase erneut glucosyliert, so dass der Calnexin-Calreticulin-Zyklus von Neuem beginnen kann. Bei korrekter Faltung des Glykoproteins wird ein Mannose-Rest durch α-Mannosidase I entfernt und das Protein gelangt in den Golgikomplex, in dem die weitere Prozessierung des *N*-Glykans erfolgt (Abbildung 4).

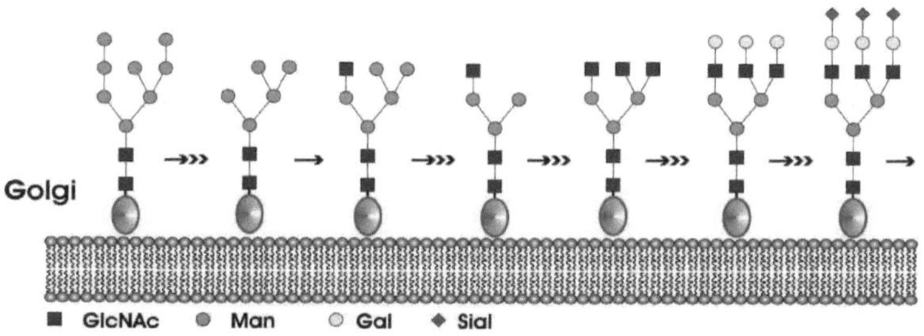

Abbildung 4: Biosynthese II der *N*-Glykane im Golgi. Das Glykoprotein tritt aus dem ER in den Golgikomplex über, in dem es eine Reihe weiterer Modifikationsschritte durchläuft. Die Synthese endet mit Verlängerung durch Galactose und Sialinsäuren. In Anlehnung an Helenius *et al.* [21].

Nach Abspaltung der terminalen α (1-2)-gebundenen Mannose-Reste wird mittels *N*-Acetylglucosaminyltransferase I ein GlcNAc-Rest übertragen. In der Folge kommt es zu einer sterischen Umordnung, die die Entfernung der beiden weiteren Mannose-Reste durch α-Mannosidase II ermöglicht. Im Anschluss liegt die Basisstruktur mit einem GlcNAc-Rest vor. Aus dem monoantennären Glykan können durch spezifische GlcNAc-Transferasen multiantennäre oder *Bisecting*-Glykane gebildet werden. Die Antennen dieser *N*-Glykane können mittels spezifischer Glykosyltransferasen mit Galactose und Sialinsäuren, wie der *N*-Acetylneuraminsäure, verlängert werden. Weiterhin kann das *N*-Glykan an GlcNAc-Resten der Antenne (sialyl-Lewis^{X}) und der Basisstruktur fucosyliert werden. Die endgültige Prozessierung ist abhängig von den vorhandenen Glykosyltransferasen, dem Typ und der Konzentration aktivierter Monosaccharide [30, 31] sowie der Position des *N*-Glykosylierungsmotivs innerhalb der Proteinstruktur und der damit verbundenen Zugänglichkeit für Glykosyltransferasen [32, 33]. Bei der Glykosylierung werden die Monosaccharide stets enzymatisch verknüpft.

1.2.2 Sialinsäuren

O- und *N*-Glykane weisen endständig meist Sialinsäuren auf. Bei diesen sauren Aminozuckern handelt es sich um C 9-Zucker, die eine Carboxy-Gruppe am C 2-Atom tragen. Durch die Verbindung mit verschiedenen Substituenten lassen sich etwa 50 Derivate unterscheiden. Am häufigsten ist die *N*-Acetylneuraminsäure (Neu5Ac), die gleichzeitig einen Vorläufer für andere Sialinsäuren darstellt [34-36]. Durch Hydroxylierung der *N*-Acetylgruppe entsteht *N*-Glycolylneuraminsäure (Neu5Gc), welche in tierischen Organismen, jedoch nicht im Menschen vorkommt [37, 38]. Die meisten Sialinsäuren entstehen durch den Austausch von einer oder mehreren Hydroxylgruppen der Neu5Ac, durch Acetyl-, Methyl-, Lactyl-, Phosphat- oder Sulfatgruppen. Hingegen konnte die unsubstituierte Form der Sialinsäure nur selten nachgewiesen werden [39-42] (Abbildung 5).

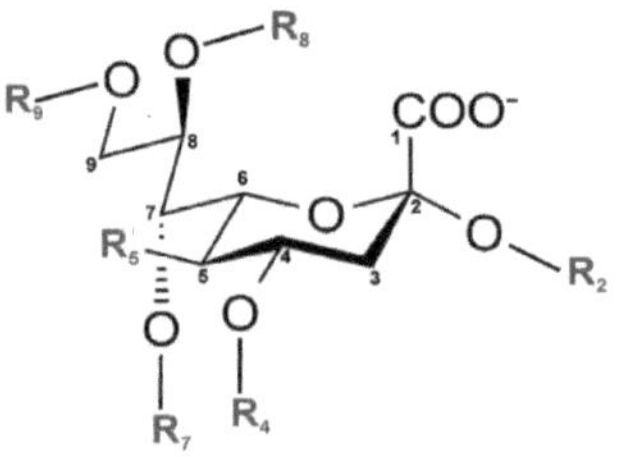

R_2 H bei freier Sialinsäure, α-Verknüpfung zu Gal (3,4,6), GalNAc (6), GlcNAc (4,6), Sialinsäure (8,9)

R_4 H, *O*-Acetyl

R_5 Amino, *N*-Acetyl, *N*-Glycolyl, Hydroxyl

R_7 H, *O*-Acetyl

R_8 H, *O*-Acetyl, *O*-Methyl, *O*-Sulfat oder Sialinsäure

R_9 Hydroxyl, *O*-Acetyl, *O*-Lactyl, *O*-Phosphat, *O*-Sulfat oder Sialinsäure

Abbildung 5: Struktur der Sialinsäuren. Die Sialinsäuren zeigen eine einheitliche Grundstruktur mit neun Kohlenstoffatomen. Die natürlichen Substituenten (R_2, R_4, R_5, R_7, R_8, R_9) sind gekennzeichnet und in der Legende erklärt.

Sialinsäuren können als Monomer vorliegen oder durch Verknüpfung Polymere ausbilden [43, 44]. Die Biosynthese der Sialinsäuren lässt sich in zwei Hauptschritte gliedern, die Bereitstellung von UDP-GlcNAc und die Aktivierung von Neu5Ac durch die CMP-Neu5Ac-Synthase (Abbildung 6).

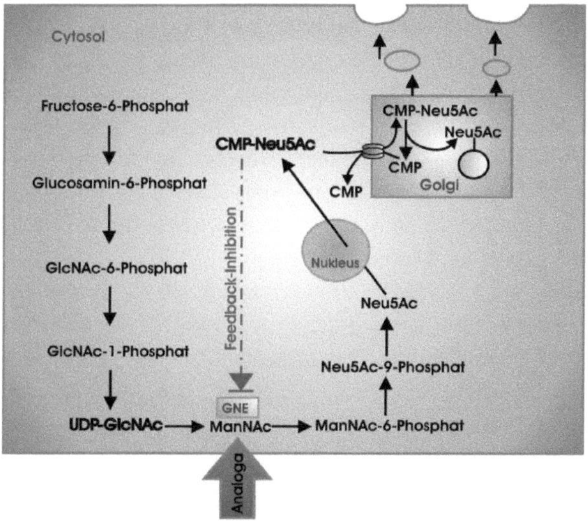

Abbildung 6: Biosynthese der *N*-Acetylneuraminsäure. Von grundlegender Bedeutung für die Synthese sind die Bereitstellung von UDP-GlcNAc und die Aktivierung der Neu5Ac durch die CMP-Neu5Ac-Synthase. UDP-GlcNAc-2-Epimerase/-ManNAc-Kinase (GNE), markiert ist die Möglichkeit der Substitution von ManNAc durch Analoga (roter Pfeil).

UDP-GlcNAc ist Voraussetzung für die irreversible Synthese von CMP-Neu5Ac. Ausgehend von Fructose-6-Phosphat erfolgt eine Aminierung (Glutamin-Fructose-6-Phosphat-Aminotransferase), im weiteren Verlauf entsteht UDP-GlcNAc. Dieses wird durch die bifunktionelle UDP-GlcNAc-2-Epimerase/ManNAc-Kinase (GNE) zu ManNAc epimerisiert und anschließend am C 6-Atom phosphoryliert [45, 46]. Nach Bildung und Dephosphorylierung von Neu5Ac-9-Phosphat wird die freie Sialinsäure durch die CMP-Neu5Ac-Synthase zu CMP-Neu5Ac aktiviert. Der Schritt der Aktivierung erfolgt im Nukleus [47]. Nach dem sich anschließenden Transport in das Golgi Lumen [48] wird die Sialinsäure unter CMP-Abspaltung durch spezifische Sialyltransferasen auf das neu synthetisierte Glykokonjugat übertragen [49]. Im Folgenden kann eine Substitution durch verschiedene Transferasen erfolgen [35]. Durch vesikulären Transport gelangen die resultierenden Glykokonjugate an ihre Bestimmungsorte.
Die Aktivität des Enzyms GNE wird durch einen Feedback-Mechanismus reguliert. Hohe Konzentrationen an CMP-Neu5Ac wirken inhibierend auf das Enzym [45, 46, 50].

1.2.3 Mikro-, Makroheterogenität und Glykosylierungseffizienz

Neben den vielfältigen Verknüpfungsvarianten zwischen den einzelnen Monosacchariden besteht die Möglichkeit, dass die Glykosylierungsstelle innerhalb eines Glykoproteins mit unterschiedlichen Glykanresten modifiziert ist. Dieses Phänomen wird auch als Mikroheterogenität bezeichnet. In diesem nicht seltenen Fall zeigen sich Variationen innerhalb der Glykanstruktur, die hauptsächlich auf die Konzentration der Glykosyltransferasen im Golgi zurückzuführen sind [51]. Die Glykosylierung muss nicht an jeder Glykosylierungsstelle innerhalb eines Proteins gleich effektiv stattfinden. Dieser

Zustand der ungleichmäßig genutzten Glykosylierungsmotive wird Makroheterogenität genannt. Statistische Analysen von Glykoproteinen zeigen, dass nur ca. 65% der *N*-Glykosylierungsmotive glykosyliert werden. Die Glykosylierungseffizienz ist durch die Zugänglichkeit von Glykosylierungsmotiven, die Enzymaffinität und das Substratangebot im ER bedingt [32, 33, 52]. Zudem werden die möglichen Glykosylierungsmotive Asn Xxx Ser und Asn Xxx Thr nicht gleich effektiv genutzt. Untersuchungen konnten zeigen, dass das *N*-Glykosylierungsmotiv Asn Xxx Thr im Vergleich bis zu dreimal effektiver glykosyliert wird [53, 54]. Eine nahe dem C-Terminus lokalisierte *N*-Glykosylierungsstelle wird zudem statistisch gesehen seltener glykosyliert [13, 55].
Im Hinblick auf die Produktion therapeutisch relevanter Glykoproteine ist die Heterogenität von Glykanen problematisch und macht eine umfangreiche Analytik zur detaillierten Charakterisierung der Glykoproteine unverzichtbar. In Zellkultursystemen kann die *N*-Glykansynthese durch metabolische Faktoren, wie Glucose- und Ammoniumkonzentration, pH-Wert und Temperatur beeinflusst werden, was die Mikroheterogenität verstärken kann [56, 57].

1.2.4 Biologische Bedeutung von *N*-Glykanen und Sialinsäuren

Anders als bei der Proteinsynthese gibt es für die Synthese der Glykane keine direkte Codierung. Dennoch ist der enzymvermittelte Prozess eine weitverbreitete Form der posttranslationalen Modifikation. Etwa 50 % der eukaryotischen Proteine [52] und etwa ein Drittel der zugelassenen Biopharmazeutika sind glykosyliert [58]. Betrachtet man die Proteine im Serum, sind mit Ausnahme von Albumin die meisten Proteine glykosyliert. Die Verknüpfung eines Proteins mit Glykanen hat Einfluss auf die physiologischen und biochemischen Eigenschaften des Glykoproteins. Dazu zählen eine veränderte molekulare Masse, der Einfluss auf die Proteinfaltung, die Viskosität, die Stabilität, die Löslichkeit, die biologische Aktivität, die Antigenität sowie die *in vivo Clearance*-Rate. Außerdem vermitteln Glykane Schutz vor proteolytischem Abbau der Polypeptidketten und ihnen wird eine Bedeutung für die Sekretion, die Erkennung und Interaktion mit anderen Proteinen oder anderen Zellkomponenten zugeschrieben. Die Hauptformen der Glykane in humanen Glykoproteinen sind *N*- und *O*-verknüpfte Glykanseitenketten. Glykane sind für eine Reihe biologischer Phänomene von Bedeutung. Glykosylierungen sind an der Aufrechterhaltung der dreidimensionalen Struktur des Proteins beteiligt [59], was wiederum eng in Zusammenhang mit der Stabilität, der biologischen Aktivität und der Effektivität eines Therapeutikums steht [60]. Die enorme Variabilität der Glykanstrukturen spielt eine wichtige Rolle bei Liganderkennung und Ligandbindung, daher sind Glykane auch bei der Vermittlung von Zellkontakten bedeutend [61]. Glykanstrukturen sind ebenfalls an Prozessen des Immunsystems zur Identifizierung endogener und exogener Faktoren beteiligt [62]. Die weite Verbreitung und das Vorkommen von Glykanstrukturen auf Viren, Bakterien, Pflanzen, eukaryotischen Einzellern und Vertebraten in reichen Variationen deutet auf eine Beteiligung an evolutionären Entwicklungen hin [63-68].

Die Aufklärung der Glykanstrukturen von Glykoproteinen ist grundlegend für ein Verständnis von biologischen Prozessen und für die Diagnose verschiedener Erkrankungen, die beispielsweise durch Pathogene verursacht werden. Auch bei der pharmazeutischen Qualitätskontrolle gewinnt die Glykananalyse mehr und mehr an Bedeutung [69]. Aufgrund ihrer komplexen Funktionen sind Glykane auch eine nicht zu unterschätzende Herausforderung bei der Herstellung von Therapeutika. Es ist aufwändig, glykosylierte Proteine zu analysieren und häufig ist die Glykosylierung bei der Zirkulation im Blutstrom nicht von langer Dauer [3].
Oft sind die terminalen Enden der Glykanstrukturen mit chemisch geladenen Gruppen (z.B. Sialinsäuren, Phosphatresten, Sulfatresten) modifiziert. Die Ladung der terminalen Gruppen hat wiederum Einfluss auf den isoelektrischen Punkt (p*I*) der Glykoproteine. Aufgrund ihrer terminalen Position sind Glykane in Interaktionen involviert und spielen eine zentrale Rolle bei biologischen Abläufen an Zelloberflächen. Grundlegende Bedeutung kommt hier den terminalen Sialinsäuren zu, da gezeigt werden konnte, dass sie die Halblebenszeit von therapeutisch interessanten Glykoproteinen verlängern können [70]. Die negative Ladung der terminalen Glykanstrukturen führt zur Abstoßung von Zellen oder der extrazellulären Matrix [71]. Außerdem ermöglicht die Vielfalt der Sialinsäuren eine Reihe von Interaktionen mit verschiedenen Bindungspartnern [72, 73]. Beispielsweise sind sie Zielstrukturen für Pathogene, wie Influenza-Viren, die ein sialinsäurebindendes Lektin besitzen. Das so genannte Hämagglutinin erkennt spezifisch *N*-Acetylneuramin-säure-Galactose-Strukturen und vermittelt den Eintritt in die Zelle [74]. Aufgrund der verschiedenen Bindungsspezifitäten der Hämagglutinine veränderter Influenza-Stämme zeigen sich abweichende Pathogenitätsgrade oder sogar eine Resistenz gegen die Viren [75]. Auch einzellige Parasiten nutzen Sialinsäuren, um sich mittels sialylierter Glykanstrukturen an die Wirtszelle zu binden, wie z.B. *Helicobacter pylori* an der Magenschleimhaut oder, um vom Immunsystem unentdeckt in der Wirtszelle zu überleben, wie *Trypanosoma cruzi* und *Actinobacillus suis* [76-78]. Eine aktuelle Arbeit zeigt, dass auch *Tannerella forsythia*, ein Pathogen des Mundraums, Sialinsäuren der Glykoproteine der Wirtszelle nutzt und diese als Wachstumsfaktor für das Pathogen fungieren [79]. Auch die Evolution zeigt sich nicht unberührt vom Einfluss der Sialinsäuren. Immerhin zehn Unterschiede konnten auf genetischer Ebene anhand der rund 60 Gene, die in die Sialinsäuresynthese involviert sind, zwischen Menschen und Primaten gefunden werden [80]; mit der Folge, dass eine Reihe gewebespezifischer Veränderungen auftritt und so neue Pathogene Zugang zur Wirtszelle finden, aber anderen der Zugang verwehrt bleibt.
Eine bedeutende Funktion haben Sialinsäuren als terminale Strukturen der Glykane von Serumglykoproteinen [3, 81]. Nach Verlust der Sialinsäure werden die Glykoproteine vom Asialoglykoproteinrezeptor (ASGPR) gebunden, endocytiert und degradiert [2]. Der ASGPR ist auf Leberzellen lokalisiert. Durch ihn wird die Konzentration an desialylierten Serumglykoproteinen reguliert [82]. Eine erhöhte Halbwertzeit im Serum kann durch einen

erhöhten *N*-Glykosylierungsgrad und/oder eine Sialylierung erreicht werden [70]. Entsprechend würde eine verringerte Desialylierungsrate ebenfalls die Halbwertzeit verlängern.
So genannte *congenital disorders of glycosylation* (CDG) umfassen angeborene Störungen und Defekte der Glykansynthese sowie bei der Anheftung von Glykanen an andere Komponenten. Diese genetisch bedingten Fehlsteuerungen können unterschiedliche Krankheiten zur Folge haben. Dabei reichen die phänotypischen Veränderungen von milder bis zu schwerwiegender Ausprägung und von einzelnen betroffenen Organen zu vielfacher Organstörung [83-85]. Seitdem 1980 der erste Fall einer CDG beschrieben wurde, sind rund 30 Erkrankungen dieser Störung zugeordnet worden [86].

1.2.5 *O*-Glykane

Die *O*-Glykosylierung erfolgt an den Hydroxygruppen von Ser- oder Thr-Resten, aber auch Hydroxyprolin oder Hydroxylysin. Eine Konsensussequenz, wie für andere Glykosylierungsformen bekannt, konnte nicht identifiziert werden. Anders als bei *N*-Glykanen beginnt die *O*-Glykansynthese direkt am Protein durch die Verknüpfung von einem Monosaccharid, einem GalNAc [87, 88]. Die Synthese erfolgt im Golgi-Apparat durch die Aktivität der Polypeptid-GalNAc-Transferase. Entsprechend ihrer *core*-Struktur werden acht Grundtypen unterschieden. Weitere Modifikationen können mit Fucose und/oder Sialinsäuren erfolgen. Oder die Sequenz wird ähnlich wie bei *N*-Glykanen linear oder verzweigt mit Galactose- und GlcNAc- bzw. GalNAc-Resten verlängert.

1.2.6 *C*-Mannosylierung

Mitte der 90er Jahre konnte die *C*-Mannosylierung als neue Form der Proteinglykosylierung identifiziert werden [89]. Sie unterscheidet sich grundlegend von der *N*- und *O*-Glykosylierung. Die *C*-Mannosylierung zeichnet sich dadurch aus, dass eine einzelne α-Mannose mittels C-C-Bindung direkt an das C2-Kohlenstoffatom des Indolrings eines Tryptophan-Restes gebunden wird. Daraus resuliert ein *C*-mannosyliertes Tryptophan (CMT), wobei innerhalb der Konsensussequenz Trp Xxx Xxx Trp das erste Trp *C*-mannosyliert wird [90, 91].

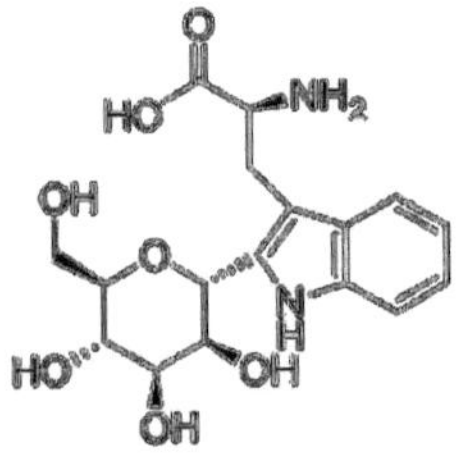

Abbildung 7: *C*-Mannosyliertes Tryptophan. Die α-Mannose wird mittels C-C-Bindung an das erste Tryptophan der Konsensussequenz Trp Xxx Xxx Trp gebunden.

Diese Form der Glykosylierung konnte in verschiedenen Proteinen nachgewiesen werden. Einige Beispiele sind RNase 2, IL-12, Proteine der Komplementkaskade und einige Muzine [90]. Thrombospondin zeigt ein sehr komplexes Motiv, den so genannten *thrombospondin type 1 repeat* Trp Xxx Xxx Trp Xxx Xxx Trp Xxx Xxx Cys, der an einem, an zwei oder den drei Tryptophan-Resten *C*-mannosyliert vorliegen kann [92-94]. Das Motiv Trp Xxx Xxx Trp scheint jedoch nicht Voraussetzung für die posttranslationale Modifikation zu sein, da trotz Fehlen der Konsensussequenz eine *C*-Mannosylierung in der Membran der Augenlinse vom Rind nachgewiesen werden konnte [95]. Die Datenbanksuche nach dem identifizierten Konsensusmotiv legt nahe, dass die *C*-Mannosylierung eine verbreitete Form der posttranslationalen Modifikation darstellt [96]. Für die Biosynthese des CMT wurde ausgehend von GDP-Mannose, Dol-P-Mannose als Vorstufe des *C*-Mannosylierten Peptids identifiziert [97]. Für verschiedene Säugerzellen (HEK293, COS7, CHO und NIH-3T3) wurde bereits gezeigt, dass sie die nötige Maschinerie für die *C*-Mannosylierung besitzen [98]. Die Aktivität der *C*-Mannosyltransferase wurde auch in *Caenorhabditis elegans*, Amphibien, Vögeln und Säugern nachgewiesen. Keine Enzymaktivität findet sich in *Escherichia coli*, Insekten und Hefe [97, 98]. Die Funktion der *C*-Mannosylierung konnte noch nicht konkretisiert werden, allerdings gibt es eine Reihe von Hypothesen. Die Arbeit von Perez-Vilar *et al.* lässt eine Beteiligung der *C*-Mannosylierung an der Proteinfaltung von zwei Muzinen vermuten [99]. Eine andere Arbeit, die sich mit dem Diabetes mellitus Typ II beschäftigt, deutet auf eine Rolle der *C*-Mannosylierung bei Unterzuckerung hin [100]. Aufgrund der hydrophilen Natur des Mannose-Restes ist eine exponierte Position auf der Außenseite des Moleküls wahrscheinlich und konnte für RNase 2 bereits gezeigt werden [101].

1.2.7 Weitere Glykosylierungsformen

Die *P*-Glykosylierung beschreibt die Verknüpfung eines Glykans mittels Phosphodiesterbindung an einen Serin- oder Threoninrest eines Proteins. Die Modifikation wurde in Schleimpilzen und anderen einzelligen Parasiten nachgewiesen, wobei die Monosaccharide GlcNAc, Man, Xylose und Fuc in die Modifikation involviert sind [102].
Wird ein Glycosylphosphatidylinositol (GPI) auf ein Protein übertragen, spricht man von Glypiation. Diese Glykosylierungsform ist in vielen eukaryotischen Zellen von der Hefe bis zum Säugetier zu finden. Sie dient der Verankerung von Glykoproteinen in der Zelloberfläche auf der Außenseite der Zellmembran. GPI-verankerte Proteine sind ausgehend von ihrem C-Terminus über ein Phosphodiester eines Phosphoethanolamins an ein Trimannosylglucosamin gebunden [103]. Der GPI-Anker beeinflusst den polarisierten Transport, die Membrandiffusion und die Internalisierung des GPI-verankerten Proteins; außerdem ist er an der Signaltransduktion beteiligt.
Bei der Glykierung, die ohne Enzymvermittlung verläuft, werden Monosaccharide an Peptide oder Lipide angehängt. Sie ist durch die Interaktion von vorwiegend Glucose, Fructose oder Galactose mit Aminosäuren gekennzeichnet [104]. Der Grad der Glykierung

wird vor allem durch die Verfügbarkeit der Monosaccharide und das Alter von Proteinen bestimmt. Ältere Proteine sind vermehrt glykiert [105]. Menschen mit erhöhter Glucosekonzentration im Blut zeigen eine vermehrte Glykierung. Gelangt Glucose in den Blutstrom, bindet diese an das Hämoglobin der roten Blutkörperchen und bildet eine mehr oder weniger dicke „Zuckerschicht“. So basiert der HbA_{1c}-Blutzuckertest für Diabetiker auf der Messung von glykiertem Hämoglobin [106].

1.3 Alpha 1-Antitrypsin – ein Serumglykoprotein

Alpha 1-Antitrypsin (A1AT), synonym α 1-Proteinaseinhibitor, gehört zur Gruppe der natürlich vorkommenden Serinprotease-Inhibitoren (Serpine). Das Serumglykoprotein wird hauptsächlich in Hepatozyten, aber auch in anderen Zellen, wie Makrophagen und neutrophilen Granulozyten gebildet [107, 108]. A1AT hemmt die Aktivität freier Proteasen. Die hauptsächliche *in vivo*-Aktivität von A1AT ist allerdings die Hemmung der Neutrophilen Elastase in der Lunge. Die Neutrophile Elastase wird von aktivierten neutrophilen Granulozyten freigesetzt und kann, wenn sie nicht gehemmt wird, durch den Abbau von Elastin zu ernsthaften Lungenschädigungen führen [109]. In diesem Zusammenhang spricht man von einem Ungleichgewicht von Protease und Antiprotease. A1AT gehört zu den Akute-Phase-Proteinen. Bedingt durch Infektionen, Entzündungen oder auch Tumorerkrankungen kommt es zu einer unspezifischen Immunreaktion. In diesem Zusammenhang wird A1AT vermehrt synthetisiert, so dass die Konzentration von A1AT im Serum ansteigt.

1.3.1 Biochemie von A1AT

Das Serumglykoprotein A1AT besteht als reife Polypeptidkette aus 394 Aminosäuren und weist drei komplexe *N*-Glykane (Asn 46, Asn 83, Asn 247) auf. Etwa 13-17% der molekularen Masse von 52 kDa gehen auf den Gehalt an *N*-Glykanen zurück [110]. Die *N*-Glykane haben eine wichtige Bedeutung für die Aufrechterhaltung der A1AT-Aktivität, da sie die Konformation des Proteins stabilisieren, Aggregation verhindern und außerdem die Serumhalblebenszeit erhöhen [111, 112]. Für die Serumhalblebenszeit kommt insbesondere den Sialinsäuren der *N*-Glykane Bedeutung zu; außerdem verleihen sie A1AT eine negative Ladung. Aus humanem Serum gewonnenes A1AT trägt vor allem biantennäre *N*-Glykane (Asn 46 und Asn 247). Die Glykosylierungsstelle in Position Asn 83 zeigt neben biantennären *N*-Glykanen auch Anteile von tri- und tetraantennären Strukturen [113].

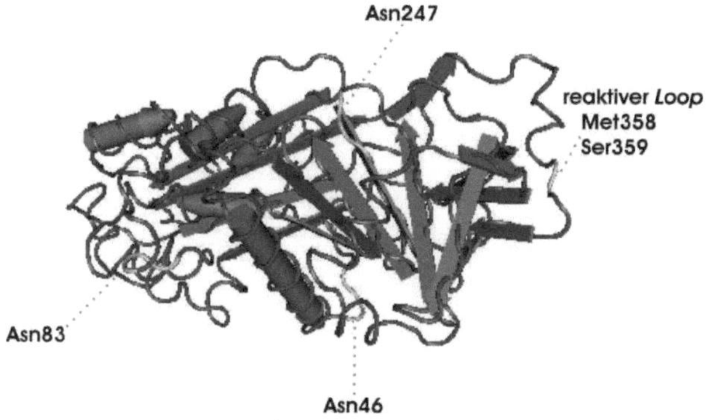

Abbildung 8: Räumliche Struktur von A1AT. Kristallstruktur der 394 Aminosäuren langen Polypeptidkette des reifen Proteins [114]. Markiert sind die drei natürlichen *N*-Glykosylierungsstellen und der reaktive *Loop*.

A1AT umfasst neun α–Helices und drei β–Faltblätter. Der reaktive Loop wird von einer 15 Aminosäuren langen mobilen Schlaufe gebildet [115, 116]. Der einzigartige Mechanismus der Inhibition geht in der Familie der Serpine mit einer tiefgreifenden Konformationsänderung einher (Abbildung 9).

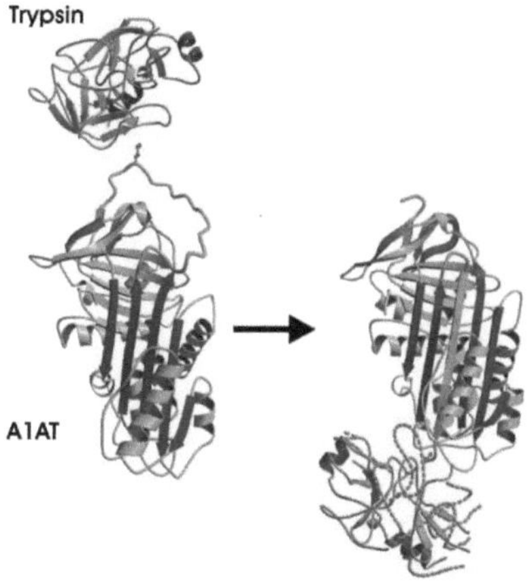

Abbildung 9: Mechanismus der Inhibition der Serinprotease Trypsin durch A1AT. Auf der linken Seite liegt Trypsin kurz vor Beginn der Inhibition oberhalb von A1AT, welches deutlich das Met 358 im reaktiven *Loop* zeigt. Auf der rechten Seite ist die umgeordnete Struktur der beiden Moleküle dargestellt. Der reaktive *Loop* wurde zwischen Met 358 und Ser 359 gespalten. Durch die Inhibition veränderte Bereiche des Trypsins (gestrichelt), β-Faltblätter (rot), reaktiver *Loop* (gelb), Met 358 (grün), Trypsin (cyan und magenta), aktives Ser 195 von Trypsin (rot) [117].

Eingeleitet wird der Prozess durch eine Reaktion des aktiven Serins der Protease (Ser 195) mit dem Met 358 des reaktiven Zentrums von A1AT. Bei der irreversiblen Inhibition der Protease kommt es zu einer Spaltung zwischen dem Met 358 und dem Serin 359 von A1AT. Daraufhin wird der reaktive *Loop* mit der fest gebundenen Protease auf die gegenüberliegende Seite des Moleküls geklappt. Im Anschluss liegt ein kovalenter Komplex von A1AT und der gebundenen Serinprotease vor [117-119].

1.3.2 A1AT-Mangelerkrankung

Laurell und Eriksson haben 1963 als Erste den Zusammenhang zwischen niedrigen Plasmakonzentrationen von A1AT und den Symptomen eines Lungenemphysems entdeckt [120]. Der A1AT-Mangel ist eine autosomal rezessiv vererbte Erkrankung. Diese ist auf Mutationen des *SERPINA1*-Gens zurückzuführen, welches für A1AT codiert. Die Folge sind quantitative und/oder qualitative Veränderungen des A1AT im Serum. Die Verbreitung der Erkrankung wird in Westeuropa und den USA auf 1:2500 bzw. 1:5000 bei Neugeborenen geschätzt [1].

Die A1AT-Konzentration im Serum liegt bei Gesunden zwischen 1,5–3,5 mg/ml (oder 20–48 µM) [121]. Die Diagnose einer Mangelerkrankung kann anhand des A1AT-Serumspiegels oder mittels isoelektrischer Fokussierung erfolgen (Abbildung 10). Die häufigsten Mangel-Allele in Nordeuropa sind Pi Z und Pi S. Die Mehrheit der A1AT-Mangelerkrankten mit klinisch auffälligen Symptomen tragen das Pi ZZ Allel. Die Symptome variieren in ihrer Ausprägung von symptomlos bis zu schwerwiegenden Leber- oder Lungenerkrankungen. Der ZZ-Typ und der SZ-Typ haben ein hohes Risiko für die Entwicklung von Symptomen im Bereich der Atemwege (Husten, Atemnot), eine frühzeitige Entstehung eines Emphysems und die Behinderung des Atemflusses in einer frühen Lebensphase. Die Ursache dafür liegt in einem Mangel an A1AT mit einer Serumkonzentration von unter 0,5 mg/ml (11 µM), welche nicht mehr für die inhibitorische Wirkung von A1AT ausreicht, Elastase der Neutrophilen zu inaktivieren. Dies führt dazu, dass Bindegewebe in der Lunge abgebaut wird und fördert die Ausbildung eines Emphysems. In der Regel manifestieren sich die Beschwerden in der dritten bis vierten Lebensdekade. Auch Umweltfaktoren, wie Luftverschmutzung oder der Kontakt mit feinen Stäuben, sind ein zusätzliches Risiko für A1AT-defiziente Menschen. Besonders gefährdet sind Raucher, da der Zigarettenrauch zur Oxidation des Met 358 führt, was eine Inaktivierung von A1AT zur Folge hat. Diese Faktoren können das Voranschreiten der Erkrankung beschleunigen.

Der ZZ-Typ steht ebenfalls in Verbindung mit der Entstehung akuter oder chronischer Lebererkrankungen in der Kindheit oder im Erwachsenenalter, da der Mangel häufig auf eine unzureichende Sekretion zurückzuführen ist. In der Folge kommt es zu einer globulären Akkumulation von A1AT in Leberzellen und im weiteren Verlauf zu ihrer Apoptose [122]. Ein durch eine Leberzirrhose hervorgerufenes Leberversagen kann auftreten.

Seit etwa 1985 werden Patienten mit A1AT aus humanem Plasma behandelt, um das aktive zirkulierende A1AT auf eine schützende Serumkonzentration zu steigern. Bei einer Serumhalblebenszeit von 5-6 Tagen sind Patienten momentan zu wöchentlichen Applikationen gezwungen (60 mg A1AT/kg Körpergewicht). Um die Lunge vor weiteren entzündlichen Reizen zu schützen, sollten Patienten das Rauchen aufgeben, verschmutzte Luft meiden und die jährliche Grippeschutzimpfung wahrnehmen. Im Endstadium einer Lungen- oder Lebererkrankung bleibt lediglich die Organtransplantation.

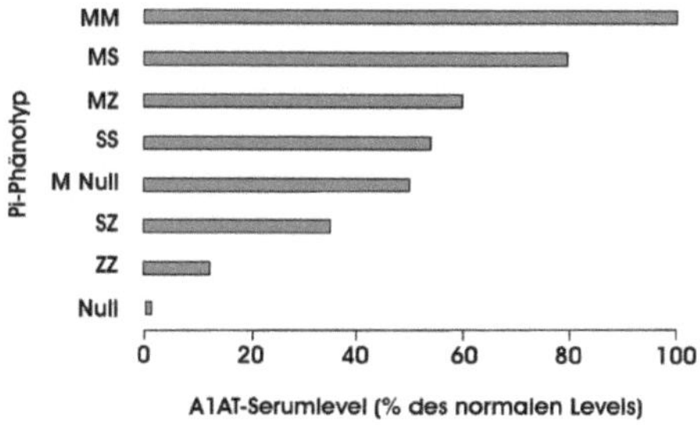

Abbildung 10: A1AT-Serumkonzentration verschiedener Pi-Phänotypen im Vergleich. Die isoelektrische Fokussierung von Serum (Pi) wird eingesetzt, um Aufschluss über die vorhandene Mutation eines Patienten mit A1AT-Mangel zu gewinnen. Das erhaltene charakteristische Bandenmuster kann einem Pi-Typ zugeordnet werden. Der Pi-Typ korreliert mit der A1AT-Serumkonzentration. Abbildung aus Fregonese *et al.* [1].

1.4 Substitutionstherapie

A1AT konnte bereits in verschiedenen Organismen produziert werden. Dazu zählen *E. coli*, *Saccharomyces cerevisiae*, Insekten- und *Chinese Hamster Ovary*-Zellen (CHO), transgene Pflanzen und Tieren. Das Fehlen der *N*-Glykanaustattung des so gewonnenen A1AT hatte dabei eine schnelle renale *Clearance* zur Folge. Dies ist auf die fehlende negative Ladung des Moleküls zurückzuführen. Für die Therapie wurde allerdings bisher kein rekombinantes A1AT zugelassen [123]. Da nur ein geringer Prozentsatz des applizierten A1AT die Lunge erreicht, wurden verschiedene Versuche unternommen, A1AT direkt in die Lunge einzubringen, beispielsweise durch Erzeugung von A1AT-Aerosolen [124, 125]. Erste Erfolge gab es bereits auf dem Gebiet der Gentherapie im Tierversuch mit hA1ATüberexprimierenden Makrophagen, die in die Atemwege eingebracht wurden [126]. Andere Ansätze zur Verlängerung der Serumhalblebenszeit verfolgen die Steigerung der Oxidationsresistenz [127] oder eine Molekülvergrößerung durch PEGylierung von A1AT [128, 129].

1.5 Glykosylierung in der Biotechnologie

Glykosylierung findet spezies- und zelltypspezifisch statt. Ebenso kann auch das Alter einer Zelle Einfluss auf die Glykosylierung haben und zu Veränderungen führen [130]. Die unterschiedlichen Glykosylierungsmuster sind vor allem durch die Expression, Konzentration und Kompartimentierung der Glykosyltransferasen und Glykosidasen bedingt [20]. Die Zellspezifität ist insbesondere bei der Expression rekombinanter Glykoproteine von Bedeutung. Sollen sie als Therapeutikum eingesetzt werden, erfordert dies eine sorgfältige Auswahl der Produktionszelllinie. Die Mikroheterogenität der Glykanstrukturen in Glykoproteinen macht eine Charakterisierung des Produkts besonders schwierig. Da bereits leichte Veränderungen des physiologischen Zustandes Auswirkung auf die Glykanausstattung haben, ist die Produktion mit gleichbleibender Glykanausstattung die größte Herausforderung. Für den Einsatz als humanes Therapeutikum muss eine humanähnliche Glykosylierung der Glykoproteine gewährleistet werden. Das erfordert eine aufwändige und kostenintensive Kultivierung von Säugerzellen. Eine häufig verwendete Zelllinie in der Produktion ist die CHO-Zelllinie. Diese Zellen sind in der Lage, komplexe humanähnliche *N*-Glykane zu synthetisieren [131]. Allerdings sind aufgrund der fehlenden α (2-6) Sialyltransferase nur α (2-3) verknüpfte Sialinsäuren vorhanden [132]. Zudem können bei der Expression von Glykoproteinen in der CHO-Zelllinie neben der Neu5Ac auch geringe Anteile von *N*-Glycolylneuraminsäure (Neu5Gc) nachgewiesen werden. Da Neu5Gc nicht im humanen System vorkommt, besteht die Möglichkeit, dass diese Sialinsäure als fremdes Epitop erkannt wird und eine Immunreaktion auf das glykosylierte Therapeutikum zur Folge hat [133, 134].

1.5.1 Modifikation von Glykanstrukturen

Das so genannte *Glycoengineering* versucht durch gezielte Veränderung der Glykanstrukturen die Eigenschaften, die diese vermitteln, zu nutzen. Dabei sind die pharmakologischen Faktoren, wie die Serumhalblebenszeit und die *in vivo*-Aktivität, von besonderem Interesse. Ansatzpunkte findet das *Glycoengineering* durch das Einbringen zusätzlicher *N*-Glykosylierungsmotive in die Polypeptidsequenz [135], das Anhängen von Peptiden [132, 136], die PEGylierung [128], die Verwendung von Monosaccharidanaloga [137], die Optimierung von Expressionsprozessen und die Erhöhung der Glykanhomogenität durch gezielte Expression und Lokalisation von Glykosyltransferasen und Glykosidasen in einer Expressionszelllinie [132, 138]. Die Veränderung bereits vorhandener Glykanstrukturen im Anschluss an die Expression ist mittels spezifischer Enzyme möglich. Beispielsweise kann die Behandlung mit Galactosyl- und Sialyltransferasen zu einem erhöhten Anteil an Sialinsäuren führen. Nach Behandlung mit einer Sialyltransferase konnte der Sialylierungsgrad von TNFR-IgG deutlich erhöht werden [139]. Eine chemische Modifikation von Glykanstrukturen auf der Zelloberfläche war ebenfalls erfolgreich [140, 141]. Die Entwicklung der vollautomatischen chemischen Synthese von Oligosacchariden ist bereits wegweisend und lässt an eine Synthese von Glykanen denken, wie sie für Peptide und Nukleotide schon täglich angewandt wird [142, 143].
Durch *Glycoengineering* konnte die Serumhalblebenszeit und die *in vivo*-Aktivität des therapeutisch relevanten Glykoproteins Erythropoetin (EPO) gesteigert werden. Das Glykoprotein-Hormon wird hauptsächlich in der Niere gebildet und stimuliert die Erythropoese (Bildung der roten Blutkörperchen) im Knochenmark [144, 145]. Rekombinantes humanes EPO wird zur Behandlung von Anämien eingesetzt, beispielsweise bei chronischen Nierenerkrankungen, HIV-Infektionen oder nach Chemotherapien. Das 165 Aminosäuren lange Glykoprotein EPO weist drei *N*-Glykosylierungsstellen (Asn 24, Asn 38, Asn 83) und eine *O*-Glykosylierungsstelle (Ser 126) auf. Das durch *Glycoengineering* verbesserte EPO weist zwei zusätzliche *N*-Glykosylierungsmotive auf, die hochsialylierte *N*-Glykane tragen. Durch diese Modifikation konnte eine dreifache Steigerung der Serumhalblebenszeit erreicht werden [135, 146]. Die verbesserte Serumhalblebenszeit wird zusätzlich durch den erhöhten

Sialylierungsgrad und die damit verbundene verminderte Affinität zum EPO-Rezeptor begünstigt. Nach Rezeptoraktivierung löst sich EPO und wird anschließend nicht degradiert [147, 148]. Die Steigerung der *in vivo*-Aktivität und die verlängerte Serumhalblebenszeit ermöglichen eine Verlängerung der Zeiträume zwischen den Applikationen, was zu einer erhöhten Lebensqualität der Patienten und weniger Behandlungskosten führt. Die meisten Methoden des *Glycoengineering* richten sich auf die Beeinflussung der Biosynthese, welche durch die Veränderung der an der Glykansynthese beteiligten Enzyme erreicht und mehr und mehr an das humane System angepasst wird [138].

Horstkorte *et al.* konnten durch die Modifikation der Sialinsäure eine biologische Stabilitätserhöhung (26 h auf 40 h) des hochsialylierten CEACAM 1 erreichen. Durch den Einsatz eines nicht natürlichen Monosaccharidvorläufers wurde die *N*-Acetyl-neuraminsäure gegen *N*-Propanoylneuraminsäure (Neu5Prop) ausgetauscht [137]. Durch das *Biochemical Engineering* mit *N*-Propanoylmannosamin (ManNProp) können Einbauraten von 10–85 % erreicht werden [149]. In anderen Arbeiten konnte ebenfalls gezeigt werden, dass der Einsatz von metabolischen Analoga zum Austausch der natürlichen Sialinsäure führt [149]. Die Modifikation der *N*-Acetyl- zu einer *N*-Propanoyl-Gruppe reduziert die Affinität zwischen Virus und Wirtszelle deutlich [150, 151]. In Abhängigkeit vom verwendeten *N*-Acylmannosamin-Derivat konnte eine deutliche Veränderung anhand der sialinsäureabhängigen Infektion durch zwei verschiedene Polyomaviren beobachtet werden. Die Einflüsse der veränderten Sialinsäure reichen von 95 % Hemmung bis zu einer siebenfachen Steigerung der Affinität in Abhängigkeit von der *N*-Acyl-Gruppe in der C 5-Position der Sialinsäure [152].

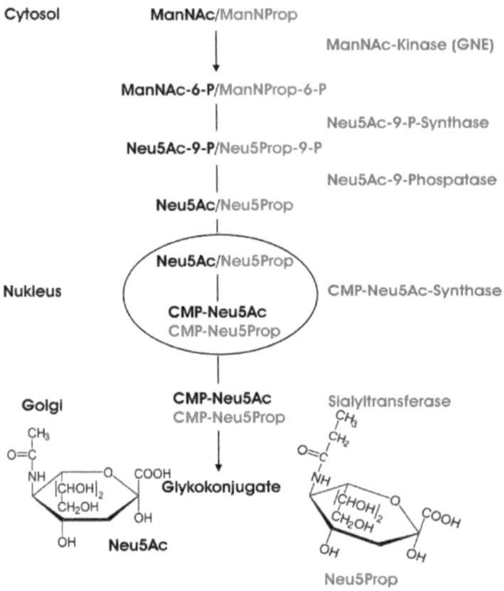

Abbildung 11: Metabolisierung des nicht physiologischen Vorläufers *N*-Propanoylmannosamin (ManNProp). Der nicht natürliche Vorläufer ManNProp wird nach Aufnahme in die Zelle in den Biosyntheseweg eingeschleust. Das Analogon durchläuft die Synthese wie der natürliche Vorläufer ManNAc und wird in die Glykokonjugate integriert (orange), beteiligte Enzyme (grau). In Anlehnung an Horstkorte *et al.* [137].

Der Einbau nicht physiologischer Vorläufer ist durch die Länge der Seitenkette limitiert. Weist diese mehr als fünf C-Atome auf, sinken die Einbauraten dramatisch. Dieser Effekt ist auf die reduzierte Affinität der ManNAc-6-Kinase des bifunktionalen Enzyms GNE zurückzuführen [153, 154]. *In vivo*-Versuche mit *N*-Propanoylmannosamin führten zu einem Einbau des Analogs in die Glykanstrukturen und konnten in den Mausorganen mit einer Einbaurate von bis zu 68 % nachgewiesen werden [155]. Aufgrund der positiven Gewebegängigkeit liegt die Überlegung nahe, ManNProp auch für die Lokalisation und Behandlung von Tumoren einzusetzen, da solche in der Regel eine hohe Sialylierungsrate aufweisen. Zusätzlich konnte ein Einfluss von *N*-Acetyl- und *N*-Propanoylmannosamin auf die neuronale Differenzierung von PC 12-Zellen gezeigt werden [156].

Die Verwendung des nicht natürlichen Monosaccharids 2-Desoxy-D-galactose (2dGal) führt zum Austausch der subterminalen Struktur, an die die Sialinsäure angeknüpft wird. Der Einbau wurde *in vivo* und *in vitro* nachgewiesen. Als Nebenprodukt entsteht 2-Desoxy-D-glucose, die als wirksamer Glykosylierungsinhibitor beschrieben wurde [157, 158]. Arbeiten von Büchsel *et al.* und Geilen *et al.* zeigen zudem einen Einfluss der 2dGal auf die α (1-2) Fucosylierung [159, 160].

1.6 Glykananalyse

Die Glykananalyse stellt aufgrund der verzweigten Strukturen von *N*-Glykanen, die sich in ihrem Verknüpfungstyp und der Anzahl der Verzweigungen unterscheiden können, eine enorme Herausforderung dar. Die mögliche Heterogenität der Strukturen an einem Glykosylierungsmotiv erhöht den Analyseaufwand zusätzlich. Soll jede mögliche

Glykanstruktur für ein bestimmtes Asparagin beschrieben werden, muss jede Struktur sequentiell analysiert werden, um ein Glykanprofil erstellen zu können. Diese ausführliche Analytik hat insbesondere in der angewandten klinischen und der biomedizinischen Forschung Relevanz, denn bei einem Großteil der Biomarker handelt es sich tatsächlich um Glykoproteine [161]. Die kontinuierlichen Fortschritte bei der Entwicklung neuer Messgeräte und Methoden erlauben eine hochsensitive Analyse von Glykoproteinen. Jedoch lässt sich im seltensten Fall eine Methode direkt auf ein anderes Glykoprotein übertragen. Häufiger muss sie entsprechend den Eigenschaften des Glykoproteins modifiziert werden.

Die Freisetzung der *N*-Glykane erfolgt in der Regel enzymatisch mittels PNGase F [162]. Sind die Glykosylierungsstellen für das Enzym nur schwer zugänglich, kann die PNGase F-Behandlung durch eine vorhergehende Denaturierung mittels SDS in Kombination mit *β*-Mercaptoethanol oder einem Trypsinverdau unterstützt werden. Im Anschluss können eine Trennung der Peptidketten und der abgespaltenen *N*-Glykane und eine Entsalzung erfolgen. Für den Nachweis und die Beurteilung von *N*-Glykanen ist eine Monosaccharidanalyse sinnvoll [163]. Die Beurteilung der *N*-Glykanmuster ist mittels Massenspektrometrie (MS) möglich. Anhand sequentieller Exoglycosidaseverdaus lassen sich *N*-Glykanstrukturen und deren Verknüpfungstypen aufklären [164, 165]. Zusätzlich werden für die Erstellung von Glykanprofilen häufig Moleküle zur Markierung der *N*-Glykane eingesetzt, da Kohlenhydrate unter nativen Bedingungen keine ausgeprägten Eigenschaften für eine Detektion aufweisen. Für einen Sialinsäurenachweis kann eine Derivatisierung des Monosaccharides mit 1,2-Diamino-4,5-methylendioxybenzen (DMB) erfolgen [166, 167]. Die Markierung des Glykans mit 2-Aminobenzamid (2AB) kann Aufschluss über den Sialylierungsgrad geben. Über die ladungsabhängige Auftrennung nach ungeladenen, einfach-, zweifach-, dreifach- und vierfachgeladenen *N*-Glykanen ist eine Beurteilung der Sialylierung möglich. Darüber hinaus lässt die Fragmentierung 2AB-markierter *N*-Glykane zuverlässige Aussagen über die Position der Fucose zu [168].

1.7 Zielsetzung

In den letzten Jahren haben rekombinante Proteine in der Therapie schwerer Erkrankungen an Bedeutung gewonnen. Bei ihrer Produktion sind insbesondere die posttranslationalen Modifikationen eine Herausforderung und erfordern eine sorgfältige Wahl des Expressionssystems. Die Anwendung eines rekombinanten Proteins als Therapeutikum setzt zudem eine gleichbleibende Proteinqualität sowie eine geringe Immunogenität durch mögliche posttranslationale Modifikationen voraus. Außerdem wird der Einsatz vieler Proteine durch eine niedrige Aktivität und eine schnelle *Clearance* begrenzt.

Eine Strategie zur Verlängerung der Serumhalblebenszeit ist die Hyperglykosylierung von Proteinen. Diese sollte durch das Einfügen zusätzlicher *N*-Glykosylierungsmotive in die Proteinsequenz von A1AT erfolgen. Zusätzliche *N*-Glykosylierungsstellen sollten anhand der vorhandenen Kristallstruktur des humanen A1AT ausgewählt werden. Zunächst sollten Varianten mit jeweils einem zusätzlichen *N*-Glykosylierungsmotiv erzeugt werden. Die Expression sollte mittels HEK293-Zellen, CHO-Zellen und der neuen Zelllinie AGE1.HN erfolgen. Bei erfolgreicher Nutzung eines eingefügten *N*-Glykosylierungsmotivs sollten Kombinationen aus den Einzelvarianten generiert werden. Im Anschluss sollte eine Analyse der *N*-Glykanstrukturen mittels MALDI-TOF-MS, Kapillarelektrophorese und verschiedenen HPLC-Methoden erfolgen. Die neuen Proteinvarianten sollten im Vergleich zu A1ATwt auf ihre Aktivität und anhand der Pharmakokinetik im CD-1-Maus-Stamm untersucht werden.

Die Degradation von Glykoproteinen aus dem Serum ist abhängig von der Vollständigkeit der Sialylierung. Diese wird durch die Aktivität von Sialidasen im Serum beeinflusst. Durch die Supplementierung mit den nicht natürlichen Monosacchariden 2dGal und ManNProp während der Kultivierung der A1ATwt exprimierenden HEK293-Zellen sollten die subterminale Galactose und die terminale Sialinsäure metabolisch gegen die entsprechenden Analoga ausgetauscht werden. Der Einbau sollte anhand der isolierten *N*-Glykane nachgewiesen und quantifiziert werden. Im Weiteren sollte der Einfluss der veränderten Monosaccharidbausteine auf die Sialidaseresistenz mittels Neuraminidase-Assay untersucht werden. Ein *in vivo*-Test im CD-1-Maus-Stamm sollte Aufschluss über eine veränderte Pharmakokinetik geben.

Da eine optimierte *N*-Glykosylierung mit terminal vollständiger Sialylierung den Abbau eines Serumglykoproteins verzögert, sollte eine neue Zelllinie generiert werden, die stabil humane α (2-6) Sialyltransferase und humane β (1-4) Galactosyltransferase produziert, die an der *N*-Glykansynthese beteiligt sind. Eine mögliche Veränderung der *N*-Glykanmuster sollte mittels MALDI-TOF-MS-Analyse und HPAEC-PAD erfolgen. Im Fall einer veränderten *N*-Glykanausstattung, sollte die Analyse der Pharmakokinetik im CD-1-Maus-Stamm erfolgen.

2 Ergebnisse

Im Mittelpunkt dieser Arbeit steht das therapeutisch bedeutsame Serumglykoprotein alpha 1-Antitrypsin (A1AT). Im Hinblick auf seine therapeutische Relevanz steht die Funktion der angeknüpften *N*-Glykane für eine Verlängerung der Halbwertzeit im Serum im Vordergrund. Für die Umsetzung dieses Ziels wurden verschiedene Ansätze verfolgt. (1) Der Glykosylierungsgrad soll durch Einfügen zusätzlicher *N*-Glykosylierungsmotive verändert werden. (2) Ein Einfluss auf die enzymatische Freisetzung der terminalen Strukturen der *N*-Glykane wird durch die Gabe nicht natürlicher Monosaccharide während der Expression und den damit verbundenen Austausch der terminalen Monosaccharide (*Glycoengineering*) verfolgt. (3) Eine möglichst humane physiologische Glykosylierung soll mit einer neu entwickelten humanen neuronalen Zelllinie erreicht werden. (4) Eine optimierte Glykosylierung mit terminal vollständiger Sialylierung wird mit Hilfe einer neu generierten Zelllinie anvisiert. Diese ist hinsichtlich ihrer Glykosylierungsmaschinerie zielgerichtet optimiert. (5) Zum Nachweis der Wirksamkeit wurden ausgewählte A1AT-Varianten pharmakokinetischen Tests unterzogen.

2.1 Erhöhung des Glykosylierungsgrades in HEK293-Zellen

Die Positionen der zusätzlichen *N*-Glykosylierungsstellen wurden anhand der vorhandenen Kristallstruktur des humanen A1AT gewählt [114]. Um eine gute Zugänglichkeit für Glykosyltransferasen zu gewährleisten, wurden in Anlehnung an die Position der drei natürlichen *N*-Glykosylierungsstellen die äußeren *Loop*-Bereiche ausgewählt. Der Bereich des reaktiven *Loops* wurde nicht verändert, um die Aktivität des Serinprotease-Inhibitors nicht zu beeinträchtigen. Potentielle *N*-Glykosylierungsstellen wurden dem *N*-Glykosylierungsmotiv *NxT* folgend eingefügt, da dieses auch für die natürlichen Motive vorliegt und zwei- bis dreimal häufiger glykosyliert wird als das Motiv *NxS* [32].

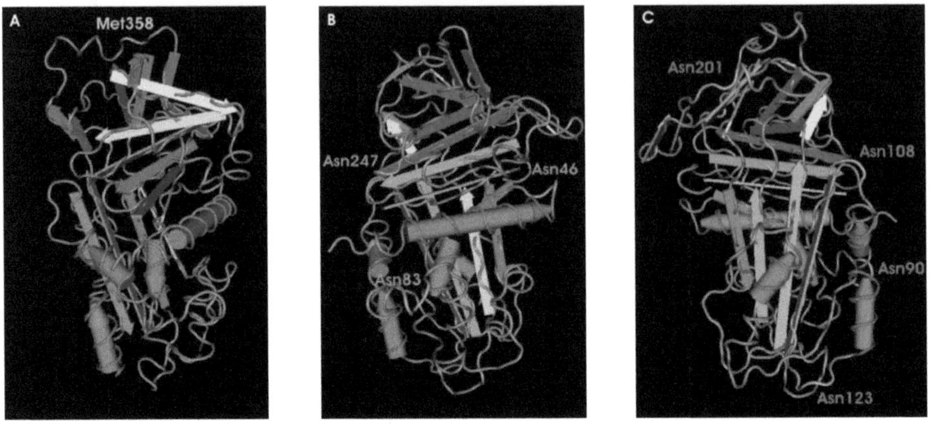

Abbildung 12: Kristallstruktur des rekombinanten humanen A1AT in aktiver Form. (A) Die Struktur zeigt den reaktiven *Loop* mit dem für die Aktivität wichtigen Methionin in Position 358 [114]. **(B)** Die drei natürlichen *N*-Glykosylierungstellen sind markiert. **(C)** Die zusätzlich eingefügten *N*-Glykosylierungsmotive sind hervorgehoben. Die entsprechenden Aminosäuren sind gelb gekennzeichnet.

Die ausgewählten Positionen sind im Folgenden nach der Position des Asparagins (N) benannt, welches für die Verknüpfung des *N*-Glykans verwendet wird. Varianten mit mehreren zusätzlichen *N*-Glykosylierungsmotiven setzen sich aus den Einzelvarianten zusammen (Abbildung 13).

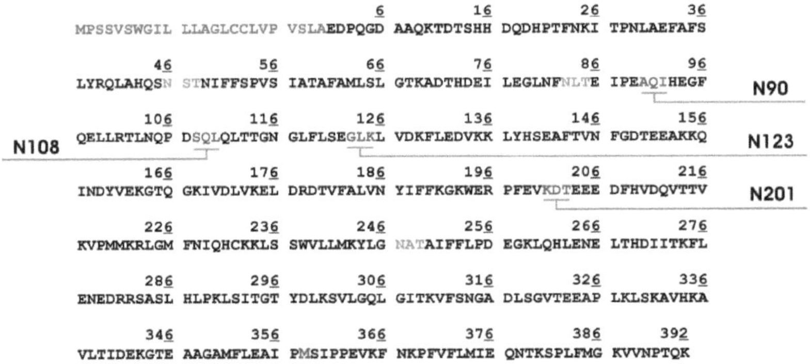

Abbildung 13: Positionen der natürlichen und zusätzlich eingefügten *N*-Glykosylierungsmotive des A1AT. Die Proteinsequenz umfasst 418 Aminosäuren und beinhaltet das *N*-terminale Signalpeptid von 24 Aminosäuren Länge (grau), die drei natürlichen *N*-Glykosylierungsmotive in Positionen N^{46}, N^{83} und N^{247} (grün) sowie die zusätzlich ausgewählten Positionen für die durch Mutagenese-PCR eingefügten *N*-Glykosylierungsmotive $A^{90}N/I^{92}T$ (N90), $S^{108}N/L^{110}T$ (N108), $G^{123}N/K^{125}T$ (N123), $K^{201}N$ (N201) (blau). Das reaktive Methionin befindet sich im reaktiven *Loop* in Position 358 (rot) [169]. Die Nummerierung bezieht sich auf die Aminosäureposition ohne Signalpeptid.

2.1.1 Generieren der eukaryotischen Expressionsplasmide

Ausgehend von dem Plasmid psILoxA1AT wurde die A1ATwt-Sequenz über die Restriktionsschnittstellen *Xba*I und *Kpn*I in die *Multiple Cloning Site* des eukaryotischen Expressionsvektors pcDNA3.1zeo(+) kloniert.

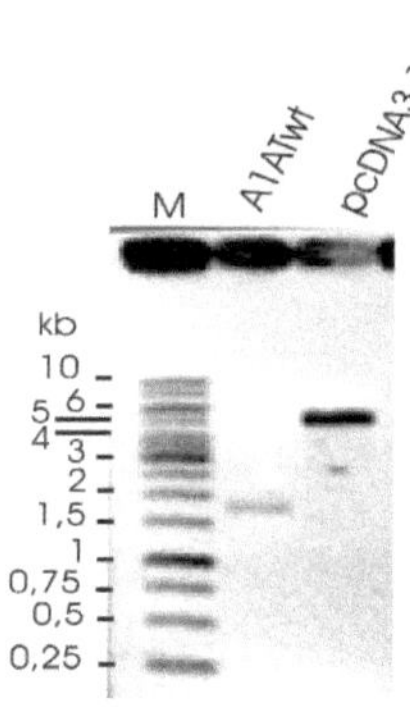

Abbildung 14: Agarosegel zur Kontrolle der gelgereinigten Restriktionsverdaus von A1ATwt und pcDNA3.1zeo. Die elektrophoretische Trennung erfolgte in einem 1%igen Agarosegel. Die Doppelverdaus führten zu den DNA-Fragmenten erwarteter Größe. dsA1ATwt/*Kpn*I/*Xba*I: 1,697 kb; pcDNA3.1zeo/*Kpn*I/*Xba*I: 4,95 kb.

Durch Ligation entstand das neue Konstrukt pcDNA3.1zeo-A1ATwt. Ausgehend von diesem Plasmid, wurden zunächst Varianten mit jeweils einer zusätzlichen *N*-Glykosylierungsstelle erzeugt. Für die Kombinationen verschiedener *N*-Glykosylierungsstellen wurde durch erneute Mutagenese ein zusätzliches Motiv in die vorhandenen Varianten eingebracht. Die durch DNA-Sequenzierung bestätigten Varianten wurden für die stabile Transfektion von HEK293-Zellen mittels Lipofectamin eingesetzt.

2.1.2 Expression und Aufreinigung der A1AT-Varianten

Die Expression erfolgte in HEK293-Zellen, einer humanen embryonalen Nierenepithelzelllinie, die in Gegenwart von Serum im Kulturmedium adhärent wächst [170]. Nach Selektion der Transfektanten wurde auf serumfreie Kultivierung umgestellt, um die sekretierten A1AT-Varianten direkt aus dem Überstand aufzureinigen. Die Expression wurde im *Batch*-Verfahren unter konstanten Expressionsbedingungen (37 °C; pH 7,0; 120 rpm) durchgeführt, um einen möglichen Einfluss der Expressionsbedingungen auf die Glykosylierung gering zu halten. Dabei wurden Parameter wie Vitalzellzahl, Glucose-, Glutamin-, Ammonium-, Laktat- und Glutamatkonzentration überwacht (Abbildung 15). Der Prozess wurde vor Unterschreiten einer Vitalität von 80 % abgebrochen, um zu gewährleisten, dass genügend Substrat für die Glykosylierung der rekombinanten Proteinvarianten und für das Wachstum der Zellen zur Verfügung stand. Glucose und Glutamin dienen als Hauptenergiequellen eukaryotischer Zellen, deren Hauptabbauprodukte, Laktat bzw. Ammonium, in höheren Konzentrationen das Wachstum und den Stoffwechsel der Zellen hemmen und zum Absterben der Zellen führen [171].

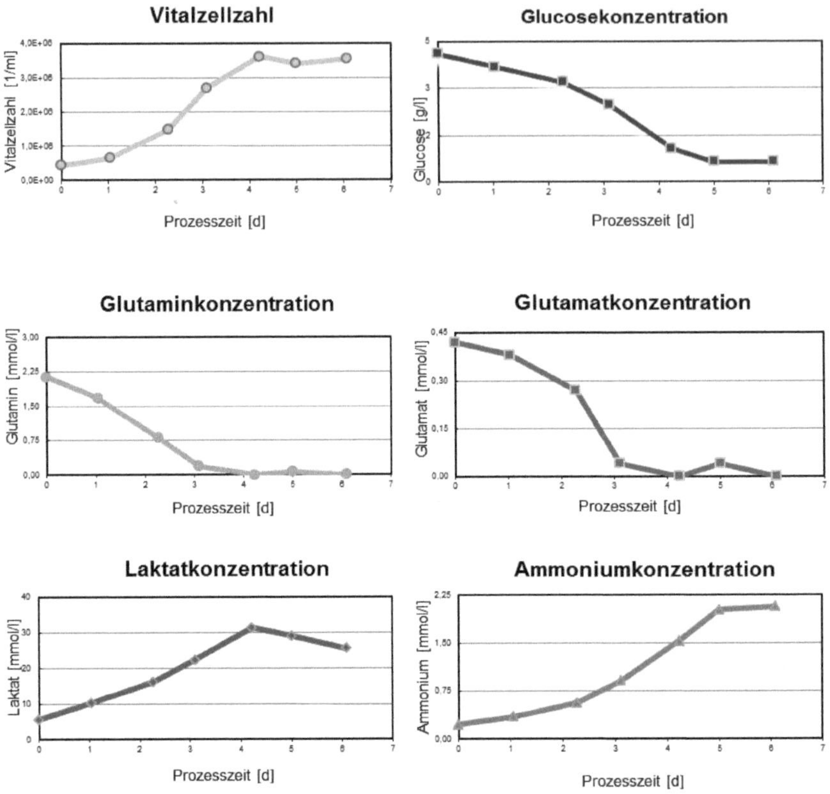

Abbildung 15: Überwachte Parameter im Batch-Prozess während der Expression von A1ATwt. Die Prozessparameter pH-Wert und Sauerstoffsättigung (pO_2) wurden mittels Sonden online überwacht. Die Konzentrationen der Supplemente und der Stoffwechselprodukte wurden am Bioprofiler bestimmt.

Bei einem optimalen Prozessverlauf ließ sich nach kurzer *lag*-Phase (Verzögerungsphase) ein exponentieller Anstieg der Vitalität verzeichnen. Während des Batch-Prozesses wurde die Zunahme an exprimiertem A1ATwt im Kulturüberstand getestet und verfolgt. Die Energiequellen Glucose, Glutamin und Glutamat wurden in den sechs Tagen nahezu vollständig verwertet. Für die Stoffwechselprodukte Laktat und Ammonium konnte eine Zunahme gemessen werden (Abbildung 15).
Zur Kontrolle der A1ATwt-Expression wurde täglich eine Probe der Expressionskultur mittels SDS-PAGE und folgender Coomassie-Färbung analysiert (Abbildung 16A). Zum Vergleich der Expression der A1AT-Neoglykoproteine wurden diese ebenfalls im Kulturüberstand mittels SDS-PAGE und Coomassie-Färbung analysiert (Abbildung 16B).

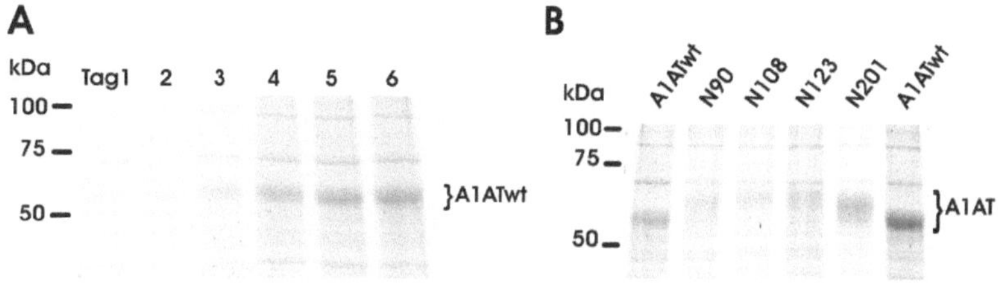

Abbildung 16: Nachweis der Expression von A1ATwt und A1AT-Neoglykoproteinen im Zellkulturüberstand. (A) Zeitverlauf der Expression von A1ATwt in serumfreiem Medium. **(B)** Drei Tage nach Prozessbeginn wurde der serumfreie Überstand der A1AT-Varianten mit einer zusätzlichen *N*-Glykosylierungsstelle getestet. Die Auftrennung erfolgte unter reduzierenden Bedingungen mittels 10 %-SDS-PAGE, die Detektion erfolgte mittels Coomassie-Färbung.

In der SDS-PAGE lässt sich eine kontinuierliche Zunahme von A1ATwt im Kulturüberstand nachweisen. Die Proteinbande für A1ATwt liegt erwartungsgemäß bei einer Molekularmasse von 52 kDa (Abbildung 16A). Die Neoglykoproteinvarianten mit einer zusätzlichen *N*-Glykosylierungsstelle zeigen im Vergleich zu A1ATwt einen Bandenshift zu einer größeren molekularen Masse. Dabei zeigte sich für die Varianten N90 und N201 eine geringere Größenzunahme als für die Varianten N108 und N123. Dies lässt auf eine unvollständige Glykosylierung der Varianten N90 und N201 schließen (Abbildung 16B).

2.1.3 Anionenaustauschchromatographie

Zur weiteren Analyse von A1ATwt und der A1AT-Neoglykoproteine war es notwendig, diese aus dem Zellkulturüberstand zu reinigen. Nach Prozessende wurden die Zellkulturüberstände zentrifugiert. Die so gewonnenen Überstände wurden filtriert (0,22 µm), um auch kleine Zelltrümmer zu entfernen. Im Anschluss wurde eine Anionenaustauschchromatographie (AAC) durchgeführt.
Die Expressionsraten lagen für A1ATwt und die A1AT-Varianten zwischen 5–100 µg/ml. Um ausreichende Proteinausbeuten zu erhalten, wurden bis zu 300 ml Zellkulturüberstand auf die AAC-Säule geladen. Die Proteinvarianten wurden mittels linearem Salzgradienten von der Säule eluiert, da die Chlorid-Ionen mit den negativ geladenen Gruppen des Proteins um die Bindung am Anionenaustauscher konkurrieren.

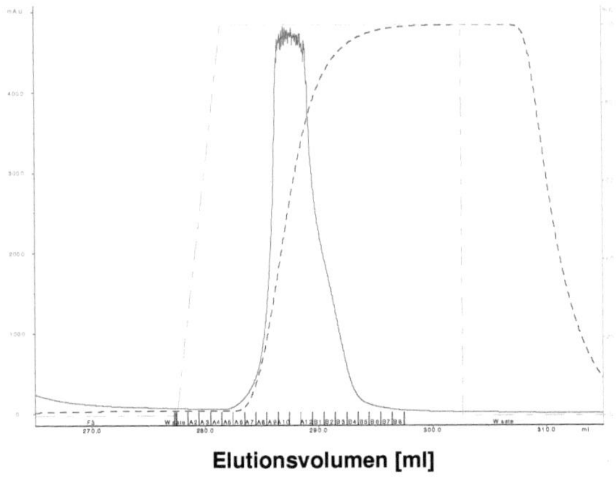

Abbildung 17: Elutionsprofil der Anionenaustauschchromatographie für A1ATwt. Gesammelte Fraktionen (schwarz), NaCl-Gradient 0–1 M (grün), 280 nm UV-Messung (pink), Leitfähigkeit (braun).

A1AT eluiert bei einer NaCl-Konzentration von 250–700 mM. Die gewonnenen Fraktionen wurden mittels SDS-PAGE und anschließender Coomassie-Färbung überprüft.

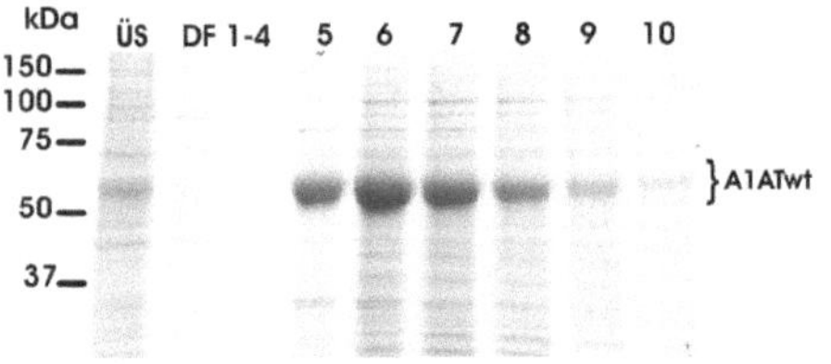

Abbildung 18: Kontrolle von A1ATwt-Fraktionen der Anionenaustauschchromatographie. Gelelektrophoretische Trennung unter reduzierenden Bedingungen, mittels 10 %-SDS-PAGE und Coomassie-Färbung der AAC-Fraktionen (1–10), Zellkulturüberstand (ÜS), Durchfluss (DF), vereinigte Waschfraktionen (1–4).

In Abbildung 18 ist das Ergebnis eines Kontrollgels beispielhaft für A1ATwt gezeigt. Der Zellkulturüberstand zeigt bereits eine Bande in Höhe der erwarteten Molekularmasse von 52 kDa. Nach AAC weisen der Durchfluss und die Waschfraktionen kein A1AT auf. Das rekombinante Protein wurde also erfolgreich an die Q Sepharose gebunden. A1ATwt eluierte mit höchster Konzentration in den Fraktionen 5–8. Es zeigen sich allerdings noch deutliche Nebenbanden anderer Proteine. Die Fraktionen 5–8 wurden vereinigt und mittels Ultrafiltration aufkonzentriert. Im Anschluss wurde A1ATwt mittels Gelfiltration weiter gereinigt und entsalzt.

2.1.4 Gelfiltration

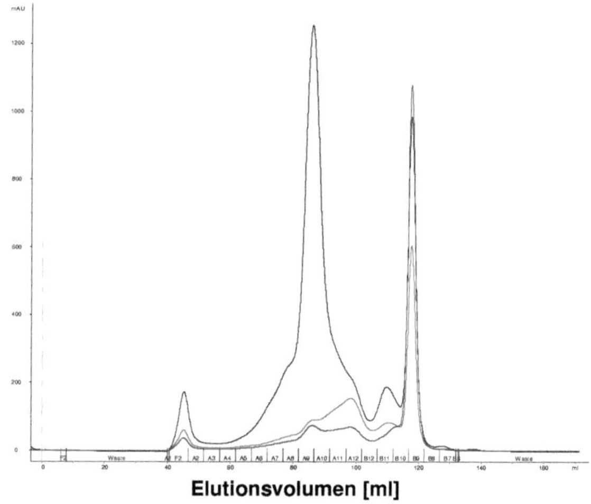

Abbildung 19: Elutionsprofil der Gelfiltration von A1ATwt. Zeitpunkt der Injektion (grün), UV-Messung 215 nm (schwarz), 254 nm (rot), 280 nm (blau).

Die UV-Absorption zeigt ein deutliches Maximum bei 80–95 ml. Zur Analyse der aus der Gelfiltration gewonnenen Fraktionen wurden diese mittels SDS-PAGE und Coomassie-Färbung analysiert.

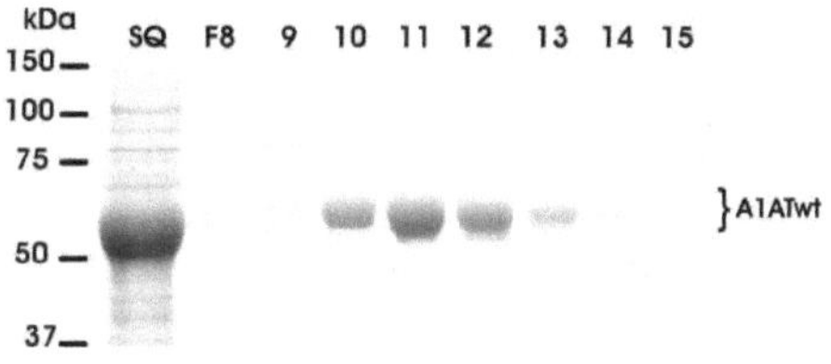

Abbildung 20: Fraktionen des gereinigten A1ATwt nach der Gelfiltration. Gelelektrophoretische Trennung der Gelfiltrationsfraktionen, reduzierend, mittels 10 %-SDS-PAGE und anschließende Coomassie-Färbung, Q Sepharose-gereinigtes A1ATwt (SQ), Fraktionen 8–15 (F8–15).

Das Protein konnte mit nahezu vollständiger Homogenität in den Fraktionen 10 bis 13 wiedergefunden werden (Abbildung 20). Das Q Sepharose-gereinigte A1ATwt wies deutliche Nebenbanden auf, welche durch die Gelfiltration abgetrennt werden konnten. Die mit Hilfe des BCA-Assays bestimmten Proteinkonzentrationen der aufgereinigten A1AT-Varianten lagen zwischen 100 µg/ml und 1500 µg/ml.

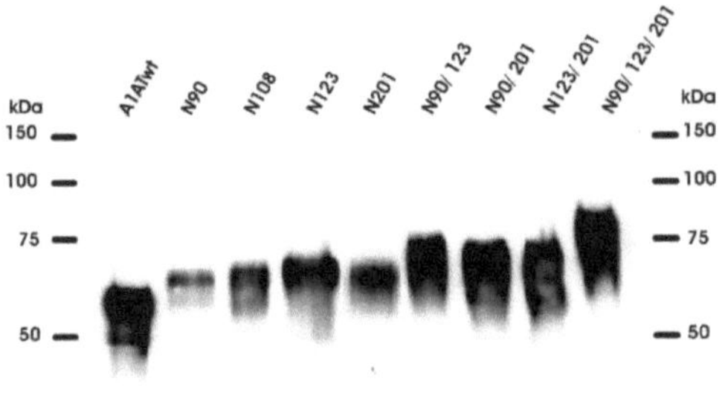

Abbildung 21: Exprimierte A1AT-Neoglykoproteine mit erhöhtem Glykosylierungsgrad im Vergleich zu A1ATwt. Die in HEK293-Zellen serumfrei exprimierten Proteine wurden mittels 10%-SDS-PAGE unter reduzierenden Bedingungen aufgetrennt und im Western Blot mit dem Peroxidase-gekoppelten Antikörper gegen humanes A1AT detektiert. Der Nachweis erfolgte mittels Chemilumineszens.

Die gereinigten A1AT-Varianten zeigen im Vergleich zum A1ATwt mit jedem zusätzlichen *N*-Glykosylierungsmotiv einen Größenshift von etwa 3 kDa. Die Kombination mit drei zusätzlichen Motiven zeigt die größte molekulare Masse (Abbildung 21). Wie für die Einzelmutanten N90 und N201 konnte auch für die Kombinationen der Motive N90/201 und N123/201 ein etwas geringerer Bandenshift beobachtet werden. Weiterhin zeigt sich ein für Glykoproteine typisches unscharfes Bandenmuster, das auf eine heterogene Glykanaustattung hindeutet.

2.2 Test auf Aktivität der A1AT-Varianten

Eine Veränderung der Proteinsequenz und das Anfügen zusätzlicher *N*-Glykane kann Auswirkung auf die Struktur und/oder die Aktivität der rekombinanten A1AT-Varianten haben. Der Serinprotease-Inhibitor A1AT hemmt unter physiologischen Bedingungen Neutrophile Elastase in der Lunge [1, 172, 173]. Darüber hinaus inhibiert A1AT einer Reihe weiterer Proteasen wie Trypsin, Chymotrypsin, Cathepsin G, Plasmin, Thrombin und Proteinase 3 [174, 175]. Um den Einfluss der zusätzlichen *N*-Glykosylierungsmotive zu untersuchen, wurden die neuen A1AT-Varianten im Vergleich zum A1ATwt auf ihre inhibitorische Wirkung gegenüber Trypsin getestet (4.6.4). Hierfür wurde zunächst die A1AT-Konzentration der ensprechenden Fraktion aus der Gelfiltration mittels A1AT-ELISA exakt bestimmt. Nach 10-minütiger Vorinkubation von 0,3 µg A1AT mit 0,5 µg Trypsin wurde die Aktivität von freiem Trypsin mit dem chromophoren Substrat BAPNA bestimmt.

Die gemessene Absorption von A1ATwt wurde auf 100 % Aktivität gesetzt und mit der relativen Aktivität der Neoglykoproteine verglichen (Abbildung 22).

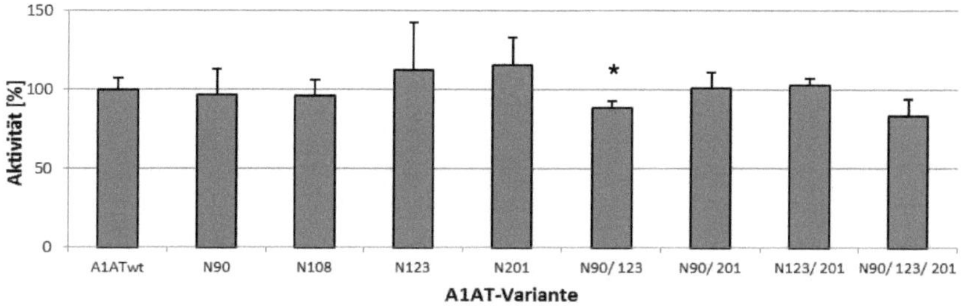

Abbildung 22: A1AT-Aktivitätsassay. Die Aktivität von A1ATwt wurde auf 100 % Aktivität gesetzt und im Verhältnis zu den A1AT-Varianten betrachtet. Für jede Variante wurden drei unabhängige Tests in Dreifachbestimmung durchgeführt. Gezeigt wird der Standardfehler der Mittelwerte (SEM), T-Test im Vegleich zu A1ATwt (* $p<0,05$).

Im Vergleich zur inhibitorischen Wirkung des A1ATwt gegenüber Trypsin konnten innerhalb der Standardabweichung keine Aktivitätsunterschiede für die neu generierten A1AT-Varianten mit erhöhtem Glykosylierungsgrad gemessen werden.

2.3 *N*-Glykananalyse der A1AT-Varianten

Neben dem A1ATwt standen acht neue A1AT-Varianten mit erhöhtem Glykosylierungsgrad zur Verfügung. Darunter vier Einzelvarianten (N90, N108, N123, N201), drei Doppelvarianten (N90/123, N90/201, N123/201) und eine Dreifachvariante (N90/123/201). Die Analyse der Varianten im Vergleich zum A1ATwt sollte Aufschluss über mögliche Veränderungen im *N*-Glykanmuster geben. Um Unterschiede in der Glykosylierung zu untersuchen, wurden verschiedene Methoden angewendet. Die im Folgenden verwendeten Symbole und Abkürzungen der einzelnen Monosaccharide sind im Anhang dargestellt.

2.3.1 Monosaccharidanalyse mittels HPAEC-PAD

Die Monosaccharidanalyse mittels HPAEC-PAD (*High Performance Anion Exchange Chromatography with Pulsed Amperometric Detection*) ermöglicht es, die relativen Anteile der Kohlenhydratbausteine zu bestimmen. Für die Monosaccharidanalyse wurden die *N*-Glykane zunächst durch eine saure Hydrolyse in ihre Monosaccharidbausteine gespalten. Die Verhältnisse der einzelnen Monosaccharide wurden mit den Daten, die für A1ATwt gewonnen wurden sowie einem Referenz-Glykoprotein, dem α-1-sauren Glykoprotein (AGP), verglichen (Abbildung 23). Da die Glykankomponenten *N*-Acetylgalactosamin (GalNAc) und *N*-Acetylglucosamin (GlcNAc) bei saurer Hydrolyse ihre Acetylierung verlieren, sind sie als Amine ($GalNH_2$, $GlcNH_2$) nachweisbar.

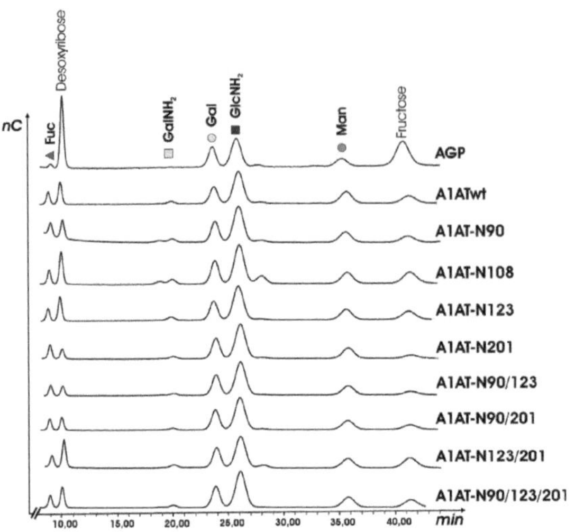

Abbildung 23: Monosaccharidanalyse von A1ATwt und der A1AT-Varianten aus HEK293-Zellen. Die Chromatogramme spiegeln die Verhältnisse der Monosaccharidbausteine wider. Desoxyribose und Fructose dienen als interner Standard.

Die untersuchten A1AT-Varianten und A1ATwt weisen eine sehr ähnliche Verteilung der Monosaccharidanteile auf und gleichen der Verteilung, die für das Referenzglykoprotein AGP bestimmt wurde. Die Grundannahme, dass *N*-Glykane die konventionelle Basisstruktur mit drei Mannoseeinheiten besitzen, ermöglicht eine Berechnung der jeweiligen Anteile, wenn die Werte zu dieser Basisstruktur in Bezug gesetzt werden, wie in Tabelle 1 gezeigt.

Tabelle 1: Berechnete Monosaccharidverhältnisse für A1ATwt und A1AT-Varianten aus HEK293-Zellen. Dargestellt sind die molaren Verhältnisse der einzelnen Monosaccharidbausteine, bezogen auf drei Mannoseeinheiten der Basisstruktur. Als Kontrolle wurde aus humanem Serum isoliertes AGP analysiert. GalNAc und GlcNAc verlieren bei saurer Hydrolyse ihre Acetylierung und sind als Amine ($GalNH_2$, $GlcNH_2$) nachweisbar.

Variante	Fucose	$GalNH_2$	Galactose	$GlcNH_2$	Mannose
AGP	0,46	0,00	4,15	7,38	3,00
A1ATwt	1,09	0,20	2,34	5,82	3,00
N90	1,18	0,36	3,34	7,42	3,00
N108	1,34	0,42	3,49	8,05	3,00
N123	1,32	0,23	3,27	7,12	3,00
N201	1,29	0,34	3,20	7,51	3,00
N90/123	1,19	0,19	3,75	7,79	3,00
N90/201	1,32	0,18	3,64	7,48	3,00
N123/201	1,24	0,31	3,55	7,14	3,00
N90/123/201	1,26	0,19	3,40	7,26	3,00

Der Anteil der Galactose- und GlcNAc-Einheiten bei den A1AT-Varianten mit zusätzlichen *N*-Glykosylierungsmotiven ist im Vergleich zum A1ATwt deutlich erhöht. Die veränderten Verhältnisse der einzelnen Monosaccharide bestätigen eine Modifikation der rekombinanten A1AT-Varianten mit zusätzlichen *N*-Glykanen und sind ein Hinweis auf eine erhöhte Antennarität der isolierten Strukturen. Die *N*-Glykane der A1AT-Varianten und des A1ATwt wurden mit durchschnittlich 1,09–1,34 Fucose-Resten bestimmt, so dass sich der Anteil innerhalb der erzeugten A1AT-Varianten wenig unterscheidet. Außerdem sind für die A1AT-Varianten und A1ATwt in geringen Anteilen auch GalNAc-Reste nachzuweisen. GalNAc-Reste sind unübliche und nicht sehr häufig vorkommende Bausteine für *N*-Glykane. Im Unterschied zu A1ATwt und den Neoglykoproteinen konnte für AGP erwartungsgemäß kein GalNAc gefunden werden. Die Monosaccharidanalyse ist für die Interpretation der MALDI-TOF-MS Daten wichtig. Bei der Bestimmung der Strukturen müssen folglich auch GalNAc-Reste einbezogen werden. GalNAc- und GlcNAc-Reste besitzen die gleiche Masse und sind daher mittels MALDI-TOF-MS-Analyse nicht zu unterscheiden.

2.3.2 MALDI-TOF-MS-Analyse desialylierter *N*-Glykane

Die in HEK293-Zellen exprimierten und mittels Säulenchromatographie gereinigten A1AT-Varianten wurden mit PNGase F behandelt, um die *N*-Glykane enzymatisch vom Protein abzuspalten (4.11.1). Der Erfolg der Abspaltung der *N*-Glykane wurde mittels SDS-PAGE und anschließender Coomassie-Färbung bestätigt (Abbildung 24).

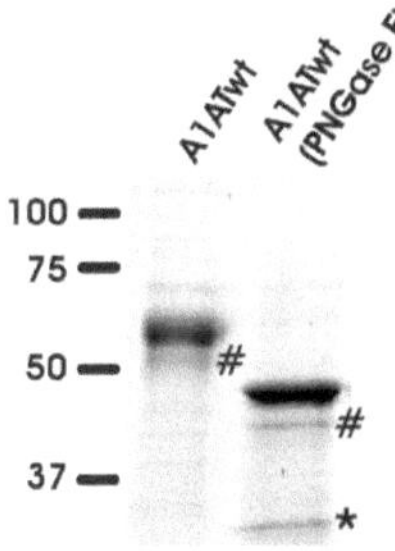

Abbildung 24: Nachweis der *N*-Glykosylierung durch PNGase F-Verdau. Gereinigtes A1ATwt wurde 16 h bei 37 °C mit 0,5 mU PNGase F inkubiert. Reduzierender Auftrag, Auftrennung mittels 10 % SDS-PAGE und Coomassie-Färbung. (#) Durch Metalloproteasen verkürztes A1AT, (*) PNGase F bei 35 kDa.

Das mit PNGase F behandelte A1ATwt zeigt eine deutlich verringerte Molekularmasse gegenüber der unbehandelten Probe. Durch die Abspaltung entsteht eine definierte Bande bei etwa 45 kDa, die der molekularen Masse des Proteinrückgrads entspricht. Es konnte gezeigt werden, dass A1AT aus HEK293-Zellen tatsächlich *N*-glykosyliert ist. Unterhalb der A1ATwt-Bande kann eine zusätzliche, deutlich schwächere Bande bei etwa 40 kDa nachgewiesen werden. Unterhalb der vollständig verdauten Proteinbande zeigt sich diese ebenfalls schärfer definiert als bei der glykosylierten Form (Abbildung 24). Bei der zusätzlichen Bande handelt es sich vermutlich um eine durch Matrixmetalloproteasen verkürzte Proteinvariante [176, 177]. In Höhe von 35 kDa kann die verwendete PNGase F nachgewiesen werden [178].
Um das spezifische Bandenmuster der sich ändernden apparenten Molekülmasse des A1AT im SDS-PAGE zu überprüfen, wurde ein unvollständiger Verdau mit PNGase F durchgeführt. Diese partielle Deglykosylierung lässt sich anhand des Bandenmusters

A1AT mit fortschreitendem Deglykosylierungsgrad verfolgen. Die Nutzung der eingefügten Glykosylierungsstellen konnte durch den Bandenshift der Neoglykoproteine im Vergleich zu A1ATwt nachgewiesen werden (Abbildung 21). Das Glykosylierungsmuster der rekombinanten A1AT-Varianten wurde im Vergleich zu A1ATwt untersucht.

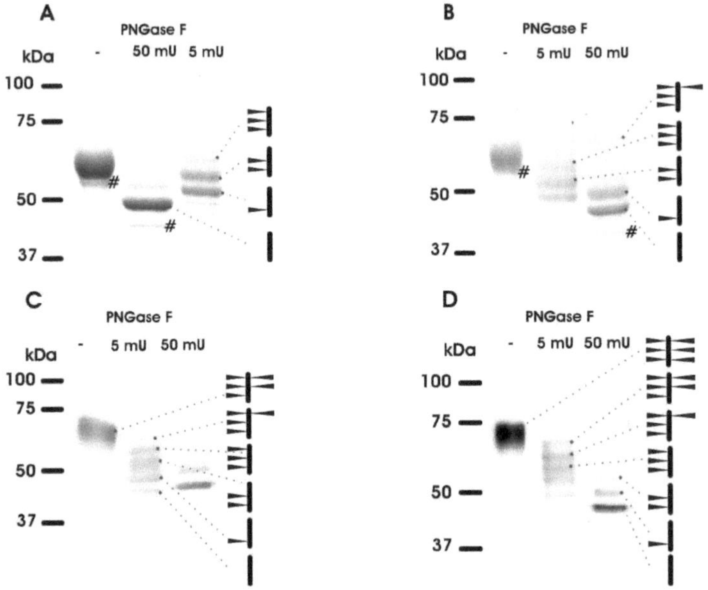

Abbildung 25: Partieller Verdau von A1ATwt und Neoglykoproteinen mit PNGase F. Partieller Verdau ohne, mit 5 mU und 50 mU PNGase F/µg Protein, ÜN bei 37 °C. Gelelektrophoretische Auftrennung unter reduzierenden Bedingungen mittels 10 % SDS-PAGE. **(A)** A1ATwt, **(B)** N201, **(C)** N123/201, **(D)** N90/123/201. (A) und (B) Coomassie-gefärbt, (C) und (D) Western Blots, mittels Peroxidase-gekoppeltem Antikörper gegen humanes A1AT und Chemilumineszens detektiert. Die Grafik verdeutlicht die Anzahl der verbleibenden *N*-Glykane, gibt aber keine Auskunft über die tatsächliche Position der *N*-Glykane. (#) Spaltprodukt von A1AT.

Für A1ATwt lassen sich neben dem vollständig deglykosylierten A1AT drei weitere Banden detektieren, die dem A1ATwt mit einem, zwei und drei *N*-Glykanen entsprechen. Diese drei detektierten Glykosylierungsstellen resultieren aus den natürlichen genutzten Motiven. Im Vergleich kann bei den Varianten mit einem zusätzlichen *N*-Glykosylierungsmotiv eine weitere Bande nachgewiesen werden. Mit jeder weiteren genutzten *N*-Glykosylierungsstelle kann auch eine neue Proteinbande beim partiellen Verdau nachgewiesen werden (Abbildung 25). Demnach werden die zusätzlichen Motive der neu generierten A1AT-Varianten genutzt, weil sie im Vergleich zu A1ATwt jeweils zusätzliche Banden aufweisen. Ein Teil der isolierten *N*-Glykane wurde nach Aufreinigung enzymatisch desialyliert (4.12.7.1) und mittels MALDI-TOF-MS im Positiv-Ionen-Modus untersucht. In Abbildung 26 sind die erhaltenen Spektren dargestellt.

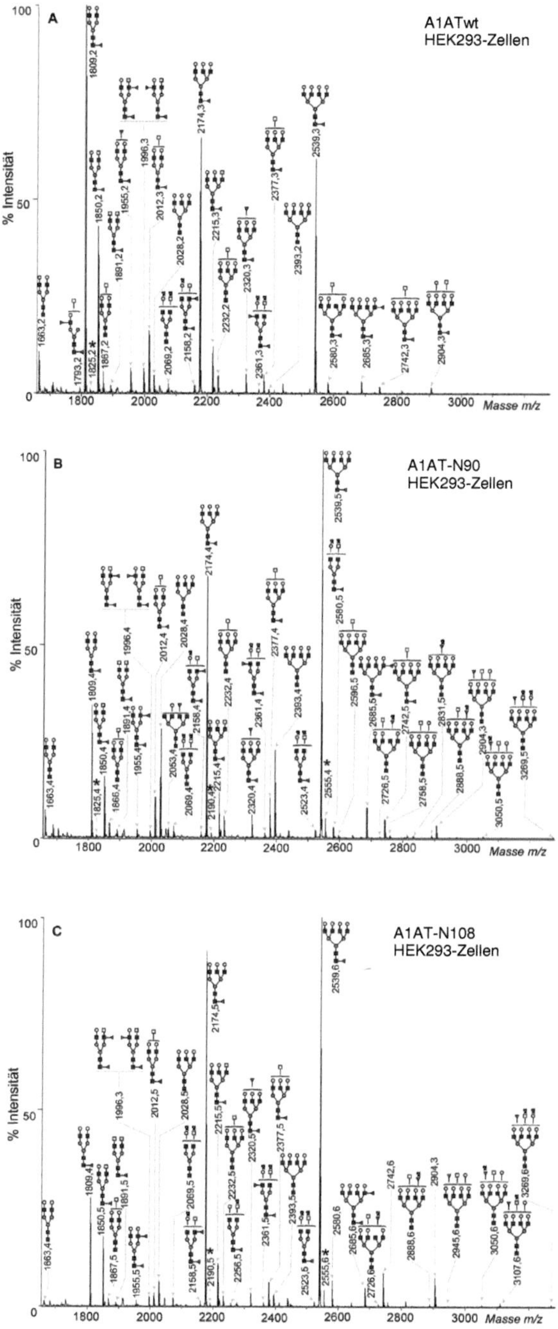
A
A1ATwt
HEK293-Zellen
% Intensität
Masse m/z
1663,2
1793,2
1809,2
1825,2 *
1850,2
1867,2
1891,2
1955,2
1996,3
2012,3
2028,2
2069,2
2158,2
2174,3
2215,3
2232,2
2320,3
2361,3
2377,3
2393,2
2539,3
2580,3
2685,3
2742,3
2904,3
B
A1AT-N90
HEK293-Zellen
% Intensität
Masse m/z
C
A1AT-N108
HEK293-Zellen
% Intensität
Masse m/z

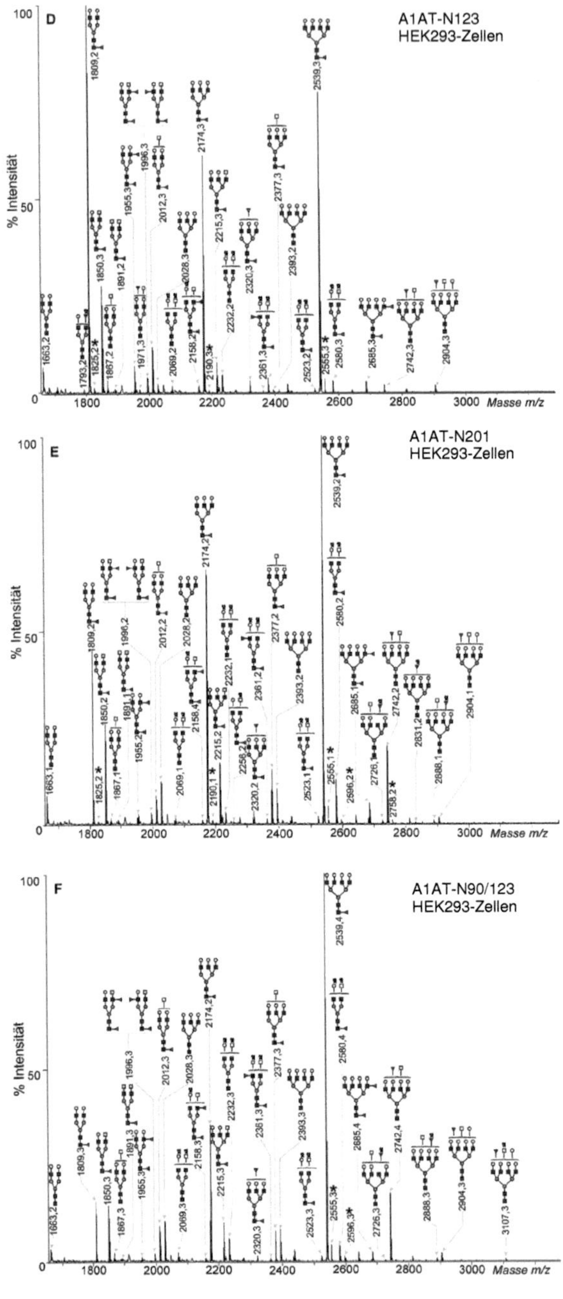
D
A1AT-N123
HEK293-Zellen
% Intensität
100
50
0
1663,2
1793,2
1809,2
1825,2*
1850,3
1867,2
1891,2
1955,3
1971,3
1996,3
2012,3
2028,3
2069,2
2158,2
2174,3
2190,3*
2215,3
2232,2
2320,3
2361,3
2377,3
2393,2
2523,2
2539,3
2555,3*
2580,3
2685,3
2742,3
2904,3
1800
2000
2200
2400
2600
2800
3000
Masse m/z
E
A1AT-N201
HEK293-Zellen
% Intensität
100
50
0
1663,1
1809,2
1825,2*
1850,2
1867,1
1891,1
1955,2
1996,2
2012,2
2028,2
2069,1
2158,4
2174,2
2190,1*
2215,2
2232,1
2256,2
2320,2
2361,2
2377,2
2393,2
2523,1
2539,2
2555,1*
2580,2
2596,2*
2685,1
2726,1
2742,2
2758,2*
2831,2
2888,1
2904,1
1800
2000
2200
2400
2600
2800
3000
Masse m/z
F
A1AT-N90/123
HEK293-Zellen
% Intensität
100
50
0
1663,2
1809,3
1850,3
1867,3
1891,3
1955,3
1996,3
2012,3
2028,3
2069,3
2158,3
2174,2
2215,3
2232,3
2320,3
2361,3
2377,3
2393,3
2523,3
2539,4
2555,3*
2580,4
2596,3*
2685,4
2726,3
2742,4
2888,3
2904,3
3107,3
1800
2000
2200
2400
2600
2800
3000
Masse m/z

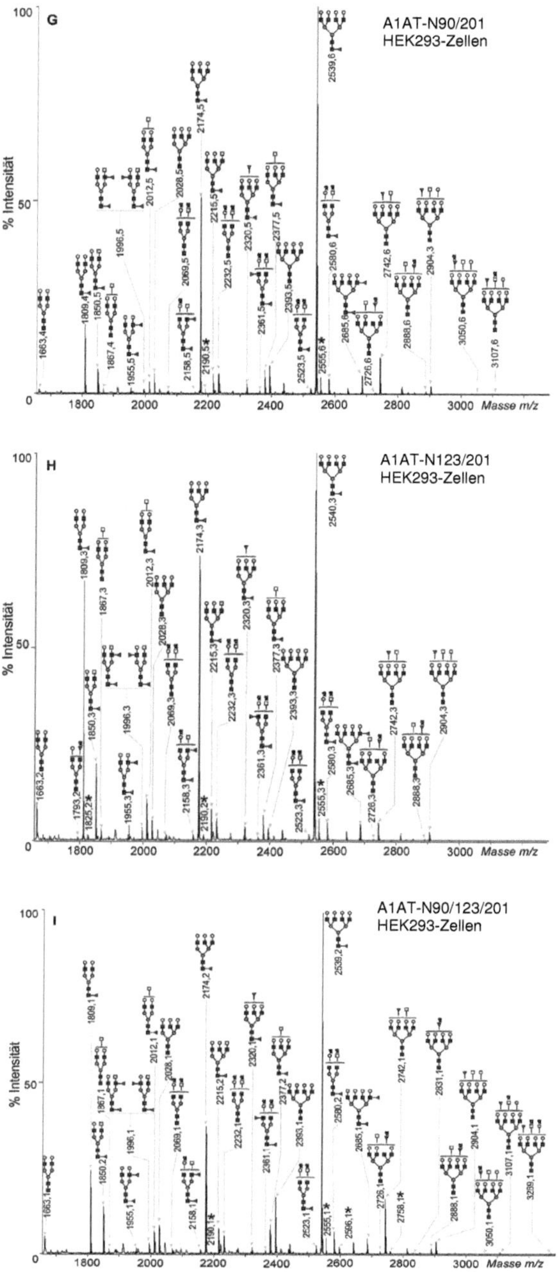

Abbildung 26: MALDI-TOF-MS-Analyse, Spektren der desialylierten *N*-Glykane von A1ATwt und A1AT-Varianten, in HEK293-Zellen exprimiert. Die Spektren wurden im Positiv-Ionen-Modus aufgenommen. (A) A1ATwt, (B) A1AT-N90, (C) A1AT-N108, (D) A1AT-N123, (E) A1AT-N201, (F) A1AT-N90/123, (G) A1AT-N90/-201, (H) A1AT-N123/201, (I) A1AT-N90/123/201. Die Massen und Strukturen sind über den zugehörigen Peaks angegeben. Anhand der Masse-zu-Ladung-Verhältnisse (m/z) wurden die entsprechenden *N*-Glykane zugeordnet. Alle Strukturen wurden durch Vergleich mit den Ergebnissen von Messungen nach verschiedenen Exoglykosidaseverdaus verifiziert. (*) Identifizierte Kaliumaddukte. Die Legende für die Monosaccharidbausteine befindet sich im Anhang.

Sowohl für A1ATwt als auch für die A1AT-Varianten wurden hauptsächlich bi-, tri- und tetraantennäre komplexe *N*-Glykane nachgewiesen, die einfach fucosyliert sind. Der größte Anteil der Strukturen des A1ATwt wurde mit dem biantennären einfach fucosylierten Glykan mit dem Ladungsverhältnis m/z 1809,2 gebildet. Weiterhin treten als Hauptstrukturen tri- und tetraantennäre komplexe *N*-Glykane (m/z 2174,3 und 2539,3) mit einfacher Fucosylierung zu annähernd gleichen Anteilen auf (Abbildung 26). Außerdem lassen sich geringe Anteile von nicht fucosylierten Formen der bi-, tri- und tetraantennären *N*-Glykane nachweisen (m/z 1663,2; m/z 2028,2; m/z 2393,2). In geringem Anteil treten ebenfalls unvollständige *N*-Glykane auf. Auffällig ist hier das scheinbar triantennäre *N*-Glykan, mit m/z 1850,2, welches nur eine Galactose trägt. Dieses *N*-Glykan nimmt mit 7–10 % einen deutlichen Anteil am Gesamtpool der *N*-Glykane von A1ATwt ein und konnte ebenfalls bei allen Neoglykoproteinen nachgewiesen werden. Der Struktur mit m/z 1850,2 konnte mittels Exoglykosidaseverdaus und Fragmentierungsanalysen eine biantennäre Struktur mit einem terminalen GalNAc-Rest zugeordnet werden (Abbildung 35). Für die Variante N90/201 wurde ein reduzierter Anteil dieser Struktur gefunden (Abbildung 26G), wobei diese Variante auch einen reduzierten Anteil an biantennären *N*-Glykanen aufweist. Das Auftreten dieser Struktur wird in Abschnitt 3.2 diskutiert.

Die *N*-Glykane, die für A1ATwt gefunden wurden, konnten in unterschiedlichen Verhältnissen für die A1AT-Varianten nachgewiesen werden. Die Varianten mit einer zusätzlichen *N*-Glykosylierungsstelle weisen eine Tendenz zu einem erhöhten Anteil der tetraantennären einfach fucosylierten Struktur auf. Mit jedem zusätzlichen *N*-Glykosylierungsmotiv nimmt der Anteil tetraantennärer *N*-Glykane zu. Abweichend hierzu stellen sich die *N*-Glykanmuster für die Einzelvariante N123 (Abbildung 26D) und die Doppelvariante N123/201 (Abbildung 26H) dar. Die MALDI-TOF-MS-Ergebnisse zeigen ein dem A1ATwt ähnliches Muster mit weniger stark ausgeprägter Tendenz zu höher antennären *N*-Glykanen, dabei aber ein ausgewogenes Verhältnis der drei Hauptstrukturen, die den Anteilen von bi-, tri- und tetraantennären *N*-Glykanen des A1ATwt gleichen.

Das *N*-Glykanmuster für Prolastin wurde ebenfalls anhand der desialylierten N-Glykane untersucht. Prolastin ist humanes A1AT, welches aus dem Serum Gesunder isoliert wird und therapeutischen Einsatz bei A1AT-Mangel findet (Abbildung 27). Im Vergleich zu rekombinantem A1ATwt aus HEK293-Zellen stellt sich das *N*-Glykan-Spektrum für Prolastin weniger komplex dar.

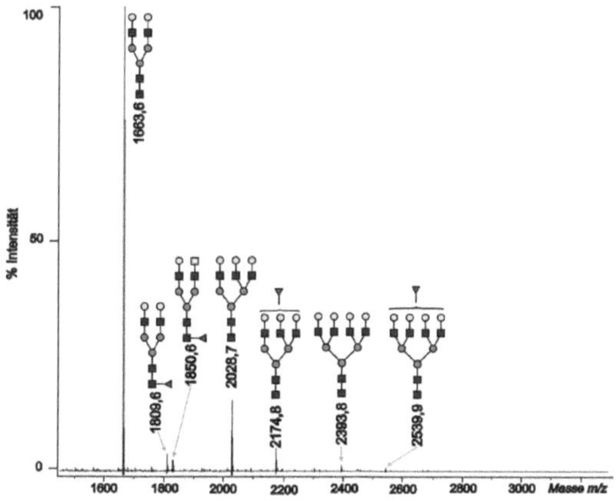

Abbildung 27: MALDI-TOF-MS-Analyse, Spektrum der desialylierten *N*-Glykane von Prolastin. Das Spektrum wurde im Positiv-Ionen-Modus aufgenommen. Die Legende für die Monosaccharidbausteine befindet sich im Anhang.

Ein deutlicher Unterschied ist in den Hauptstrukturen ohne Fucose-Reste zu erkennen. Den größten Anteil nimmt die biantennäre Struktur (m/z 1663,6) ein. In deutlich geringeren Konzentrationen können eine tri- (m/z 2028,7) und eine tetraantennäre Struktur (m/z 2393,8) für den Bereich höherer Massen nachgewiesen werden. Geringe Anteile von einfach fucosylierten Formen sind für bi-, tri- und tetraantennäre *N*-Glykane nachweisbar (m/z 1809,6; 2174,8 und 2539,9). Der Hauptteil der *N*-Glykane zeigt jedoch keine Fucosylierung. Außerdem kann auch für Prolastin in sehr geringem Anteil die ungewöhnliche Struktur mit einem terminalen GalNAc (m/z 1850,6) nachgewiesen werden (Abbildung 27).

2.3.3 Nachweis von Isomeren mittels Exoglykosidaseverdaus

Die massenspektrometrische Untersuchung mittels MALDI-TOF-MS ermöglichte eine detaillierte Analytik der isolierten *N*-Glykane. Grenzen sind der Methode bei der Analyse von Isomeren gesetzt. Theoretisch mögliche Strukturisomere gleicher Masse können mittels MALDI-TOF-MS folglich nicht unterschieden werden. Aus diesem Grund, wie auch für eine quantitative Bestimmung der *N*-Glykane, wurde die Analytik durch die Kapillarelektrophorese (CE) ergänzt (Abbildung 28).

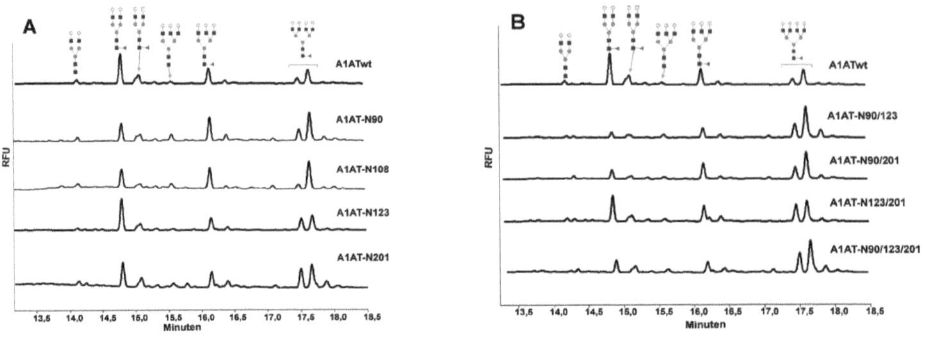

Abbildung 28: CE-LIF, Chromatogramm der APTS-markierten *N*-Glykane des A1ATwt und der A1AT-Varianten mit zusätzlichen *N*-Glykosylierungsmotiven. **(A)** Elektropherogramme des A1ATwt im Vergleich zu den Varianten mit einem zusätzlichen *N*-Glykosylierungsmotiv. **(B)** Elektropherogramme der Varianten mit zwei und drei zusätzlichen *N*-Glykosylierungsmotiven im Vergleich zu A1ATwt. Die zugeordneten Strukturen der entsprechenden *N*-Glykane gelten auch für die darunterliegenden Elektropherogramme.

Die Elektropherogramme zeigen erwartungsgemäß ein den MALDI-TOF-MS-Daten ähnliches Ergebnis. Als Hauptstrukturen können bi-, tri- und tetraantennäre Strukturen nachgewiesen werden, die mit einer *core*-Fucose versehen sind. Die Anteile der *N*-Glykan-Strukturen isoliert von A1AT-Neoglykoproteinen verändern sich im Vergleich zum A1ATwt zugunsten der höherantennären Strukturen. Eine Ausnahme bilden die Varianten N123 und N123/201, welche dem A1ATwt gleichen und einen großen Anteil an biantennären *N*-Glykanen aufweisen. Auffällig ist der Doppelpeak für die tetraantennären *N*-Glykane des A1AT im Bereich 17–18 min. Mit zusätzlich eingefügten Glykosylierungsmotiven erhöht sich der Anteil der tetraantennären *N*-Glykane, und auch das Verhältnis der beiden Peaks verändert sich. Das Signal für diese *N*-Glykane wird für die neu generierten A1AT-Varianten stärker. Besonders deutlich zeigt sich ein Doppelpeak für Variante N201 und die Kombination N90/123/201 (Abbildung 28). Da die MALDI-TOF-MS-Analyse im höheren Massenbereich nur tetraantennäre Strukturen gezeigt hatte, wurde vermutet, dass es sich dabei um ein Isomer der tetraantennären Struktur handelt. Im Weiteren wurden sequentielle Exoglykosidaseverdaus eingesetzt, um Aufschluss über Bindungstypen und Position der einzelnen Monosaccharidbausteine zu gewinnen. Durch den Einsatz der unspezifischen α (1-2,3,4,6) Fucosidase im Vergleich zur α (1-3,4)-Fucosidase, welche spezifische Aktivität gegenüber Lewis-Typ-Fucosylierung aufweist, konnten Informationen über die Position der Fucose gewonnen werden (Abbildung 29).

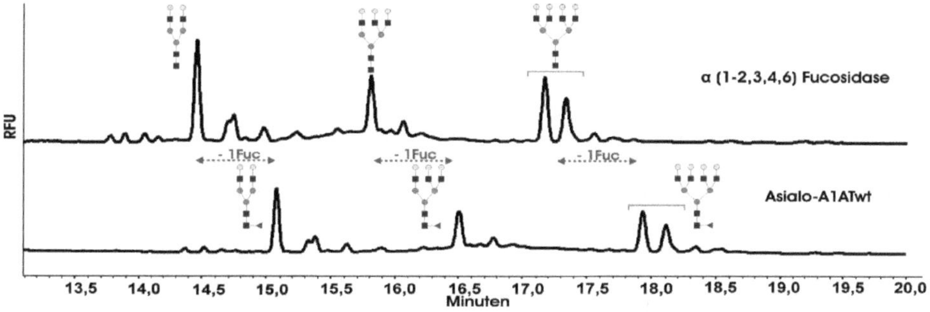

Abbildung 29: Positionsbestimmung der Fucose. Exoglykosidaseverdaus der APTS-markierten *N*-Glykane. Beispielhafte Elektropherogramme für desialylierte *N*-Glykane des A1ATwt mit α (1-2,3,4,6) Fucosidase (oben), desialyliertes A1ATwt (unten). Positionsveränderung nach Abspaltung der Fucose (rot). Strukturisomere der tetraantennären *N*-Glykane (graue Klammer). Die Legende für die Monosaccharidbausteine befindet sich im Anhang.

Bei α (1-2,3,4,6) Fucosidaseverdau und Analyse mittels CE kann eine um ca. 0,6 min veränderte Retentionszeit der Hauptstrukturen im Elektropherogramm beobachtet werden. Dabei verschiebt sich der Doppelpeak der tetraantennären Strukturen gleichermaßen (Abbildung 29). Im MALDI-TOF-MS zeigt sich ein Verlust von m/z 146, was der Masse einer Fucose entspricht. Gegen die Behandlung mit α (1-3,4) Fucosidase zeigen sich die isolierten *N*-Glykane hingegen stabil. Daraus lässt sich folgern, dass die Hauptstrukturen keine Fucosylierung des Lewis-Typ tragen.

Für die Aufklärung der tetraantennären Strukturisomere wurde im Weiteren der sequentielle Exoglykosidaseverdau mit den spezifischen Galactosidasen, β (1-3,6)-Galactosidase und β (1-4) Galactosidase sowie mit der unspezifischen β-Galactosidase fortgesetzt (Abbildung 30).

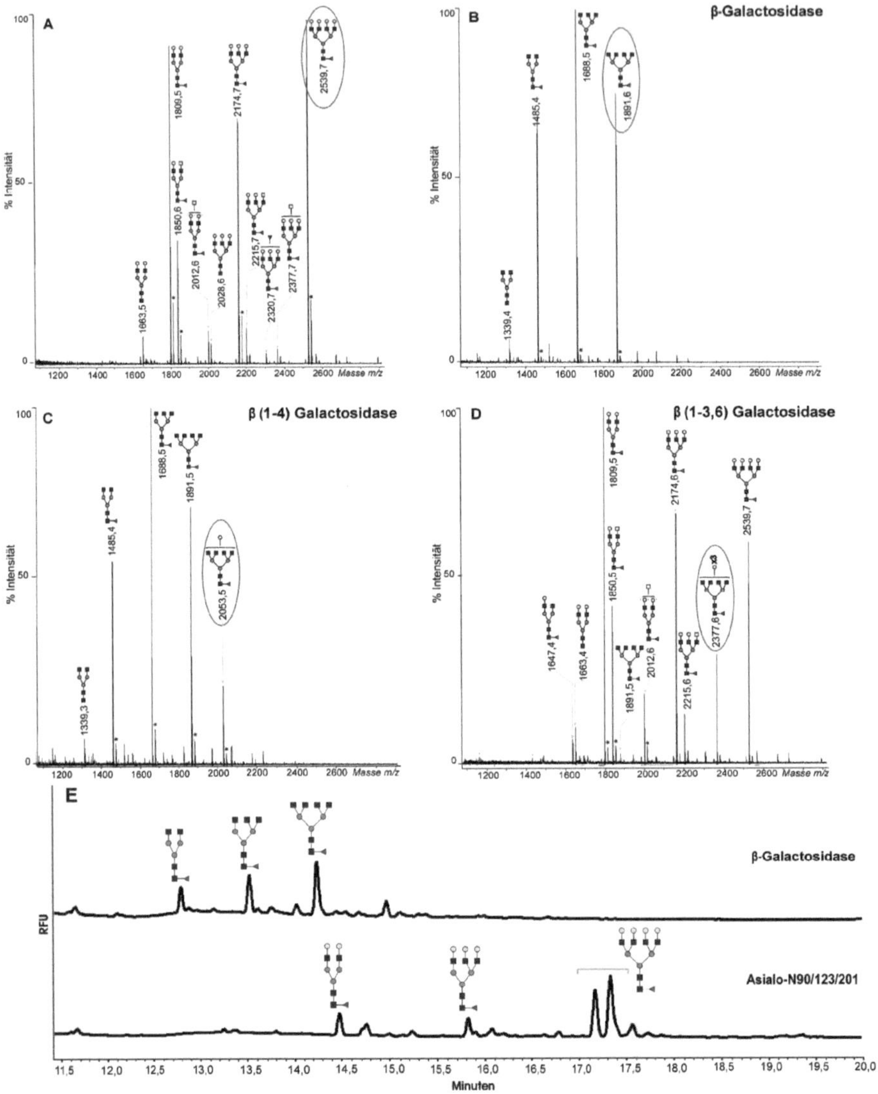

Abbildung 30: Spezifische Galactosidaseverdaus für Verknüpfungsanalysen der Galactose-Reste. Beispielhaft ist der Verdau für *N*-Glykane des A1ATwt gezeigt. Die Verdaus erfolgten für 16 h bei 37°C, im Anschluss TopTip-Reinigung. A-D MALDI-TOF-MS **(A)** nach Sialidase-, **(B)** nach β-Galactosidase-, **(C)** nach β (1-4) Galactosidase-, **(D)** β (1-3,6) Galactosidasebehandlung. (*) Kaliumaddukte der Massen, Tetra-isomere sind rot markiert. **(E)** CE-LIF der Variante N90/123/201 vor und nach β-Galactosidasebehandlung mit nur einem Peak für die tetraantennäre Struktur. Die Legende für die Monosaccharidbausteine befindet sich im Anhang.

Die Behandlung mit β-Galactosidase führt erwartungsgemäß zur vollständigen Entfernung der Galactose-Reste (Abbildung 30B). Erfolgt der Verdau jedoch mit der spezifischen β (1-4) Galactosidase, verschiebt sich der Hauptteil der Strukturen durch den Galactose-verlust in den niedrigeren Massebereich. Allerdings führt der Verdau nicht zur vollständigen Entfernung der Galactosen. Die Struktur m/z 2053,5 ($Fuc_1Hex_4HexNAc_6$) mit einem Galactose-Rest konnte nicht degalactosyliert werden. Der Anteil vollständig galactosylierter *N*-Glykane (m/z 2539,7) hat im Vergleich zum Spektrum der desialylierten *N*-Glykane abgenommen. Bei Verwendung der spezifischen β (1-3,6) Galactosidase kann ebenfalls eine zusätzliche Masse bei m/z 2377,6 detektiert werden. Dieser Peak entspricht einer unvollständig galactosylierten tetraantennären Struktur. Dieses *N*-Glykan mit drei Galactose-Resten (m/z 2377,6; $Fuc_1Hex_6HexNAc_6$) bestätigt unterschiedliche Bindungs-typen innerhalb der tetraantennären *N*-Glykane mit vollständiger Galactoseausstattung und einfacher Fucosylierung. Das Resultat des β (1-4) Galactosidaseverdaus konnte damit bestätigt werden. Eine Galactose der tetraantennären Struktur m/z 2539,7 ist β (1-3)-glycosidisch gebunden, die drei anderen weisen eine β (1-4)-glycosidische Verknüpfung auf. Die Abbildung 30E zeigt das Elektropherogramm der CE-Analyse im Anschluss an den β-Galactosidaseverdau. Die zwei tetraantennären *N*-Glykane erscheinen nach vollständiger Degalactosylierung erwartungsgemäß als Einzelpeak.

2.3.4 MALDI-TOF-MS permethylierter *N*-Glykane

Um auch die geladenen Sialinsäuren in die MALDI-TOF-MS-Analysen einschließen zu können, wurden die isolierten und gereinigten *N*-Glykane permethyliert und erneut gemessen. Eine Übersicht der permethylierten Strukturen von A1ATwt und Neo-glykoproteinen ist in Abbildung 31 dargestellt. Die permethylierten *N*-Glykane von A1ATwt und den Varianten N90, N123, N123/201 und N90/123/201 werden in Abbildung 52 im Vergleich zu Expressionen aus einer enzymatisch veränderten HEK293-Zelllinie im Abschnitt 2.7.3 gezeigt.

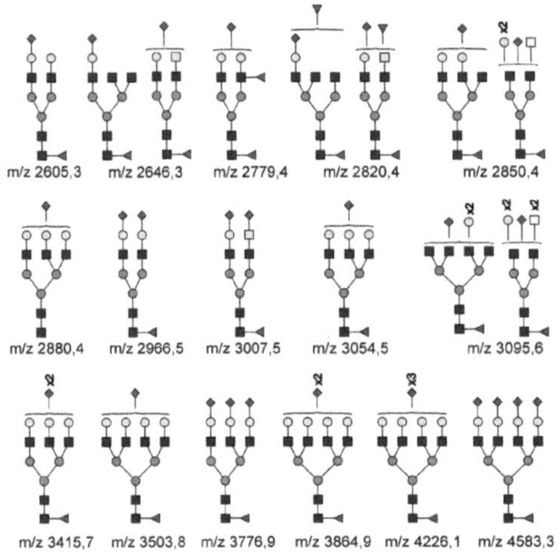

Abbildung 31: Sialylierte *N*-Glykane, isoliert von A1ATwt und A1AT-Neoglykoproteinen aus HEK293-Zellen. Die Strukturen wurden nach Permethylierung im Positiv-Modus mittels MALDI-TOF-MS gemessen. Die zugehörigen Masse-zu-Ladungs-Verhältnisse sind unter den Strukturen angegeben. Die Legende für die Monosaccharidbausteine befindet sich im Anhang.

Für alle A1AT-Varianten und den A1ATwt konnten neben Asialo-*N*-Glykanen auch sialylierte Varianten detektiert werden (weitere Spektren siehe Abschnitt 2.7.3). Nur ein geringer Teil zeigt vollständige Sialylierung. Die meisten identifizierten Strukturen sind unvollständig sialyliert (Abbildung 31, Abbildung 32 und Abbildung 52). Das seltene Disialo-*N*-Glykan m/z 3007,5 konnte durch Fragmentierungsanalysen bestätigt werden (Abbildung 83).

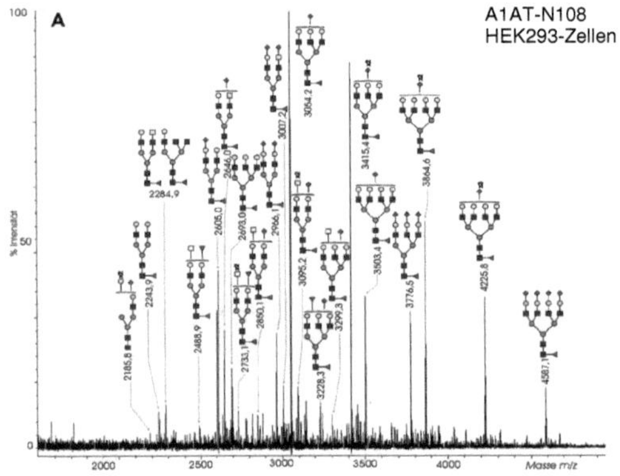

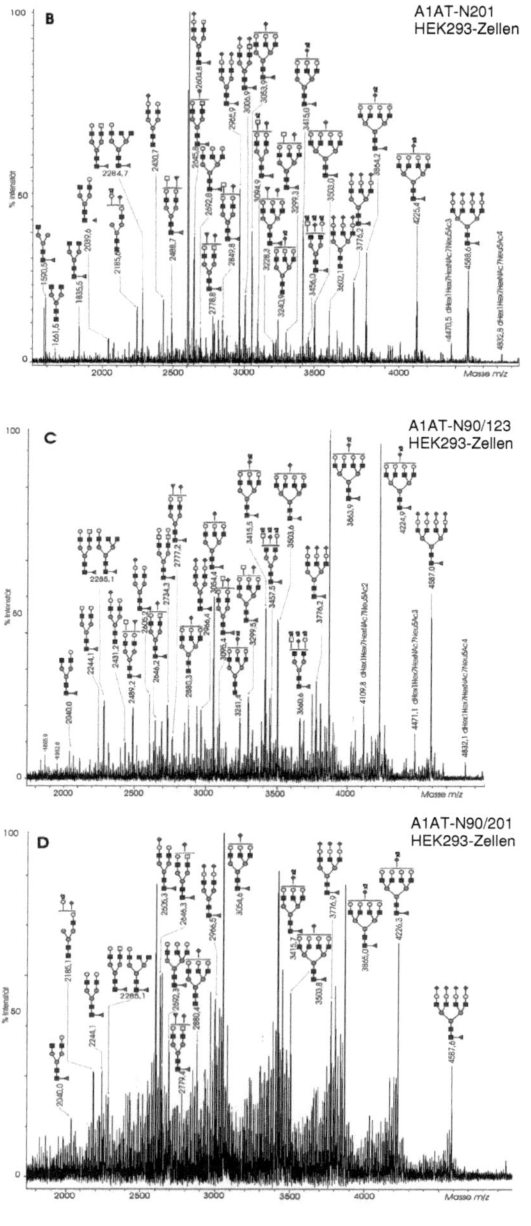

Abbildung 32: *N*-Glykanmuster der A1AT-Varianten nach Permethylierung. Die Messung erfolgte im Positiv-Ionen-Modus mittels MALDI-TOF-MS. Expressionen aus HEK293-Zellen. (A) A1AT-N108, (B) A1AT-N201, (C) A1AT-N90/123, (D) A1AT-N90/201. Jedem m/z ist die entsprechende Struktur zugeordnet. Monosaccharidlegende siehe Anhang.

Im kleineren Massenbereich gibt es eine Reihe von Strukturen, die keine vollständige Galactosylierung aufweisen. Es stellt sich ein sehr heterogenes Gemisch an Strukturen dar. Für A1ATwt ist das *N*-Glykan mit m/z 2604,8 ($Fuc_1Hex_5HexNAc_4NeuAc_1$) mit einem Anteil von 24 % der Gesamtintensität zu finden. Ebenso zeigt die Variante N90 dieses biantennäre Monosialo-*N*-Glykan und in deutlicher Intensität das triantennäre *N*-Glykan m/z 3054 ($Fuc_1Hex_6HexNAc_5Sia_1$) (Abbildung 52). Bei den Einzelvarianten N123, welche dem A1ATwt im *N*-Glykanmuster der desialylierten Strukturen sehr ähnlich war, und N201 können ebenfalls deutliche Anteile dieser Struktur nachgewiesen werden. Für beide Neoglykoproteine N123 und N201 kann auch das Disialo-*N*-Glykan (m/z 2965,8; $Fuc_1Hex_5HexNAc_4Sia_2$) detektiert werden (Abbildung 32 und Abbildung 52).
Abweichend können für das Neoglykoprotein mit einem zusätzlichen *N*-Glykosylierungsmotiv N108 hauptsächlich sialylierte *N*-Glykane der triantennären Form gemessen werden (m/z 3054,2; $Fuc_1Hex_6HexNAc_5Sia_1$ und m/z 3415,4; $Fuc_1Hex_6HexNAc_5Sia_2$). Für die Doppelvariante N90/123 lässt sich die *N*-Glykanausstattung mit sialylierten *N*-Glykanen nicht direkt von den Einzelvarianten ableiten. Den größten Anteil nehmen die tetraantennären *N*-Glykane der m/z 3865,1 und m/z 4226,4 ($Fuc_1Hex_7HexNAc_6Sia_2$ und $Fuc_1Hex_7HexNAc_6Sia_3$) ein. Für die Variante N90/201 lassen sich hauptsächlich die Monosialo-*N*-Glykane m/z 2605,1 und m/z 3054,3 ($Fuc_1Hex_5HexNAc_4Sia_1$, $Fuc_1Hex_6HexNAc_5Sia_1$) finden (Abbildung 32). Das Neoglykoprotein mit drei zusätzlichen *N*-Glykosylierungsmotiven weist auch eine Tendenz zu den tetraantennären *N*-Glykanen auf und zeigt die Strukturen der m/z 3865,1 und m/z 4226,3 ($Fuc_1Hex_7HexNAc_6Sia_2$ bzw. $Fuc_1Hex_7HexNAc_6Sia_3$). Die detektierten sialylierten *N*-Glykane sind nur zu geringen Anteilen vollständig mit terminalen Sialinsäuren ausgestattet (Abbildung 52). Eine Modifikation durch Sulfat- oder Phosphatreste wurde anhand von desialylierten *N*-Glykanen im Negativ-Modus überprüft und liegt nicht vor. Im Vergleich zu den rekombinanten A1AT-Varianten aus HEK293-Zellen wurden ebenfalls die permethylierten *N*-Glykane von Prolastin untersucht (Abbildung 33).

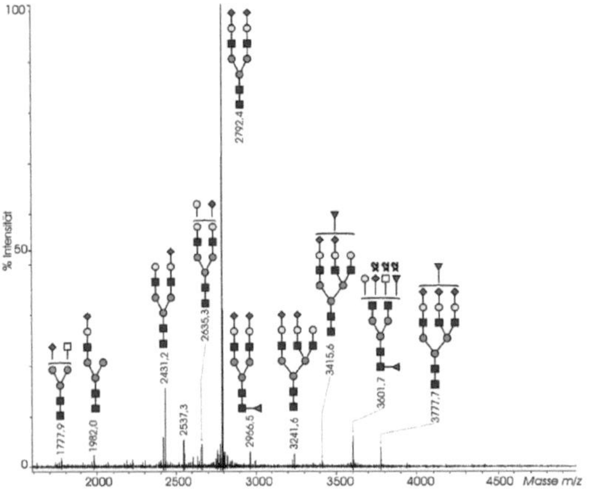

Abbildung 33: Sialylierte *N*-Glykane isoliert von Prolastin. Die permethylierten *N*-Glykane wurden mittels MALDI-TOF-MS im Positiv-Ionen-Modus untersucht. Die zugehörigen Massen sind unter der jeweiligen Struktur angegeben. Die Legende für die Monosaccharidbausteine befindet sich im Anhang.

Prolastin, das A1AT aus humanem Serum darstellt, zeigt eine deutlich geringe Variabilität an sialylierten *N*-Glykanen. Zum überwiegenden Teil (54 %±3,7) findet sich das biantennäre *N*-Glykan m/z 2792,4 ($Hex_5HexNAc_4Sia_2$). Dieses *N*-Glykan ist, den Daten der desialylierten *N*-Glykane entsprechend, nicht fucosyliert. Das Monosialo-*N*-Glykan mit m/z 2431,2 ($Hex_5HexNAc_4Sia_2$) ist das zweithäufigste *N*-Glykan (10 %±3,2), das von Prolastin isoliert wurde (Abbildung 33).

2.3.5 2AB-Markierung der *N*-Glykane

Die Herstellung 2AB-markierter *N*-Glykane ermöglichte mit Hilfe der Asahi-Pak-Säule eine analytische Auftrennung der *N*-Glykane entsprechend ihrem Sialylierungsgrad. Anhand der gewonnen Daten ist ein Vergleich der Ladungszustände der *N*-Glykanpools, isoliert von A1ATwt und den A1AT-Varianten, möglich (Abbildung 34).

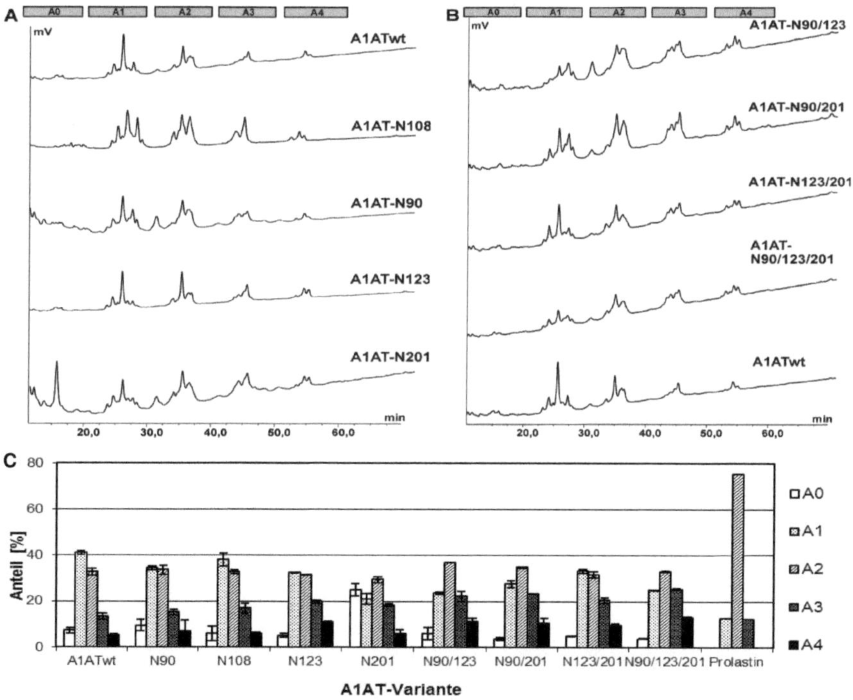

Abbildung 34: Vergleich 2AB-markierter *N*-Glykane des A1ATwt und der A1AT-Neoglykoproteine mit erhöhtem Glykosylierungsgrad mittels Asahi-Pak. (A) A1ATwt im Vergleich zu den A1AT-Varianten mit einem zusätzlichen *N*-Glykosylierungsmotiv. **(B)** A1ATwt im Vergleich zu den A1AT-Varianten mit mehreren zusätzlich eingefügten *N*-Glykosylierungsmotiven. **(C)** Zusammenfassung der Ergebnisse der Asahi-Pak-HPLC anhand der Ladungszustände. Die relativen Flächen wurden aus drei unabhängigen Läufen für A1ATwt und die Neoglykoproteine, Prolastin aus einem Lauf, verglichen. A0: Asialo-Glykane, A1: Monosialo-Glykane, A2: Disialo-Glykane, A3: Triasialo-Glykane, A4: Tetrasialo-Glykane.

Bei der Untersuchung des Sialylierungsgrads der *N*-Glykane isoliert von den A1AT-Varianten bzw. A1ATwt aus HEK293-Zellen konnte für einen Teil der *N*-Glykane keine Ladung nachgewiesen werden. Die Ladungszustände zeigen besonders einfach und zweifach geladene Strukturen. Dreifachladungen sind seltener und Vierfachladungen treten nur in sehr geringem Anteil auf. Die Ladungszustände der A1AT-Varianten weisen nur geringe Unterschiede zum A1ATwt auf. Besonders deutlich zeigt sich der Anteil an ungeladenen *N*-Glykanen für N201 (25 %). Der Anteil einfach geladener *N*-Glykane ist für A1ATwt und die Einzelvarianten N90, N108, N123 und N123/201 am höchsten, gefolgt von zweifach, dreifach und einem geringen Anteil vierfach geladener *N*-Glykane. Hingegen zeigen die *N*-Glykane der Neoglykoproteine N201, N90/201 und N90/123/201 mehr *N*-Glykane mit zwei Sialinsäuren. Im Vergleich zum A1ATwt ist mit zunehmender Anzahl von *N*-Glykosylierungsmotiven eine leichte Tendenz zu Trisialo- und Tetrasialo-Stukturen zu erkennen (Abbildung 34). In Übereinstimmung mit den gewonnenen Daten aus dem MALDI-TOF-MS finden sich vornehmlich Strukturen mit einfacher und doppelter Ladung. Die dreifach und vierfach geladenen Strukturen sind gering vertreten (Abschnitt 2.3 und Abbildung 52). Im Vergleich zeigen die *N*-Glykane, isoliert von Prolastin, keine Asialo- und keine Tetrasialo-Strukturen. Übereinstimmend mit den MALDI-TOF-MS-Daten der permethylierten Strukturen ist der Hauptteil der Strukturen von Prolastin mit zwei Sialinsäuren ausgestattet (etwa 75%). A1ATwt und A1AT-Neoglykoproteine erreichen im Durchschnitt 92,03 ± 6,64 % teilweise oder vollständig sialylierte Strukturen.

Da die Markierung mit 2AB am GlcNAc des reduzierenden Endes der *N*-Glykane erfolgt, ist eine zweifelsfreie Bestimmung der Position der Fucose im MALDI-TOF/TOF-MS möglich. Ergänzend zu den Exoglykosidaseverdaus (Abschnitt 2.3) wurden deshalb Fragmentierungsanalysen durchgeführt (Abbildung 35).

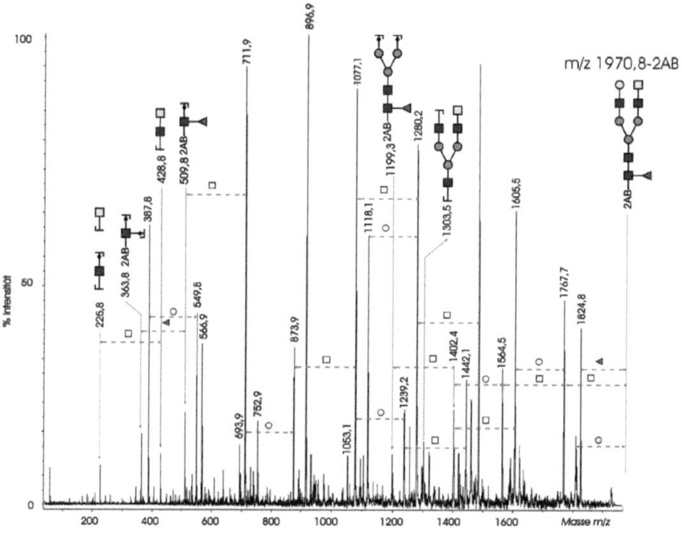

Abbildung 35: Beispielhafte Fragmentierungsergebnisse der 2AB-markierten biantennären Struktur m/z 1970,8 des A1ATwt mittels MALDI-TOF/TOF-MS. Das Fragment m/z 509,8 bestätigt die *core*-Fucosylierung, m/z 428,8 bestätigt die terminale Struktur GlcNAc-GalNAc des 2AB-markierten *N*-Glykans m/z 1970,8 (unmarkiert entsprechend m/z 1850,2).

Die Position der α (1-6) gebundenen Fucose konnte nach 2AB-Markierung und Fragmentierung mittels MALDI-TOF/TOF-MS am ersten GlcNAc der *core*-Struktur nachgewiesen werden. Die entsprechenden Fragmente 2AB-$Fuc_1HexNAc_1$ m/z 509,8 und 2AB-$Fuc_1HexNAc_2$ m/z 711,9 weisen eindeutig eine *core*-Fucosylierung nach. Für die tri- und tetraantennären Hauptstrukturen lässt sich ebenso eine *core*-Fucosylierung nachweisen (Abbildung 82). Im Weiteren ermöglichte die 2AB-Markierung des reduzierenden GlcNAc eine Unterscheidung terminaler GlcNAc-GalNAc zu der an der Basisstruktur lokalisierten GlcNAc-GlcNAc-Kombination. Das Ergebnis der Fragmentierung ist beispielhaft für das *N*-Glykan des m/z 1970,8 gezeigt (Abbildung 35). Für die biantennäre Struktur mit m/z 1970,8 (ohne 2AB-Markierung entsprechend m/z 1850,2) konnte das Fragment m/z 428,8 (entsprechend GlcNAc-GalNAc) nachgewiesen werden. Dieses Fragment bestätigt auch die Ergebnisse der Monosaccharidanalyse, durch welche geringe Anteile an GalNAc-Resten nachgewiesen werden können (Tabelle 1 und Abbildung 23).

2.4 Nachweis einer *C*-Mannosylierungsstelle in A1ATwt

Die Proteinsequenz des humanen A1AT weist das Motiv WxxL (x ist jede beliebige Aminosäure) auf, welches eine mögliche Sequenz für eine *C*-Mannosylierung darstellen könnte. Die *C*-Mannosylierung ist eine seltene Form der posttranslationalen Modifikation, bei der eine einzelne Mannose über eine C-C-Bindung mit einem Tryptophanrest verknüpft wird. Der verwendete Antikörper bindet spezifisch am Tryptophanrest *C*-mannosylierter

Peptide (CMT) [179]. Nachdem ein Signal für A1ATwt erhalten wurde, war unklar, welches Motiv innerhalb der Proteinsequenz *C*-mannosyliert wurde (Abbildung 36). Das Motiv WxxW wurde bereits als potentielle Akzeptorstelle beschrieben, bei der eine Mannose an das erste Tryptophan des Motivs gebunden wird [96, 98]. Aber auch weniger gängige Varianten wie WxxF/Y wurden beispielsweise für Oikosin beschrieben, ein Protein, welches bei dem Invertebraten *Oikopleura dioica* im hausbildenden oikoplastischen Epithelium produziert wird und hoch glykosyliert ist [180]. Das Motiv WxxL findet sich in CILP (*Cartilage Intermediate Layer Protein*) in der vergleichbaren Position [181]. Um die Position einer Modifikation innerhalb des A1AT zu bestätigen, wurden durch gerichtete Mutagenese-PCR gezielt Aminosäuren des Motivs WxxL zu Alanin ausgetauscht (WxxA und AxxL). Die Expression des A1AT mit verändertem WxxL-Motiv war im Vergleich zu A1ATwt sehr niedrig. Die Proteine wurden mittels Anionenaustauscher aufkonzentriert und nach Auftrennung mittels reduzierender SDS-PAGE im Western Blot analysiert (Abbildung 36).

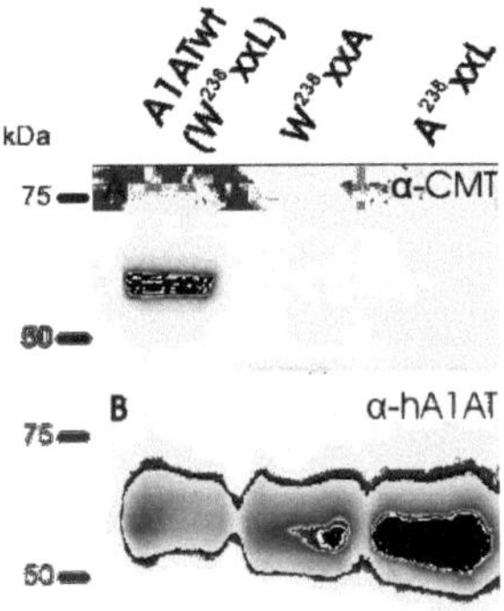

Abbildung 36: Charakterisierung von A1AT auf Protein-*C*-Mannosylierung. Gereinigte Proteinvarianten aus HEK293-Zellen wurden unter reduzierenden Bedingungen mittels 10% SDS-PAGE aufgetrennt und anschließend mittels Western Blot untersucht. Varianten mit mutiertem *C*-Mannosylierungsmotiv: WxxA und AxxL. **(A)** Membran detektiert mit anti-CMT. **(B)** Nach *Strippen* der Membran wurde hA1AT nachgewiesen. Die Entwicklung erfolgte mittels Chemilumineszens.

Bei genauer Betrachtung der Bandenmuster konnte eine abweichende Form der beiden A1ATwt-Banden beobachtet werden. Die mittels anti-CMT erhaltene Bande erscheint komprimierter und umfasst nur den unteren Teil der Proteinbande. Die mit anti-hA1AT detektierten Proteinbanden sind typisch für ein Glykoprotein weniger scharf abgegrenzt. Nicht selten werden im SDS-PAGE Proteine mit ähnlicher Größe nicht vollständig voneinander getrennt. Da es sich jedoch um eine nahezu homogene Aufreinigung von A1ATwt handelt, ist anzunehmen, dass es sich um ein A1AT-Proteingemisch mit unterschiedlicher Modifikation handelt. Entsprechend ist A1AT, modifiziert mit einer Mannose, spezifisch nur im unteren Teil der A1AT-Proteinbande nachzuweisen.

Um die *C*-Mannosylierung massenspektrometrisch nachzuweisen, wurde A1ATwt mit Trypsin und PNGase F verdaut. Das *C*-mannosylierte Peptid konnte jedoch weder mittels MALDI-TOF-MS, noch mittels ESI-MS eindeutig nachgewiesen werden. Aber auch das entsprechende nicht modifizierte Peptid konnte nicht gezeigt werden, was ein Hinweis auf eine Modifizierung durch eine Mannose sein könnte.

2.5 Einbau nicht natürlicher Monosaccharide

Ziel der Modifikation der terminalen und subterminalen Monosaccharidstrukturen von *N*-Glykanen durch *Glycoengineering* ist, eine veränderte Eigenschaft gegenüber der Aktivität von Sialidasen zu erreichen. Eine geringere Aktivität des Enzyms würde eine längere Zirkulation des Glykoproteins im Serum bedeuten, da eine Bindung durch den ASGPR verhindert würde. Daraus würde eine verlängerte Halblebenszeit resultieren.
Die Modifikation der *N*-Glykane des A1ATwt wurde an der terminalen Struktur, der Sialinsäure, und der subterminalen Struktur der *N*-Glykane, der Galactose, durchgeführt. Dies ist möglich, da Glykosyltransferasen auch veränderte Substratvorläufer tolerieren und diese nach Einschleusen des Analogons in den entsprechenden Biosyntheseweg in die Glykanstruktur einbauen. Das Analogon *N*-Propanoylmannosamin (ManNProp) wird über die UDP-*N*-Acetyl-glucosamin 2-epimerase/*N*-Acetyl-mannosaminkinase anstelle von *N*-Acetylmannosamin in den Biosyntheseweg der Sialinsäure eingeschleust. Dies führt zur Bildung der modifizierten Sialinsäure *N*-Propanoyl-Neuraminsäure (Neu5Prop) [35, 149]. Der Einbau der 2-Desoxy-D-galactose (2dGal), des Analogons der Galactose, erfolgt über den gleichen Syntheseweg wie die natürliche Hexose [182-185]. Die veränderten terminalen und subterminalen Monosaccharidbausteine können Einfluss auf die enzymatische Freisetzung der Sialinsäure haben, da sie die Wechselwirkung zwischen Glykan und Enzym beeinflussen könnten und so eine erhöhte Sialidaseresistenz induzieren [159, 160, 186]. Vorarbeiten und Konzentrationstests wurden bereits durchgeführt. Auf diese grundlegenden Versuche wurde in der Arbeit aufgebaut [187].

2.5.1 Supplementieren und Nachweis des Einbaus

Die natürliche Sialinsäure (Neu5Ac) besitzt eine Acetylierung am C5-Atom, wohingegen die verwendete nicht natürliche Sialinsäure einen Propanoyl-Rest trägt. Das Monosaccharid Galactose ist eine Hexose und in der verwendeten modifizierten Form am C2-Atom um eine OH-Gruppe reduziert (Abbildung 37).

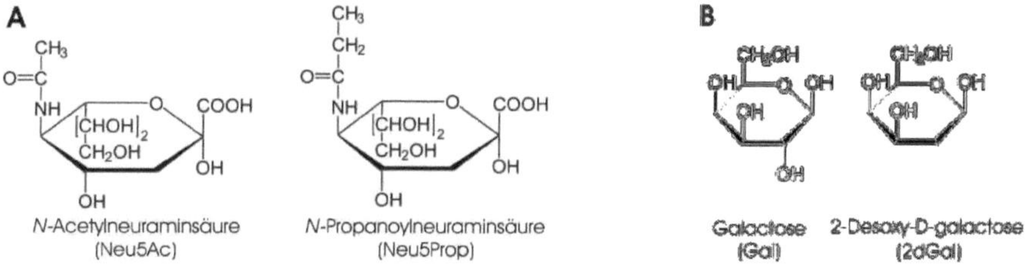

Abbildung 37: Strukturformeln der natürlichen Sialinsäure und der Galactose und ihrer nicht natürlichen Analoga. (A) Natürliche Sialinsäure und die nicht physiologische *N*-Propanoylneuraminsäure. **(B)** Das Monosaccharid Galactose und die modifizierte Form 2-Desoxy-D-galactose.

Die Supplementierung mit den nicht natürlichen Monosacchariden wurde mit A1ATwt exprimierenden HEK293-Zellen durchgeführt. Dabei wurde das Medium entweder mit

0,5 mM peracetyliertem ManNProp und/oder mit 0,25 mM 2dGal supplementiert. Als Kontrolle wurden Zellen ohne Zugabe der Analoga exprimiert. Zu erwarten waren also Änderungen der terminalen Sialinsäure durch den Austausch zu ManNProp und der Austausch der subterminalen Galactose zu der verwendeten 2dGal sowie die Kombination beider Analoga. Nach Aufreinigung der supplementierten A1ATwt-Varianten wurden die *N*-Glykane isoliert und aufgereinigt. Im Anschluss wurden die Einbauraten für die Substratanaloga mittels HPLC-Methoden bestimmt. Für die Überprüfung der Inkorporation der 2dGal wurden die Glykanbausteine mittels HPAEC-PAD quantifiziert. Die durch saure Hydrolyse freigesetzten Monosaccharide wurden auf der Anionenaustauscher-Säule aufgetrennt. Da 2dGal eine geringere Stabilität als Galactose aufweist [158, 159, 188], wurde die sanfte Hydrolyse mit der Standard-Hydrolyse kombiniert und anschließend unter Einbeziehen eines Verlustes der Anteil an 2dGal berechnet. Die Verlustrate des Monosaccharides 2dGal wurde bereits in früheren Arbeiten bestimmt. Sie ergibt sich aus einer definierten Ausgangsmenge der 2dGal von 250 pmol und der Konzentration von 2dGal nach der sanften Hydrolyse von 169,2 pmol. Anhand der Trendlinienfunktion ($y=250*0,98450277^{x}$) konnte die Verlustrate von 32,4 % bestimmt werden [187]. Die Monosaccharidanalyse wurde ausgehend von 6 µg A1ATwt durchgeführt (Abbildung 38).

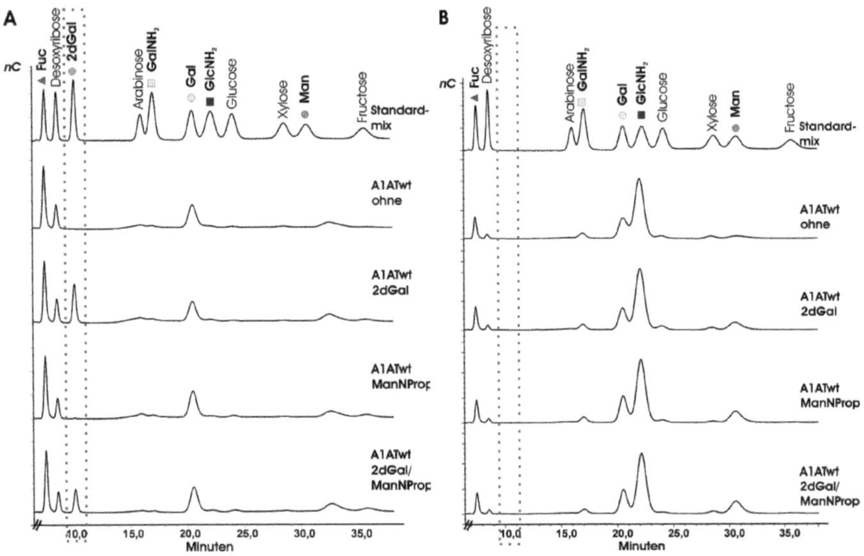

Abbildung 38: Chromatogramme der Monosaccharidanalysen isolierter *N*-Glykane von supplementiertem A1ATwt. (A) Sanfte Hydrolyse mit 0,25 N TFA für 25 min bei 100 °C, **(B)** Standard-TFA-Hydrolyse mit 2 N TFA für 4 h bei 100 °C. Der Standardmix für die sanfte Hydrolyse ist mit 2dGal ergänzt. Retentionsbereich von 2dGal (rot markiert), Legende für die Monosaccharidbausteine siehe Anhang.

Anhand der Peakflächen wurden die relativen Einbauraten für 2dGal bestimmt. Für die Standard-TFA-Hydrolyse konnte aufgrund der Instabilität der 2dGal kein Supplement gefunden werden.

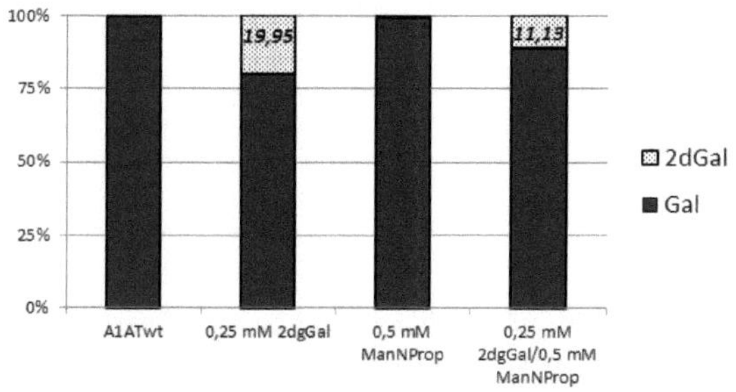

Abbildung 39: Einbauraten für 2dGal in die *N*-Glykane von A1ATwt. Monosaccharidanalyse ausgehend von 6 µg Protein je supplementierter Variante. Die Daten ergeben sich aus der Kombination von sanfter TFA-Hydrolyse und Standard-TFA-Hydrolyse.

Die relativen Einbauraten für 2dGal liegen für A1ATwt supplementiert mit 0,25 mM 2dGal bei etwa 20 % und bei Zugabe von 0,25 mM 2dGal und 0,5 mM ManNProp werden etwa 11 % Austausch erreicht. Für die unbehandelte Kontrolle des A1ATwt und A1ATwt, welches nur unter Zugabe von ManNProp exprimiert wurde, ist erwartungsgemäß kein 2dGal nachzuweisen (Abbildung 39).
Die Modifikation der Sialinsäure erfolgte durch die Zufütterung des nicht natürlichen Vorläufers ManNProp. Der Austausch der terminalen Sialinsäure wurde mittels DMB-Markierung und *Reversed-Phase*-C18-Säule überprüft (Abbildung 40).

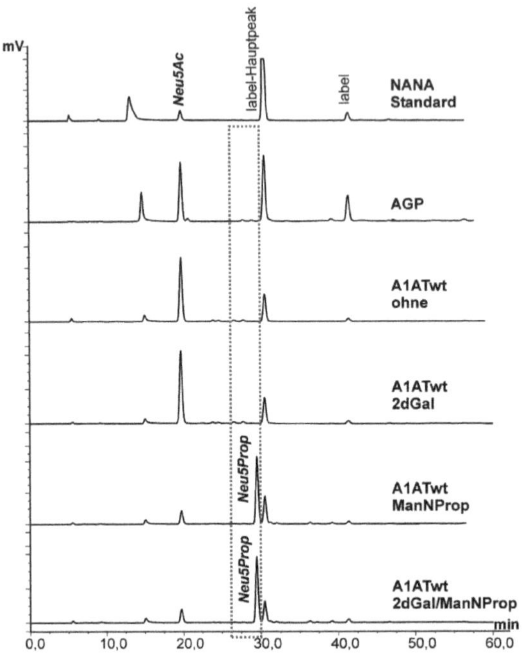

Abbildung 40: Einbaunachweis von Neu5Prop nach Gabe des nicht natürlichen ManNProp mittels DMB-Markierung und RP-C18-HPLC. Standard: *N*-Acetyl-Neuraminsäure (Neu5Ac), Referenzprotein: AGP, A1ATwt: ohne Supplementierung, supplementiert mit 2dGal, mit ManNProp und die Kombination 2dGal/ManNProp. Die Peakzuordnung entspricht dem obersten Chromatogramm, Retentionsbereich von ManNProp (rot).

Für die beiden mit ManNProp (ManNProp, 2dGal/ManNProp) supplementierten Varianten des A1ATwt lässt sich neben dem Hauptlabelpeak ein zusätzlicher Peak im Chromatogramm DMB-markierter *N*-Glykane nachweisen. Dieser Peak mit deutlicher Intensität entspricht der nicht natürlichen Form der Sialinsäure (Neu5Prop). Erwartungsgemäß konnte für das Referenzprotein AGP und die Varianten ohne Supplementierung und supplementiert mit 2dGal kein Neu5Prop nachgewiesen werden. Anhand der Peakflächen konnte der Anteil modifizierter Sialinsäure bestimmt werden (Abbildung 41). Im Vergleich zu der modifizierten Galactose weist die peracetylierte Variante des ManNProp deutlich höhere Einbauraten auf. Es ist bekannt, dass durch die Peracetylierung das Substratanalogon aufgrund seiner lipophilen Eigenschaft sehr gut in die Zellen gelangt [189].

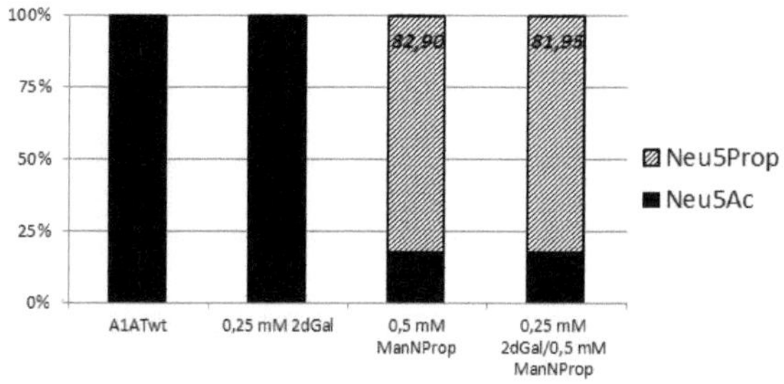

Abbildung 41: Einbauraten nach ManNProp-Gabe in die *N*-Glykane von A1ATwt. Dargestellt sind die relativen Anteile der natürlichen Sialinsäure (Neu5Ac) und der modifizierten Sialinsäure (Neu5Prop).

Für beide Supplementationen mit ManNProp sind über 80 % ManNProp anstelle des natürlichen Sialinsäurevorläufers eingebaut worden. Wiederum war das Supplement nur für die Varianten mit Zufütterung der Analoga nachzuweisen, was für die Spezifität der Nachweismethode spricht. Um einen möglichen Einfluss der Supplementierung auf den Sialylierungsgrad zu untersuchen, wurden die Asahi-Pak-Läufe der ladungsabhängigen Auftrennung verglichen (Abbildung 42).

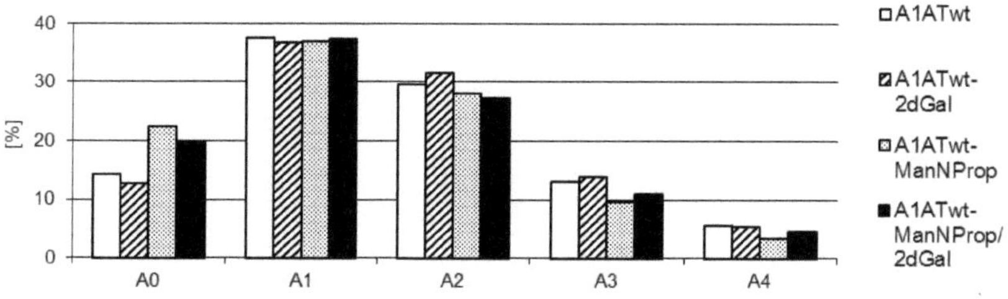

Abbildung 42: Sialylierungsgrad im Vergleich–Asahi-Pak-HPLC 2AB-markierter *N*-Glykane von supplementiertem A1ATwt. A0, A1, A2, A3, A4 = 0, 1, 2, 3, 4 Sialinsäuren.

Die modifizierten Varianten zeigen insgesamt eine etwas geringere Ausstattung mit Sialinsäuren. Der Anteil an ungeladenen *N*-Glykanen ist für die mit ManNProp supplementierten Varianten erhöht (7–10 %). Ebenso ist der Anteil an mehrfach geladenen Strukturen leicht reduziert (1-4%). Die isolierten *N*-Glykane mit einfacher Sialinsäureausstattung nehmen den Hauptanteil ein und sind für A1ATwt und die supplementierten Varianten mit etwa 37 % in gleichen Anteilen vorhanden. Bei Auftrennung der Proben mittels Asahi-Pak-Säule konnte bereits eine leicht veränderte Retentionszeit der *N*-Glykane aufgrund der modifizierten Strukturen beobachtet werden (Abbildung 85).

Als ein wichtiger qualitativer Nachweis wurde die massenspektrometrische Analyse von modifizierten *N*-Glykanen verwendet. Die MALDI-TOF-MS-Analyse der 2AB-markierten *N*-Glykane konnte nicht nur den erfolgreichen Einbau der modifizierten Monosaccharide nachweisen, sondern ermöglichte auch eine Charakterisierung der verschiedenen Strukturen (Abbildung 43).

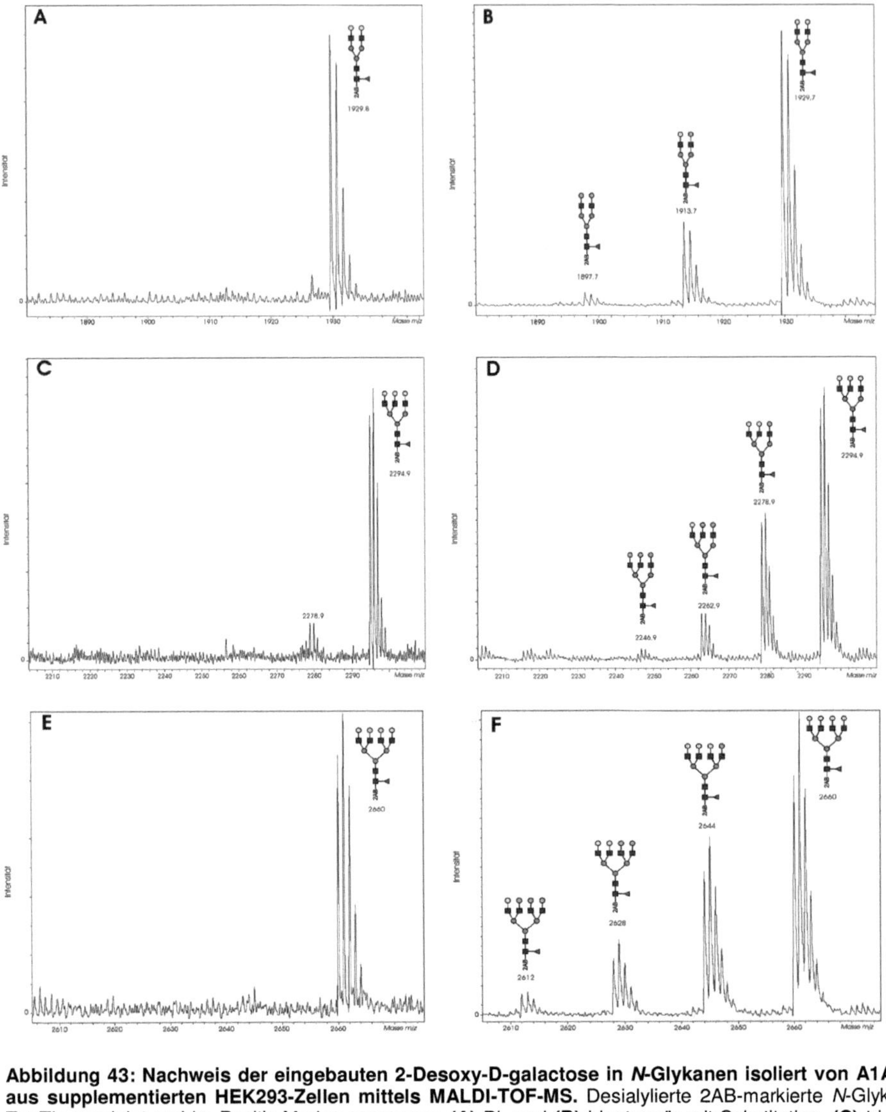

Abbildung 43: Nachweis der eingebauten 2-Desoxy-D-galactose in *N*-Glykanen isoliert von A1ATwt aus supplementierten HEK293-Zellen mittels MALDI-TOF-MS. Desialylierte 2AB-markierte *N*-Glykane, TopTip gereinigt und im Positiv-Modus gemessen. **(A)** Bi- und **(B)** biantennär mit Substitution, **(C)** tri- und **(D)** triantennär mit Substitution, **(E)** tetra- und **(F)** tetraantennäres *N*-Glykan mit Substitution. Die natürliche Gal (gelb), 2dGal (pink). Die dargestellte 2dGal gibt Auskunft über die Anzahl ausgetauschter Hexosen, jedoch nicht über die tatsächliche Position. Legende für Monosaccharidbausteine siehe Anhang.

Durch den erfolgreichen Einbau eines 2dGal-Moleküls konnten Strukturen mit einem um m/z 16 reduzierten Masse-zu-Ladungs-Verhältnis detektiert werden. Die Abbildung 43A, C und E zeigen die bi-, tri- und tetraantennären Hauptstrukturen mit einer *core*-Fucose. Im Vergleich zu den Spektren ohne Supplementierung zeigen die MALDI-TOF-MS-Daten nach Austausch der natürlichen Galactose zusätzliche Peaks. Für das biantennäre *N*-Glykane konnten Strukturen mit einer und zwei; für triantennäre *N*-Glykane bis zu drei und tetraantennäre *N*-Glykane ebenfalls bis zu drei ausgetauschten Hexosen identifiziert werden. Für das tetraantennäre *N*-Glykan konnte keine vollständig mit 2dGal ausgestatte Struktur gefunden werden (Abbildung 43B, D, F). Den größten Anteil der *N*-Glykane nehmen die Varianten ohne einen Austausch der Galactose ein, was die Ergebnisse der Monosaccharidanalyse bestätigt (Abbildung 38 und Abbildung 39). Der Einbau von ManNProp wurde anhand der 2AB-markierten und permethylierten Strukturen untersucht (Abbildung 44).

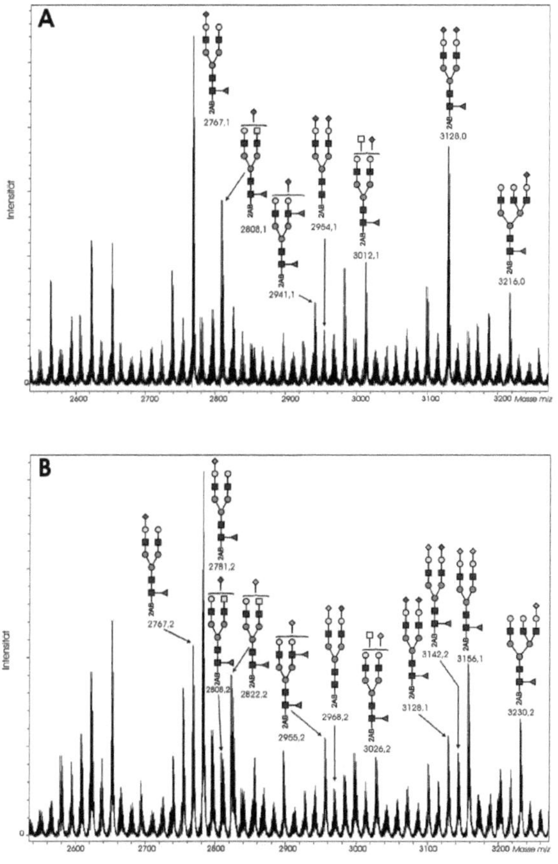

Abbildung 44: Nachweis von Neu5Prop-Einbau in *N*-Glykane isoliert von A1ATwt aus supplementierten HEK293-Zellen mittels MALDI-TOF-MS-Analyse. 2AB-markierte *N*-Glykane wurden permethyliert und im Positiv-Ionen-Modus gemessen. **(A)** Ohne Analogon, **(B)** mit Neu5Prop. Markiert sind nur *N*-Glykane mit Sialylierung. Die natürliche Neu5Ac (lila), die Neu5Prop (hellblau). Legende für die Monosaccharidbausteine siehe Anhang.

Der erfolgreiche Einbau von Neu5Prop ist eindeutig zu erkennen. Als dominantes *N*-Glykan, isoliert von A1ATwt und permethyliert gemessen, wurde bereits das biantennäre einfach fucosylierte *N*-Glykan, ausgestattet mit einer Sialinsäure, beschrieben (siehe Abschnitt 2.3). Durch den Austausch der terminalen natürlichen Sialinsäure zu Neu5Prop kommt es zu einem um m/z 14 erhöhten Masse-zu-Ladungs-Verhältnis. Für die Hauptstrukturen konnte ein Austausch der terminalen Sialinsäure gezeigt werden. Daneben lassen sich auch teilweise mit Neu5Prop ausgestattete und unveränderte *N*-Glykane mit natürlicher Sialinsäureausstattung nachweisen.

2.5.2 In vitro-Serumhalblebenszeit (Neuraminidase-Assay)

Nach bestätigtem Einbau der nicht natürlichen Monosaccharide wurde der Einfluss der neuen terminalen und subterminalen Strukturen auf ihre Sialidaseresistenz überprüft. Der *in vitro*-Test wurde mittels Amplex Red Neuraminidase Assay Kit (Invitrogen), in Anlehnung an die natürlichen Prozesse im Serum, von Sebastian Riese (ZLP, Charité Berlin) durchgeführt. Die Sialidaseresistenz von A1ATwt und den supplementierten Varianten wurde im 96 W*ell*-Format bei 37 °C gemessen. Durch die Enzymaktivität der im fötalen Kälberserum enthaltenen Sialidasen des Reaktionsansatzes entstehen freie Galactose-Reste. Galactose-Oxidase führt unter Bildung von Wasserstoffperoxid (H_2O_2) zur Oxidation der Galactose-Reste. In Gegenwart der *Horseradish Peroxidase* (HRP) oxidiert H_2O_2 Amplex-Red-Reagenz zu Resorufin, welches bei einem Absorptionsmaximum von 571 nm und ein Emissionsmaximum von 585 nm fluorometrisch bestimmt werden kann. Die Proben wurden zu definierten Zeitpunkten fluorometrisch gemessen (Abbildung 45).

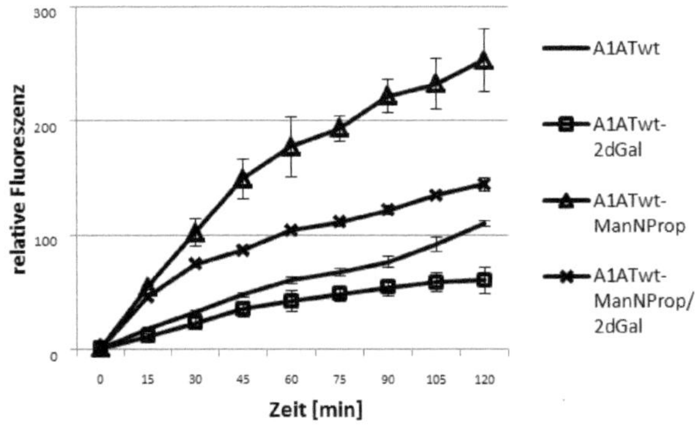

Abbildung 45: Neuraminidase Assay zur Überprüfung der Sialidaseresistenz supplementierter A1ATwt-Varianten. Verwendet wurde das Amplex Red Neuraminidase Assay Kit. Durch FKS-vermittelte Sialidaseaktivität wurde die Sialidaseresistenz über einen Zeitverlauf von 120 min mittels Fluoreszenzmessung bestimmt. Die Daten sind Ergebnis einer Dreifachbestimmung, gezeigt ist der SEM.

Die Fluoreszenz gibt Auskunft über die Zahl freier Galactose-Reste, welche durch Sialidaseaktivität und der damit verbundenen Abspaltung der Sialinsäuren entstanden sind. Die mit 2dGal supplementierte Variante zeigte den geringsten Verlust an Sialinsäuren und somit die höchste Sialidaseresistenz. Hierbei müssen die relativ geringen

Einbauraten von nur etwa 20 % berücksichtigt werden. Berechnet man die Steigung, lässt sich ermitteln, dass das nicht supplementierte A1ATwt im Vergleich zu A1ATwt supplementiert mit 2dGal 1,7-mal schneller desialyliert wird. Hingegen weisen die Varianten, welche mit ManNProp allein oder ManNProp und 2dGal substituiert wurden, eine deutlich erhöhte Konzentration an freien Galactose-Resten auf. Die mit 2dGal und ManNProp supplementierte Variante wird 2,1-mal, die Variante mit ManNProp supplementierte sogar 4-mal schneller desialyliert. Dies spricht für eine verminderte Sialidaseresistenz, die durch den Einbau von ManNProp (> 80% Einbaurate) bedingt ist. Bei der Kombination von ManNProp und 2dGal, liegt der Kurvenverlauf etwa im mittleren Bereich.

2.6 Charakterisierung von A1AT-Expressionen aus AGE1.HN-Zellen

Die humane neuronale Zelllinie (AGE1.HN) wurde durch Transfektion primärer humaner neuronaler Zellen mit viralen Genen (Adenovirus) generiert. Diese Zelllinie wurde bei der ProBioGen AG vor allem in Hinblick auf die Produktion von Biopharmazeutika entwickelt. Aus diesem Grund war die Adaptation an das Wachstum in serumfreiem Medium wichtig, da Medienbestandteile aus tierischen Organismen für die Kultivierung adhärenter Zellen eine potentielle Infektionsgefahr bergen. Die Zelllinie wurde für die Expression der A1AT-Varianten zur Verfügung gestellt. Für die Produktion humaner Glykoproteine ist von besonderem Interesse, ob durch die gezielte Wahl einer Produktionszelllinie humanen Ursprungs, eine dem humanen Glykosylierungstyp entsprechende Glykosylierung möglich ist. Dass Faktoren wie Spezies, Gewebetyp, und Zellkulturbedingungen Einfluss auf die *N*-Glykanaustattung haben, wurde bereits beschrieben [56, 190, 191]. Da die *N*-Glykanausstattung beispielsweise Einfluss auf Bioaktivität, *Clearance* und Immunogenität hat, ist sie ein wichtiger Faktor für die Produktion von Biopharmazeutika. Daher sollte die Wahl einer Produktionszelllinie entsprechend erfolgen.

Nach Transfektion der neuronalen Zelllinie mit den in Abschnitt 2.1.1 beschriebenen, durch gerichtete Mutagenese-PCR generierten Expressionsplasmiden, wurden die rekombinanten A1AT-Neoglykoproteine und A1ATwt, wie in Abschnitt 2.1.2 beschrieben, exprimiert und aufgereinigt. Die Untersuchung beschränkte sich in der neuronalen Zelllinie auf A1ATwt und die Neoglykoproteine mit zusätzlichen *N*-Glykosylierungsmotiven in Position N90, N123, N90/123, N123/201 und N90/123/201. Die Expression wurde anhand der Zellkulturüberstände mittels SDS-PAGE und Western Blot analysiert (Abbildung 46).

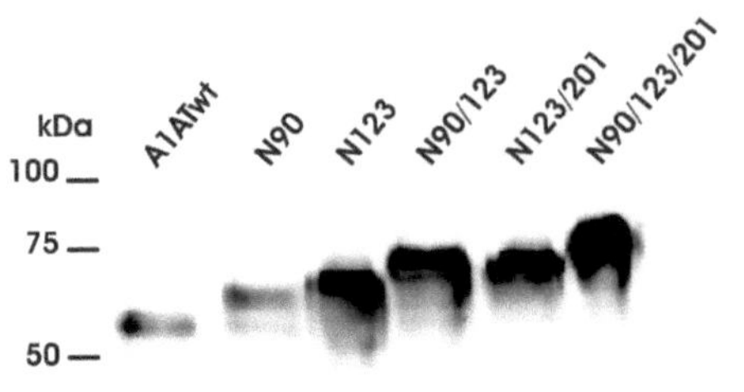

Abbildung 46: AGE1.HN-Expressionen der A1AT-Neoglykoproteine mit erhöhtem Glykosylierungsgrad im Vergleich zu A1ATwt. Die serumfrei exprimierten Proteine wurden mittels SDS-PAGE unter reduzierenden Bedingungen aufgetrennt und im Western Blot mit dem Peroxidase-gekoppelten Antikörper gegen humanes A1AT detektiert. Der Nachweis erfolgte mittels Chemilumineszens.

Die gereinigten A1AT-Varianten zeigen bei Expression in AGE1.HN-Zellen, wie bei der Expression in der HEK293-Zelllinie gezeigt, eine Zunahme der Molekularmasse im Vergleich zu A1ATwt, wenn ein zusätzlich eingefügtes Glykosylierungsmotiv genutzt wird (vgl. Expression in HEK293-Zellen Abbildung 21). Die Einzelmutante N90 weist keine vollständige Nutzung der eingefügten Glykosylierungsstelle auf, es ist eine zusätzliche Bande auf Höhe von A1ATwt zu erkennen. Die Kombination mit drei zusätzlichen Motiven zeigt erneut die größte molekulare Masse. Auch Expressionen aus der neuronalen Zelle weisen, wie die Expressionen aus HEK293-Zellen, ein für Glykoproteine typisches unscharfes Bandenmuster auf, welches auf eine heterogene Glykanaustattung hindeutet.
Nach erfolgreicher Expression und Aufreinigung der Proteine aus der neuronalen Zelllinie standen neben A1ATwt fünf neue A1AT-Neoglykoproteine mit erhöhtem Glykosylierungsgrad zur Verfügung, darunter zwei Einzelvarianten (N90, N123), zwei Doppelvarianten (N90/123, N123/201) und eine Dreifachvariante (N90/123/201). Die Analyse der A1AT-Varianten im Vergleich zum A1ATwt sollte Aufschluss über mögliche Veränderungen im *N*-Glykanmuster geben.

2.6.1 Monosaccharidanalyse mittels HPAEC-PAD

Zunächst wurden die *N*-Glykane zu ihren Monosaccharideinheiten hydrolysiert und mit Hilfe einer Monosaccharidanalyse die Verhältnisse der Kohlenhydratbausteine bestimmt (vgl. Abschnitt 2.3). Das Ergebnis der Monosaccharidanalyse ist in Tabelle 2 dargestellt.

Die Verhältnisse der einzelnen Monosaccharide sind ein Hinweis auf eine Modifikation der *N*-Glykanausstattung der rekombinanten A1AT-Varianten. Die GlcNAc-Reste sind für alle Varianten mit eingefügter *N*-Glykosylierungsstelle im Vergleich zum A1ATwt erhöht.

Tabelle 2: Molare Verhältnisse der gemessenen Monosaccharide der Varianten aus AGE1.HN-Zellen. Es sind die molaren Verhältnisse der einzelnen Monosaccharidbausteine, bezogen auf drei Mannoseeinheiten der Basisstruktur, dargestellt. GlcNAc und GalNAc sind als Amine dargestellt, da die *N*-Acetylgruppe bei der TFA-Hydrolyse abgespalten wird.

AGE1.HN, Variante	Fucose	$GalNH_2$	Galactose	$GlcNH_2$	Mannose
A1ATwt	2,75	0,22	2,92	6,00	3,00
N90	1,98	0,40	3,59	6,18	3,00
N123	2,69	0,19	3,29	6,72	3,00
N90/123	2,49	0,17	3,29	7,20	3,00
N123/201	2,55	0,38	3,02	6,56	3,00
N90/123/201	2,21	0,22	3,75	6,53	3,00

Hierbei zeigt die Variante N90 eine geringe Erhöhung, während die *N*-Glykane der anderen Varianten, insbesondere N90/123, eine deutliche Erhöhung der Zahl der GlcNAc-Reste aufweisen. Dies deutet, wie bei den Expressionen der A1AT-Varianten in HEK293-Zellen, auf eine höhere Antennarität der Varianten hin. Entsprechend ist die Anzahl der Galactose-Reste im Vergleich zu A1ATwt erhöht. Außerdem sind für A1ATwt und die A1AT-Varianten, welche in der neuronalen Zelllinie exprimiert wurden, in geringen Anteilen auch GalNAc-Reste nachzuweisen. Das in *N*-Glykanen nicht sehr häufig vorkommende GalNAc konnte auch für A1ATwt und Neoglykoproteine aus HEK293-Zellen gemessen werden (vgl. Abschnitt 2.3). Die *N*-Glykane von A1ATwt und der A1AT-Varianten tragen durchschnittlich 1,98–2,75 Fucose-Reste. Für die Varianten N90 und N90/123/201 konnte ein geringerer Anteil Fucose-Reste gefunden werden, während A1ATwt den höchsten Fucosylierungsgrad zeigt. Die Monosaccharidanalyse wurde auch für die Glykoproteine aus der neuronalen Zelllinie bei der Interpretation der MALDI-TOF-MS-Daten berücksichtigt, da GalNAc- und GlcNAc-Reste aufgrund ihrer gleichen Masse in der MALDI-TOF-MS-Analyse nicht zu unterscheiden sind.

2.6.2 MALDI-TOF-MS-Analyse desialylierter *N*-Glykane

Nach säulenchromatographischer Reinigung und anschließender Gelfiltration von A1ATwt und den Neoglykoproteinen erfolgte die Abspaltung der *N*-Glykane durch PNGase F (4.11.1). Der Erfolg der Abspaltung der *N*-Glykane wurde mittels SDS-PAGE und anschließender Coomassie-Färbung bestätigt. Ein Teil der isolierten *N*-Glykane wurde nach Aufreinigung enzymatisch desialyliert (4.12.7.1) und untersucht. In Abbildung 47 sind die mittels MALDI-TOF-MS im Positiv-Ionen-Modus gewonnenen Spektren aufgeführt.

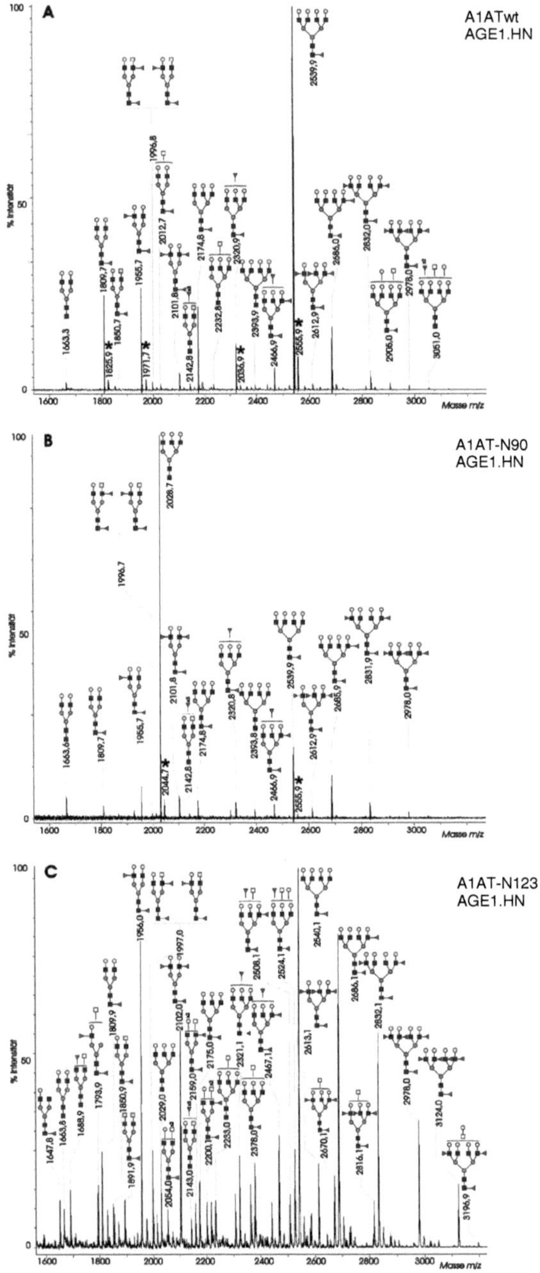
A
A1ATwt
AGE1.HN
B
A1AT-N90
AGE1.HN
C
A1AT-N123
AGE1.HN
% Intensität
Masse m/z

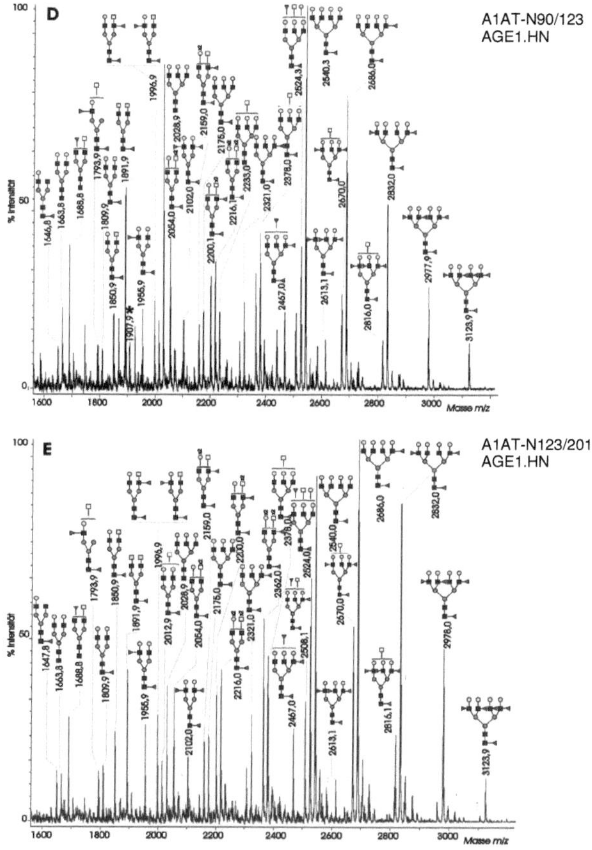

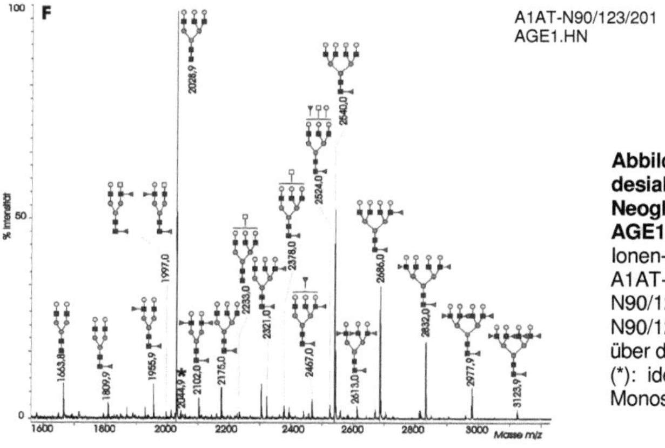

Abbildung 47: MALDI-TOF-MS-Analyse der desialylierten *N*-Glykane von A1ATwt und Neoglykoproteinen, exprimiert mittels AGE1.HN. Die Spektren wurden im Positiv-Ionen-Modus aufgenommen. **(A)** A1ATwt, **(B)** A1AT-N90, **(C)** A1AT-N123, **(D)** A1AT-N90/123, **(E)** A1AT-N123/201, **(F)** A1AT-N90/123/201. Die Massen und Strukturen sind über den zugehörigen Peaks angegeben.
(*): identifizierte Kaliumaddukte. Legende für Monosaccharidbausteine siehe Anhang.

Für A1ATwt konnte als Hauptanteil das tetraantennäre einfach fucosylierte *N*-Glykan mit m/z 2539,9 nachgewiesen werden. Im Gegensatz dazu zeigt sich für die Variante N90 fast ausschließlich ein triantennäres *N*-Glykan ohne Fucose (m/z 2028,7), welches bei A1ATwt nicht gemessen wurde. Dies korreliert mit dem geringen Anteil an Fucosen, der in der Monosaccharidanalyse gemessen wurde. Die Variante N123 weist, wie A1ATwt, ein einfach fucosyliertes tetraantennäres *N*-Glykan (m/z 2540,1) mit höchster Intensität auf. Auch der Anteil der mit zwei Fucosen ausgestatteten biantennären Struktur (m/z 1956,0) ist deutlich erhöht. Im Bereich höherer Massen zeigt die Variante N123 einen erhöhten Anteil an tetraantennären *N*-Glykanen mit steigendem Fucosylierungsgrad (m/z 2686,1; m/z 2832,1; m/z 2978,0; m/z 3124,0).
Die Kombination N90/123 zeigt als Hauptstrukturen das tetraantennäre einfach fucosylierte *N*-Glykan (m/z 2540,3) und das triantennäre *N*-Glykan (m/z 2028,9). Für die A1AT-Variante N123 und die Kombinationen N90/123 und N123/201 sind größerer Anteile der tetraantennären *N*-Glykane mit drei bis fünf Fucosen nachzuweisen. Bei der Variante N123/201 sind diese Strukturen am stärksten vertreten. Hingegen zeigt die Variante N90/123/201 mit höchster Intensität das triantennäre *N*-Glykan ohne Fucosylierung (m/z 2028,9), gefolgt von dem tetraantennären *N*-Glykan mit einfacher Fucosylierung (m/z 2540,0). Es zeigen sich ebenfalls deutliche Anteile für die hoch fucosylierten tetraantennären *N*-Glykane. Hier tritt für die Varianten N123, N90/123 und N123/201 das *N*-Glykan m/z 1891,9; ein biantennäres *N*-Glykan ohne Galactosen auf, welches für A1ATwt und die Expressionen aus HEK293-Zellen nicht nachgewiesen werden konnte.
Die MALDI-TOF-MS-Analysen zeigen somit für die Expressionen aus AGE1.HN-Zellen *N*-Glykane vom Komplextyp, aber im Vergleich zu den Expressionen aus HEK293-Zellen ein vollständig neues Glykanmuster. Die Tendenz zu tetraantennären *N*-Glykanen ist für die Expressionen mittels AGE1.HN-Zellen nicht so deutlich wie für die Expression mittels HEK293-Zellen. Der erhöhte Anteil an Fucose-Resten (1,98–2,75 Fucose-Reste) im Vergleich zu der Expression aus HEK293-Zellen konnte bereits in der Monosaccharidanalyse nachgewiesen und mittels MALDI-TOF-MS-Analyse bestätigt werden.

2.6.3 MALDI-TOF-MS-Analyse permethylierter *N*-Glykane

Die gereinigten *N*-Glykane wurden permethyliert, um auch die geladenen Sialinsäuren in die MALDI-TOF-MS-Analyse einzubeziehen. Die Messung erfolgte im Positiv-Ionen-Modus (Abbildung 48).

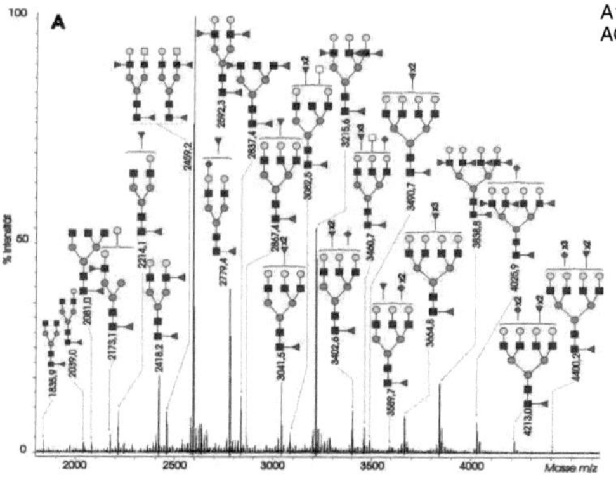

A1ATwt
AGE1.HN

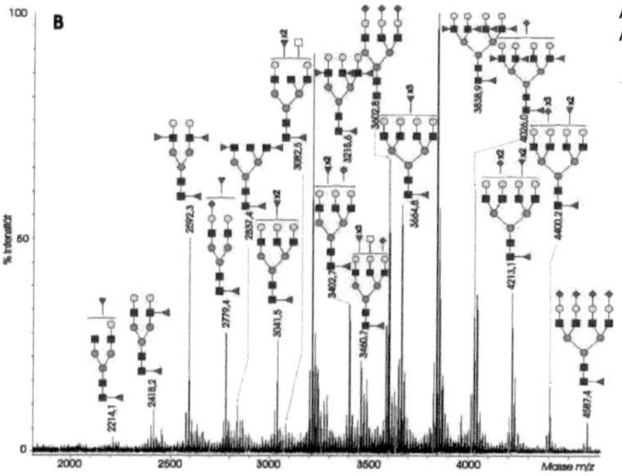

A1AT-N90
AGE1.HN

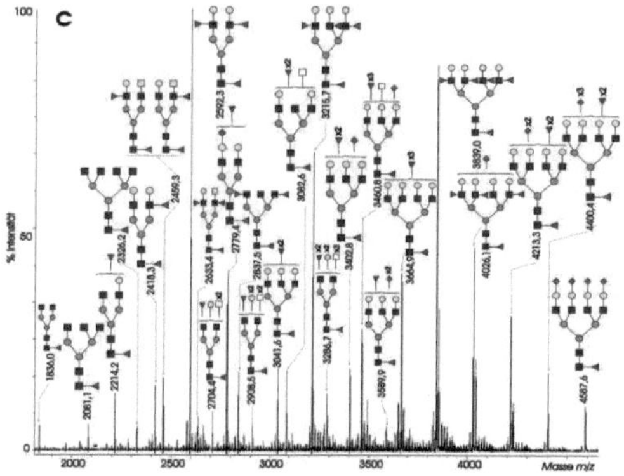

A1AT-N123
AGE1.HN

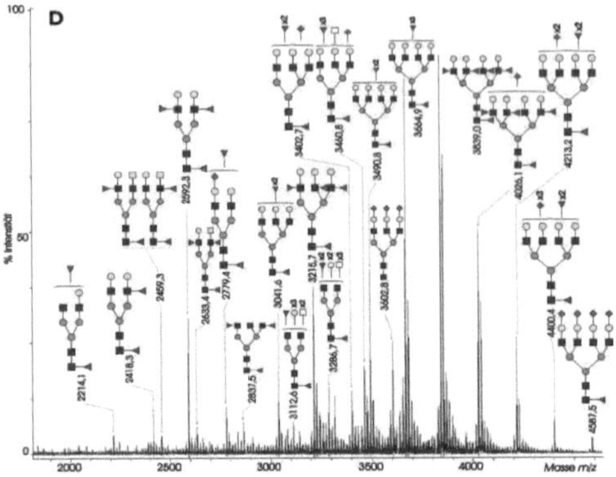

Abbildung 48: Glykanmuster der permethylierten *N*-Glykane für A1ATwt und A1AT-Varianten exprimiert mittels AGE1.HN-Zellen. Die isolierten und permethylierten *N*-Glykane wurden im Positiv-Ionen-Modus mittels MALDI-TOF-MS untersucht. **(A)** A1ATwt, **(B)** A1AT-N90, **(C)** A1AT-N123, **(D)** A1AT-N90/123/201. Jedem m/z ist die entsprechende Struktur zugeordnet. Die Legende für die Monosaccharidbausteine befindet sich im Anhang.

Die isolierten *N*-Glykane des A1ATwt zeigen bei Expression in der neuronalen Zelllinie ein Glykanmuster mit einer biantennären dreifach fucosylierten (m/z 2592,3) sowie einer triantennären Struktur mit vier Fucose-Resten (m/z 3215,6). Diese beiden Hauptstrukturen sind nicht sialyliert. Der Anteil geladener *N*-Glykane fällt vergleichsweise gering aus. *N*-Glykane aus HEK293-Zellen waren vollständige sialyliert. Geladene *N*-Glykane des A1ATwt aus der neuronalen Zelllinie sind meist einfach sialyliert, wie das biantennäre *N*-Glykan mit zwei Fucose-Resten (m/z 2779,4), das triantennäre *N*-Glykan mit drei Fucose-Resten (m/z 3402,6) und das tetraantennäre *N*-Glykan mit vier Fucose-Resten (m/z 4025,9).

N-Glykane mit zwei oder drei Sialinsäuren sind nur in geringen Konzentrationen zu finden (m/z 4213,0 und 4400,2). Vergleicht man die A1AT-Varianten mit dem A1ATwt zeigt sich eine Tendenz zu *N*-Glykanen der höheren Massenbereiche, besonders deutlich für N90 und N90/123/201. Die Variante N90 weist zu größeren Anteilen das tetraantennäre *N*-Glykan mit fünf Fucose-Resten (m/z 3838,9) und das triantennäre *N*-Glykan mit vier Fucose-Resten (m/z 3215,6) auf. Im Unterschied zu A1ATwt, zeigt sich für die Variante N90 als zusätzliche Struktur ein triantennäres *N*-Glykan mit vollständiger Sialylierung (m/z 3602,8). Darüber hinaus lässt sich ein tetraantennäres *N*-Glykan mit vier Fucose-Resten und einer Sialinsäure in deutlicher Konzentration nachweisen. Deutliche Anteile nehmen ebenfalls die tetraantennären *N*-Glykane mit zwei, drei und vier Sialinsäuren ein (m/z 4213,1; m/z 4400,2; m/z 4587,4). Ein sehr ähnliches Glykanmuster stellt sich für die Variante N123 dar, analog zu A1ATwt liegt hier das biantennäre dreifach fucosylierte *N*-Glykan als Hauptstruktur vor (m/z 2592,3).

Die *N*-Glykane der Variante N90/123/201 weisen wie die Expression aus HEK293-Zellen eine stärkere Tendenz zu höherantennären *N*-Glykanen auf. Als Hauptstrukturen finden sich tetraantennäre *N*-Glykane mit vier (m/z 3664,9) und mit fünf Fucose-Resten (m/z 3839,0). Der Sialylierungsgrad fällt auch für diese Variante gering aus. Deutliche Anteile zeigen sich für die einfach sialylierte tetraantennäre Struktur mit m/z 4026,1 sowie für die unterschiedlich fucosylierten *N*-Glykane mit zwei, drei und vier Sialinsäuren (m/z 4213,2; m/z 4400,4; m/z 4587,5).

2.6.4 2AB-Markierung der *N*-Glykane

Die isolierten und gereinigten *N*-Glykane von A1ATwt und A1AT-Varianten der AGE1.HN-Expression wurden mit 2AB markiert, um mittels Asahi-Pak-HPLC eine dem Sialylierungsgrad entsprechende analytische Auftrennung zu erreichen. Die Ladungszustände wurden, wie bereits für die A1AT-Varianten aus HEK293-Zellen, verglichen (Abbildung 49).

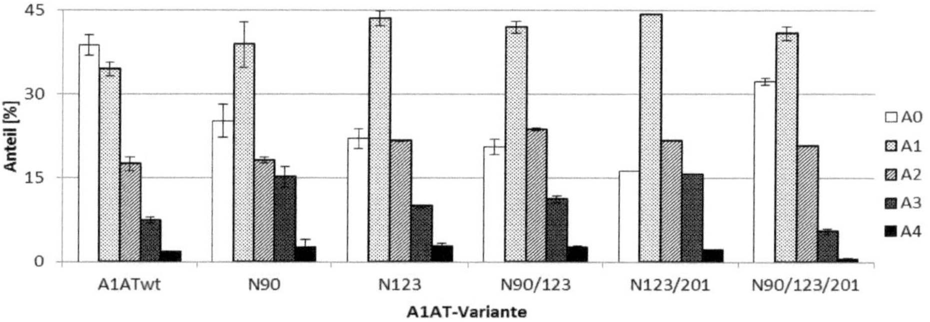

Abbildung 49: Zusammenfassung der Ergebnisse nach ladungsspezifischer Auftrennung der *N*-Glykane von A1ATwt und A1AT-Neoglykoproteinen, exprimiert in AGE1.HN-Zellen. Die ladungsspezifische Auftrennung der 2AB-markierten *N*-Glykane erfolgte durch HPLC. A0: Asialo-Glykane, A1: Monosialo-Glykane, A2: Disialo-Glykane, A3: Triasialo-Glykane, A4: Tetrasialo-Glykane. Die relativen Flächen wurden aus mindestens zwei unabhängigen Läufen in Doppelbestimmung für A1ATwt und die Neoglykoproteine, aus einem Lauf für N123/201, verglichen. Gezeigt ist der S.E.M..

Für die 2AB-markierten *N*-Glykane zeigen sich deutliche Anteile an ungeladenen *N*-Glykanen. Besonders hoch ist der Anteil für A1ATwt (39 %) und die Variante N90/123/201 (32 %). Die Monosialo-*N*-Glykane sind für die A1AT-Neoglykoproteine am häufigsten zu finden (35–44 %). Dieser Anteil liegt im Bereich der Werte, die für die *N*-Glykane der A1AT-Varianten aus HEK293-Zellen ermittelt wurden. Hier konnten auch für zweifach-geladene *N*-Glykane deutliche Mengen gemessen werden (~35 %). Hingegen sind für die *N*-Glykane der A1AT-Varianten aus der neuronalen Zelllinie nur zu geringen Teilen Strukturen mit Mehrfachladungen zu finden. Strukturen mit Vierfachladung nehmen den deutlich geringsten Anteil ein (< 3 %).

2.7 Entwicklung einer enzymatisch optimierten Expressions-Zelllinie

Die Produktion des Serumglykoproteins A1AT mittels HEK293-Zellen führte aufgrund der unvollständigen Sialinsäureausstattung zu einem sehr heterogenen Gemisch an Strukturen (siehe Abschnitt 2.3 und Abbildung 52). Deshalb wurde diese Zelllinie mit humaner α (2-6) Sialyltransferase und humaner β (1-4) Galactosyltransferase stabil transfiziert (pIRES2St6Gal1B4GalT1, AG Marc Ehlers). Die Expression der Enzyme, ausgehend von einem Vektor, wurde durch die Verwendung einer IRES-Sequenz ermöglicht. Im Hinblick auf die terminalen Strukturen Galactose und Sialinsäure sollte mit der optimierten Zelllinie (HEK293-SialT/GalT-Zellen) eine effektivere *N*-Glykanausstattung im Hinblick auf eine vollständigere Galactosylierung und Sialylierung erzielt werden.

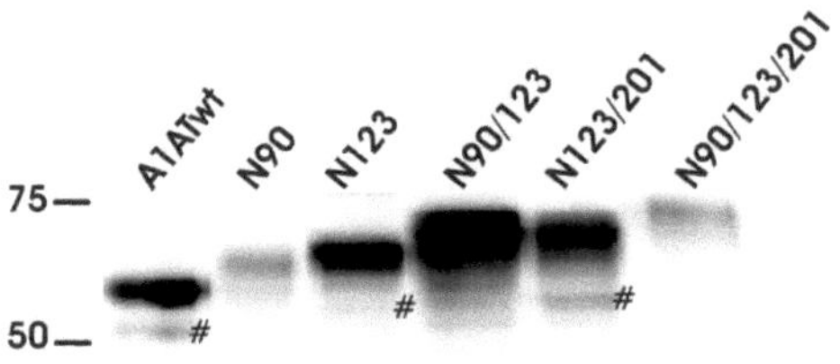

Abbildung 50: A1AT-Neoglykoproteine mit erhöhtem Glykosylierungsgrad im Vergleich zum A1ATwt aus HEK293-SialT/GalT-Zellen. Die rekombinanten Proteine wurden in der mit α (2-6) Sialyltransferase und β (1-4) Galactosyltransferase optimierten HEK293-Zelllinie serumfrei exprimiert. Die Auftrennung erfolgte mittels SDS-PAGE unter reduzierenden Bedingungen, anschließende Detektion im Western Blot mit dem Peroxidase-gekoppelten Antikörper gegen humanes A1AT. Der Nachweis erfolgte mittels Chemilumineszens. (#) Markiert ein Spaltprodukt von A1AT.

Die A1AT-Banden der Expressionen aus HEK293-SialT/GalT-Zellen zeigen die gleiche Tendenz zu einer höheren molekularen Masse, wie die Expressionen von A1ATwt und Neoglykoproteinen in HEK293-Zellen und der AGE1.HN-Zelllinie. Mit jeder genutzten Glykosylierungsstelle erhöht sich das Molekulargewicht der Neoglykoproteine im Vergleich zu A1ATwt um etwa 3 kDa. Im Vergleich zu den früher beschriebenen Expressionen zeigt sich ein Bandenmuster mit weniger unscharfen Banden. Dies ist ein Hinweis auf ein homogeneres Glykangemisch von A1ATwt und A1AT-Varianten, exprimiert in HEK293-SialT/GalTZellen.

2.7.1 Monosaccharidanalyse mittels HPAEC-PAD

Für die Analyse der Monosaccharidzusammensetzung wurden die *N*-Glykane zu ihren Monosaccharideinheiten hydrolysiert und mittels HPAEC-PAD die Verhältnisse der Kohlenhydratbausteine zueinander bestimmt (vgl. Abschnitte 2.3). Das Ergebnis der Monosaccharidanalyse der Glykoproteine A1ATwt und A1AT-Varianten mit zusätzlichen *N*-Glykosylierungsmotiven ist in Tabelle 3 dargestellt.

Tabelle 3: Berechnete Verhältnisse der gemessenen Monosaccharide der Varianten aus HEK293-SialT/GalT-Zellen. Es sind die molaren Verhältnisse der einzelnen Monosaccharidbausteine, bezogen auf drei Mannoseeinheiten der Basisstruktur, dargestellt. GalNAc und GlcNAc verlieren bei saurer Hydrolyse ihre *N*-Acetylierung und werden daher als ihre entsprechenden Amine ($GalNH_2$, $GlcNH_2$) nachgewiesen.

SialT/GalT-Variante	Fucose	$GalNH_2$	Galactose	$GlcNH_2$	Mannose
A1ATwt	1,18	0,29	3,00	6,09	3,00
N90	1,16	0,48	3,23	6,06	3,00
N123	1,31	0,32	3,06	6,29	3,00
N123/201	1,25	0,25	3,17	6,48	3,00
N90/123/201	1,27	0,25	3,83	7,29	3,00

Die Verhältnisse der einzelnen Monosaccharide und die Anteile der GalNAc-Reste, stellen sich ähnlich dar, wie die Ergebnisse für A1ATwt und Neoglykoproteine aus HEK293-Zellen (vgl. Abschnitt 2.3). Auch auch für die Expressionen aus HEK293-SialT/GalT-Zellen müssen die GalNAc-Reste bei der Interpretation der MALDI-TOF-MS-Daten berücksichtigt werden, da sie die gleiche Masse wie GlcNAc-Reste besitzen. Allerdings ist die zunehmende Steigerung der Anteile der Galactose- bzw. der GlcNAc-Reste der Expression aus HEK293-Zellen bei den A1AT-Neoglykoproteine im Vergleich zu A1ATwt nicht zu beobachten (vgl. Tabelle 1). Bei Expression in HEK293-SialT/GalT nimmt der Anteil der GlcNAc-Reste für die A1AT-Variante N90/123/201 im Vergleich zu A1ATwt deutlich zu (6,06 auf 7,29). Entsprechend ist die Anzahl der Galactose-Reste im Vergleich zu A1ATwt auch leicht erhöht. Die *N*-Glykane von A1ATwt und der A1AT-Varianten aus der HEK293-SialT/GalT-Zelllinie tragen durchschnittlich 1,2–1,3 Fucose-Reste, diese Zahl entspricht dem ermittelten Fucosylierungsgrad von A1ATwt und Neoglykoproteinen bei Expression in HEK293-Zellen.

2.7.2 MALDI-TOF-MS desialylierter *N*-Glykane

Die exprimierten A1AT-Glykoproteine aus HEK293-SialT/GalT-Zellen wurden, wie für die Expression mittels HEK293-Zellen beschrieben (Abschnitt 2.1.2), aufgereinigt und für die Glykananalyse mit PNGase F abgespalten. Ein Teil der *N*-Glykane wurde nach enzymatischer Desialylierung mittels MALDI-TOF-MS-Analyse im Positiv-Ionen-Modus untersucht. Die Spektren mit den gewonnenen *N*-Glykanmustern sind in Abbildung 51 dargestellt.

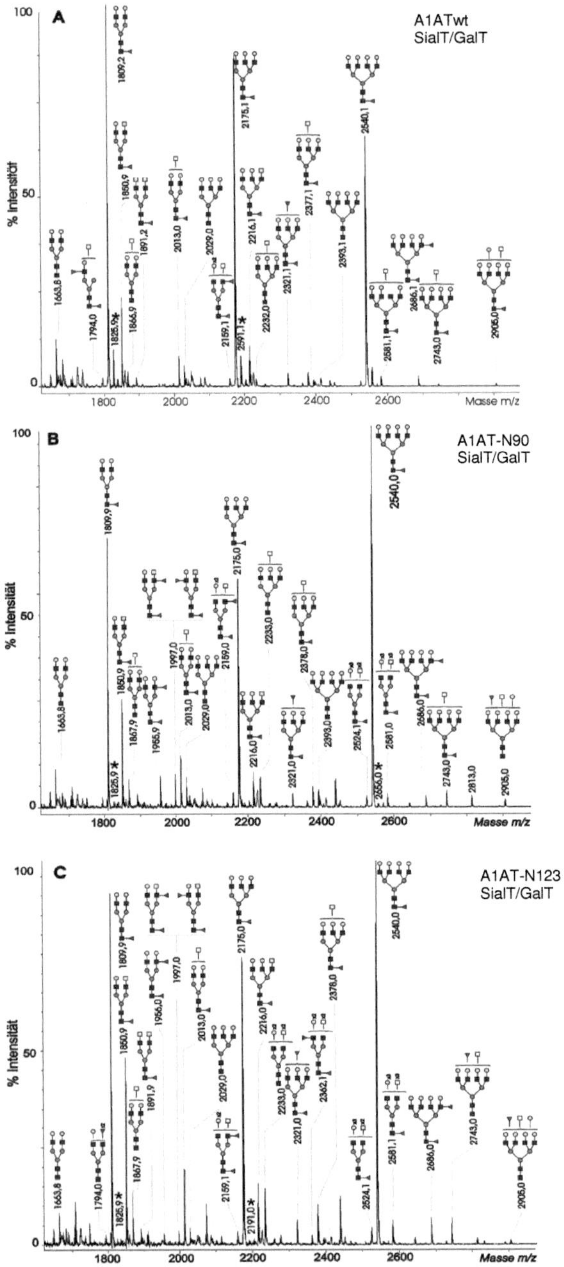
A
A1ATwt
SialT/GalT
% Intensität
Masse m/z
B
A1AT-N90
SialT/GalT
% Intensität
Masse m/z
C
A1AT-N123
SialT/GalT
% Intensität
Masse m/z

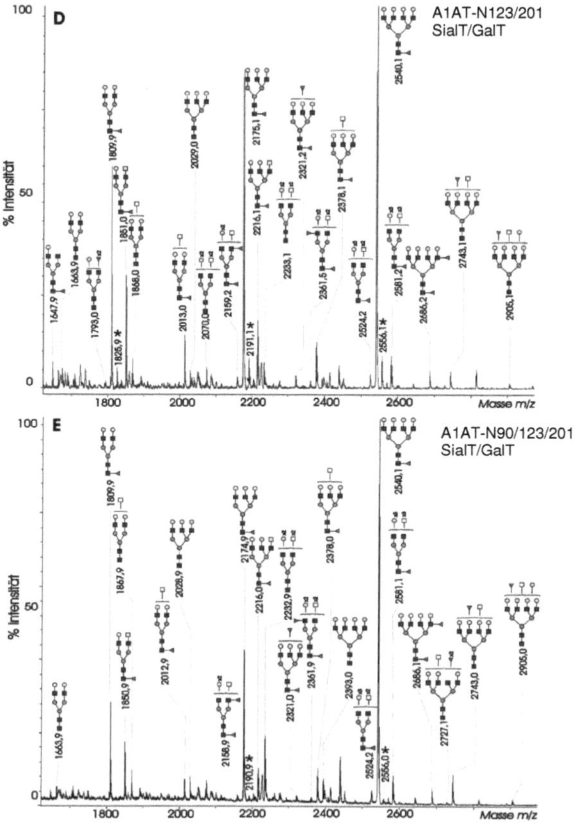

Abbildung 51: MALDI-TOF-MS-Analyse der desialylierten *N*-Glykane von A1ATwt und A1AT-Varianten, in HEK293-SialT/GalT-Zellen exprimiert. Die Spektren wurden im Positiv-Ionen-Modus aufgenommen. **(A)** A1ATwt, **(B)** A1AT-N90, **(C)** A1AT-N123, **(D)** A1AT-N123/201, **(E)** A1AT-N90/123/201. Die Massen und Strukturen sind über den zugehörigen Peaks angegeben. Alle Strukturen wurden durch Vergleich mit den Ergebnissen von Messungen nach verschiedenen Exoglykosidaseverdaus zugeordnet.
(*) Identifizierte Kaliumaddukte. Die Legende für die Monosaccharidbausteine befindet sich im Anhang.

Die untersuchten Glykanmuster der Asialo-*N*-Glykane von A1ATwt und den Neoglykoproteinen aus HEK293-SialT/GalT-Zellen gleichen den Daten, die für die A1AT-Varianten aus HEK293-Zellen gewonnen wurden. Die Expression von A1ATwt und den Neoglykoproteinen in der veränderten HEK293-SialT/GalT-Zelllinie führt erwartungsgemäß zu den gleichen *N*-Glykanstrukturen und einer entsprechenden Verteilung der bi-, tri- und tetraantennären komplexen *N*-Glykane. Die Hauptstrukturen weisen ebenfalls eine *core*-Fucosylierung auf, wie sie für die Expression in HEK293-Zellen gezeigt werden konnte (vgl. Abbildung 26).

2.7.3 MALDI-TOF-MS-Analyse permethylierter *N*-Glykane

Die gereinigten *N*-Glykane der A1AT-Varianten aus HEK293-SialT/GalT-Zellen wurden permethyliert und mittels MALDI-TOF-MS untersucht. Im Vergleich zu den Messungen der sialylierten Strukturen aus HEK293-Zellen wurden *N*-Glykane mit vollständiger Sialylierung und der Galactosylierung erhalten (Abbildung 52).

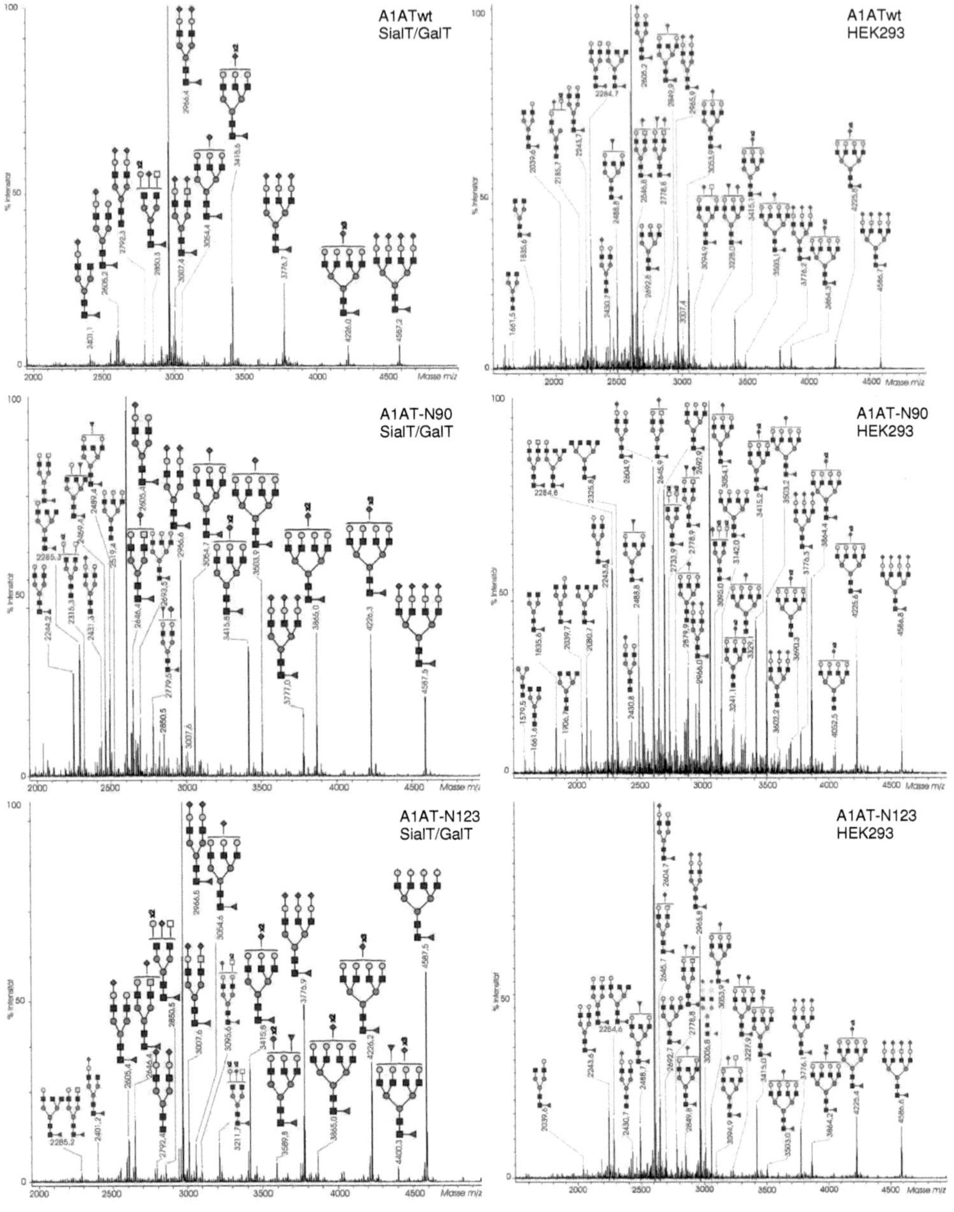
A1ATwt
SialT/GalT
A1ATwt
HEK293
A1AT-N90
SialT/GalT
A1AT-N90
HEK293
A1AT-N123
SialT/GalT
A1AT-N123
HEK293
Masse m/z

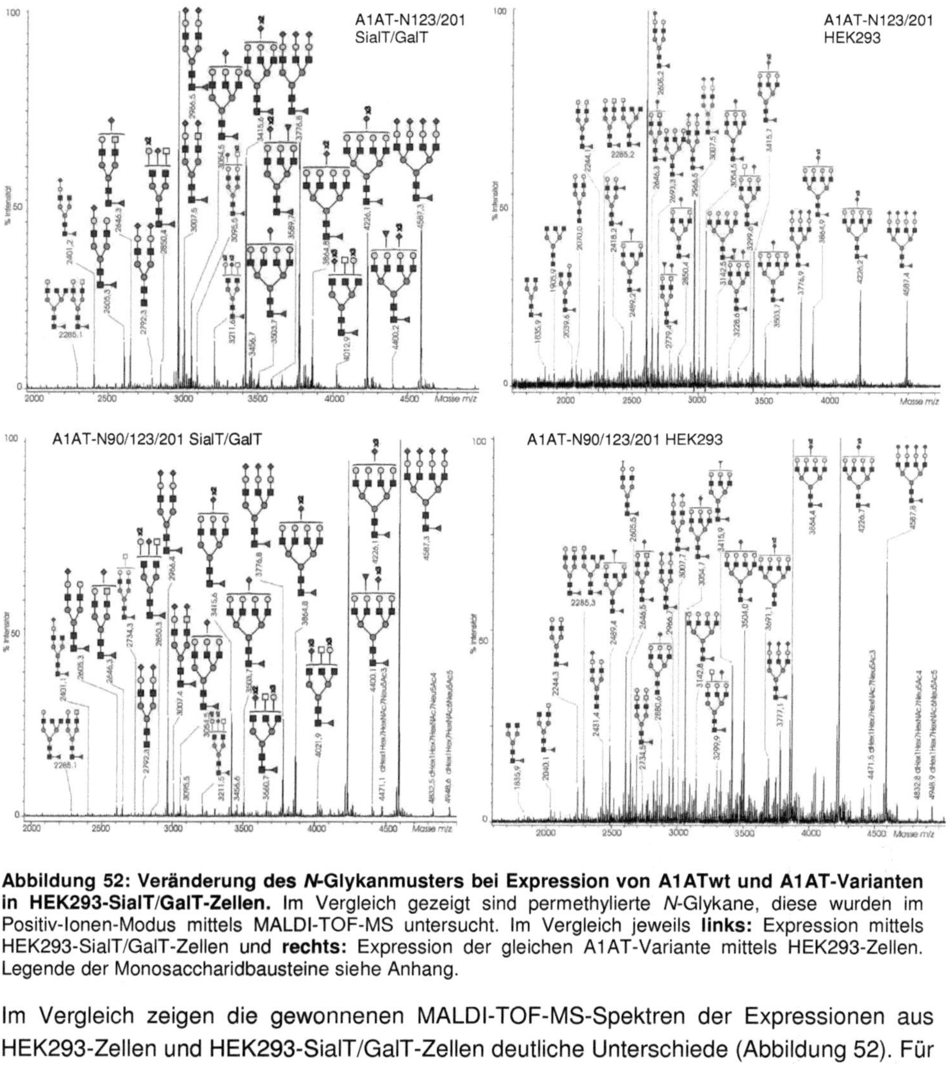

Abbildung 52: Veränderung des *N*-Glykanmusters bei Expression von A1ATwt und A1AT-Varianten in HEK293-SialT/GalT-Zellen. Im Vergleich gezeigt sind permethylierte *N*-Glykane, diese wurden im Positiv-Ionen-Modus mittels MALDI-TOF-MS untersucht. Im Vergleich jeweils **links:** Expression mittels HEK293-SialT/GalT-Zellen und **rechts:** Expression der gleichen A1AT-Variante mittels HEK293-Zellen. Legende der Monosaccharidbausteine siehe Anhang.

Im Vergleich zeigen die gewonnenen MALDI-TOF-MS-Spektren der Expressionen aus HEK293-Zellen und HEK293-SialT/GalT-Zellen deutliche Unterschiede (Abbildung 52). Für die A1AT-Varianten aus HEK293-SialT/GalT-Zellen ist eine deutlich geringere Variabilität der *N*-Glykane nachzuweisen. Außerdem hat die Zahl der unvollständig galactosylierten und unvollständig sialylierten Strukturen im kleineren Massenbereich deutlich abgenommen. Der größte Anteil der permethylierten *N*-Glykane von A1ATwt zeigt sich als biantennäres, vollständig sialyliertes *N*-Glykan mit einer *core*-Fucose (m/z 2966,4). Hingegen weist die Expression von A1ATwt aus HEK293-Zellen als dominante Struktur das einfach fucosylierte biantennäre *N*-Glykan (m/z 2605,2) auf. Zusätzlich wurden für A1ATwt aus HEK293-SialT/GalT-Zellen Anteile der triantennären *N*-Glykane mit

vollständiger Galactosylierung und zwei bzw. drei Sialinsäuren gemessen (m/z 3415,1 und 3776,1). Signale mit geringerer Intensität wurden für die tetraantennären Strukturen mit drei- und vierfacher Sialinsäureausstattung detektiert (m/z 4225,8 und 4586,7).
Die durch den Einfluss der humanen α (2-6) Sialyltransferase und der humanen β (1-4) Galactosyltransferase vermittelten Veränderungen, welche sich für die *N*-Glykane von A1ATwt zeigen, können vergleichbar für die Variante N123 und N123/201 nachgewiesen werden. Der Anteil höherantennärer *N*-Glykane ist für die Varianten N123 und N123/201 im Vergleich zu A1ATwt größer. Besonders deutlich ist der hohe Anteil an tetraantennären *N*-Glykanen bei der Variante N90/123/201. Bei Expression in HEK293-SialT/GalT-Zellen ist die Hauptstruktur ein tetraantennäres *N*-Glykan mit vollständiger Sialylierung bzw. mit drei Sialinsäuren ausgestattet (m/z 4226,1 und m/z 4587,3). Für die Variante N90/123/201 zeigen sich neue, vermutlich pentaantennäre *N*-Glykane mit einer Fucose. In geringeren Anteilen sind mehrfach und vollständig sialylierte triantennäre *N*-Glykane zu finden. Abgesehen von der biantennären einfach fucosylierten Struktur mit vollständiger Sialylierung (m/z 2966,4) lassen sich nur geringe Anteile an biantennären *N*-Glykanen nachweisen. Die Unterschiede der gewählten Expressionszellinie zeigen sich für die Variante N90 weniger deutlich für die *N*-Glykane der geringeren Massen. Im niedrigeren Massenbereich kommen für beide Expressionssysteme unvollständig galactosylierte und sialylierte Strukturen vor. Jedoch finden sich bei Expression in HEK293-SialT/GalT-Zellen als neue Hauptstrukturen die biantennären einfach fucosylierten *N*-Glykane mit einer bzw. zwei Sialinsäuren (m/z 2605,4 und m/z 2966,6). Im Gegensatz dazu sind die Hauptstrukturen der Variante N90 bei Expression in HEK293-Zellen Asialo-*N*-Glykane (m/z 2693 und m/z 3142,1).
Die Unterschiede der Ladungszustände bei Expression in HEK293-SialT/GalT-Zellen wurden wie für die Expression aus HEK293-Zellen mittels 2AB-markierter *N*-Glykane verglichen (Abbildung 53).

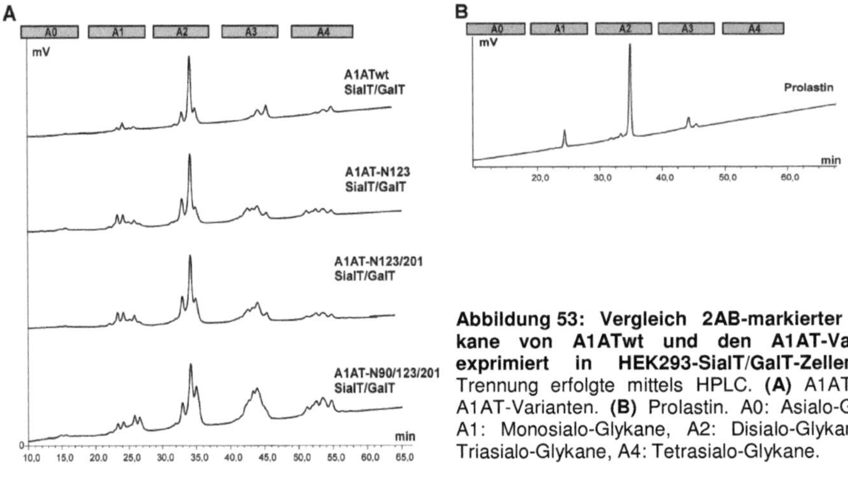

Abbildung 53: Vergleich 2AB-markierter *N*-Glykane von A1ATwt und den A1AT-Varianten exprimiert in HEK293-SialT/GalT-Zellen. Die Trennung erfolgte mittels HPLC. **(A)** A1ATwt und A1AT-Varianten. **(B)** Prolastin. A0: Asialo-Glykane, A1: Monosialo-Glykane, A2: Disialo-Glykane, A3: Triasialo-Glykane, A4: Tetrasialo-Glykane.

Der größte Anteil der *N*-Glykane der A1AT-Varianten, exprimiert mittels HEK293-SialT/GalT-Zellen, konnte in Form der Disialo-*N*-Glykane gemessen werden (36–60 %). Ungeladene *N*-Glykane sind im Vergleich zu den Expressionen aus HEK293-Zellen nahezu vollständig verschwunden (Abbildung 54). Für A1ATwt konnte der höchste Anteil an Disialo-*N*-Glykanen (60 %) und nur geringe Anteile anderer Ladungszustände gemessen werden. Im Vergleich zu A1ATwt ist für die Varianten mit zusätzlichen *N*-Glykosylierungsmotiven eine leichte Zunahme für Monosialo-*N*-Glykane und ein Anstieg der Tri- und Tetrasialo-*N*-Glykane zu erkennen. Bei direktem Vergleich der Ladungszustände von A1ATwt und Neoglykoproteinen, exprimiert in HEK293-Zellen mit den Expressionen aus HEK293-SialT/GalT-Zellen, zeigen sich Unterschiede im Sialylierungsgrad der *N*-Glykane, die in der Abbildung 54 zusammengefasst sind.

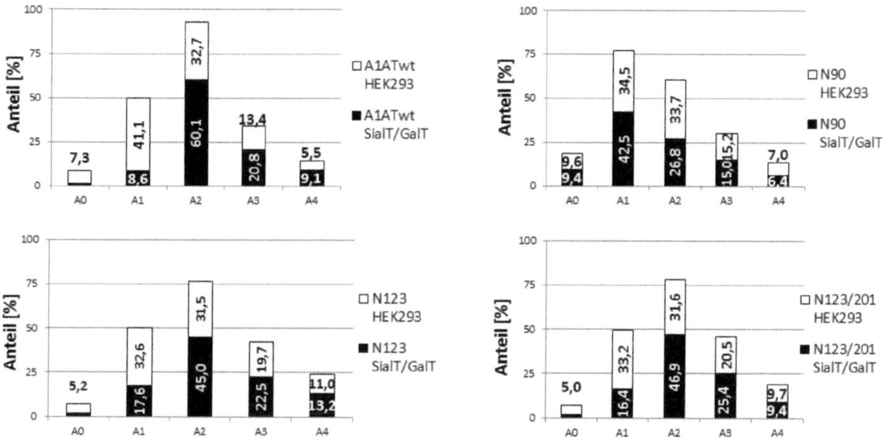

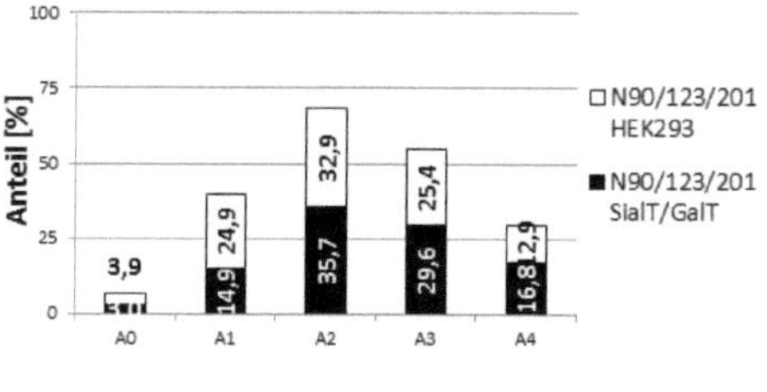

Abbildung 54: Ladungsverhältnisse der Expressionen aus HEK293-Zellen im Vergleich zu A1ATwt und A1AT-Varianten aus HEK293-SialT-/GalT-Zellen. *N*-Glykane der Expressionen aus HEK293-Zellen (weiß), Expressionen aus der enzymatisch optimierten HEK293-SialT/GalT (schwarz). A0: Asialoglykane, A1: Monosialo-Glykane, A2: Disialo-Glykane, A3: Triasialo-Glykane, A4: Tetrasialo-Glykane.

Eine Veränderung der Ladungszustände zeigt sich besonders deutlich für A1ATwt aus HEK293-SialT/GalT-Zellen. Die Anteile der ungeladenen und Monosialo-*N*-Glykane sind deutlich reduziert. Im Gegenzug haben sich die Disialo-*N*-Glykane nahezu verdoppelt. Auch für die Trisialo- und die Tetrasialo-*N*-Glykane, isoliert von A1ATwt, ist eine Erhöhung des Anteils zu verzeichnen. Der Anteil ungeladener *N*-Glykane verringert sich bei den getesteten Varianten mit Ausnahme der *N*-Glykane der Variante N90. Die Variante N90 zeigt im Vergleich zu der Expression aus HEK293-Zellen geringere Veränderungen zu einem gesteigerten Sialylierungsgrad. Obwohl die ungeladenen *N*-Glykane eine leichte Abnahme zeigen, kann für die Monosialo-*N*-Glykane ein erhöhter Anteil und für die restlichen Ladungszustände eine annähernd gleiche Verteilung gezeigt werden. Die Varianten N123, N123/201 und N90/123/201 weisen eine ähnliche Steigerung der Di- und Trisialo-*N*-Glykane auf, wohingegen die Monosialo-*N*-Glykane reduziert sind. Die Veränderung der Anteile der Tetrasialo-*N*-Glykane ist hingegen gering.

2.8 *In vitro*-Tests zum Einfluss des rekombinanten A1AT

2.8.1 Entwicklung eines *in vitro-Clearance*-Assays

Für die Bestimmung der glykanabhängigen *in vitro*-Halblebenszeit der neu generierten Proteinvarianten wurde ein *Clearance*-Assay entwickelt. Hierfür bietet sich die Leberzelllinie HepG2 an, da diese den Asialoglykoproteinrezeptor (ASGPR) natürlicherweise exprimiert. Die Zellen sind jedoch als Leberzelllinie neben der Expression verschiedener Plasmaproteine ebenso in der Lage, das Akute-Phase-Protein A1AT zu produzieren. Dieser Umstand machte es nötig, eine Zelllinie zu generieren, welche die Konzentration des exogen zugesetzten A1AT nicht durch endogenes A1AT verfälscht.
Der in der Leber lokalisierte ASGPR erkennt terminale Galactose- und *N*-Acetylglucosaminreste [2, 192]. Deshalb werden Asialoglykoproteine vom ASGPR gebunden und aus dem Serum entfernt. Dieser *Clearance*-Mechanismus ist auch für den Abbau von A1AT aus dem Serum von großer Bedeutung. HEK293-Zellen wurden mit den beiden Untereinheiten des humanen ASGPR transfiziert. Von den stabil exprimierenden Zellen wurden Lysate (4.4.6) hergestellt und mittels SDS-PAGE und Western Blot analysiert (Abbildung 55).

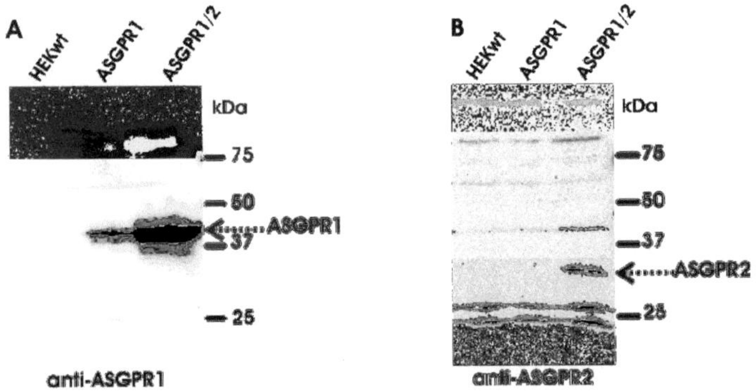

Abbildung 55: Nachweis der Untereinheiten des ASGPR in Zelllysaten stabil exprimierender HEK293-Zellen. Nach gelelektrophoretischer Trennung erfolgte der Nachweis mittels spezifischer Antikörper im Western Blot. Als Kontrollen wurden Zellen ohne und mit einer Untereinheit mitgeführt. **(A)** Detektion mit anti-ASGPR1, **(B)** Detektion mit anti-ASGPR2. Western Blot (A) ist nach *Strippen* der Membran detektiert worden. Der Nachweis erfolgte auf einer PVDF-Membran mittels Chemilumineszens.

Für die transfizierten Zellen konnten im Western Blot spezifische Banden nachgewiesen werden. Die zu erwartenden Molekularmassen liegen bei 40 kDa für den ASGPR1 und bei 32 kDa für den ASGPR2. Diese Massen konnten im Western Blot für die transfizierten Zellen erwartungsgemäß nachgewiesen werden, während in nicht transfizierten HEK293-Zellen keine spezifischen Signale detektiert wurden. Die insgesamt deutlich schwächere Detektion des ASGPR2 wies Nebenbanden auf, die auch im Lysat der HEK293-Zellen nachgewiesen wurden und somit unspezifische Signale darstellen. Die auf ihre ASGPR-Expression geprüften Zellen wurden für die Entwicklung eines *Clearance*-Assays verwendet (4.4.7).

Mit der Annahme, dass ein funktioneller ASGPR1/2 auf der Oberfläche der HEK293-Zellen die *Clearance* von Glykoproteinen aus dem sie umgebenden Medium zur Folge hat, wurden A1ATwt und Neoglykoproteine mit einem, zwei und drei zusätzlichen *N*-Glykanen untersucht. Dafür wurden die Proteine in Medium aufgenommen und in Gegenwart von HEK293wt-Zellen sowie HEK293-Zellen transfiziert mit der Untereinheit ASGPR1 und dem funktionellen Rezeptor ASGPR1/2 in einer 96 *Well*-Mikrotiterplatte für 20 h inkubiert. Die zu testenden Proteinkonzentrationen wurden zeitabhängig im Zellkulturüberstand mittels A1AT-ELISA quantifiziert, um Rückschlüsse auf verbleibendes A1AT zu ziehen.

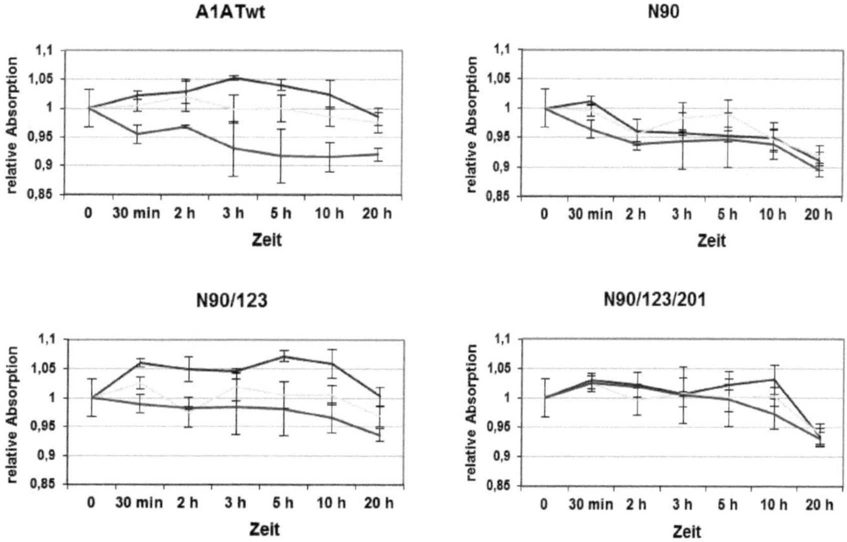

Abbildung 56: *Clearance*-Assay von A1ATwt und Neoglykoproteinen. Im Test: A1AT-Varianten mit einer (N90), zwei (N90/123) und drei (N90/123/201) zusätzlichen *N*-Glykanen im Vergleich zum A1ATwt. ASGPR1/2-präsentierenden HEK293-Zellen (lila), Kontrollen: HEK293-Zellen (blau) und ASGPR1-präsentierenden HEK293-Zellen (gelb). Die Werte wurden in Dreifachbestimmung ermittelt.

Der Abbau von A1ATwt und A1AT-Neoglykoproteinen geschieht in Anwesenheit des vollständigen ASGPR schneller als in Gegenwart der Kontrollen. Am stärksten zeigt sich die Degradation für A1ATwt. Die Variante N90/123/201 stellte sich als stabilste Variante mit geringster *Clearance* heraus. Bis 5 h nach Start des *Clearance*-Assays verläuft die Konzentration der A1AT-Variante parallel zu den Kontrollen und fällt erst danach etwas stärker ab. Die beiden anderen A1AT-Varianten zeigen ebenfalls eine geringere *Clearance* als der A1ATwt, allerdings nicht so deutlich wie Variante N90/123/201. Nachdem die *in vitro*-Versuche mit Zunahme der *N*-Glykosylierungsmotive eine verminderte *Clearance* gezeigt haben, war es Ziel, die Übertragbarkeit unter physiologischen Bedingungen zu betrachten.

2.8.2 Oxidationsmessung und Untersuchung des invasiven Potentials

Nach einem inflammatorischen Stimulus kommt es zu einem schnellen, nicht selten massiven Einstrom neutrophiler Granulozyten (auch Neutrophile genannt) und später Monozyten in das umliegende Gewebe [193]. Neutrophile und Monozyten zählen zu den Leukozyten und sind an der ersten Immunabwehr beteiligt. Die eingewanderten Neutrophile besitzen in ausgereifter Form gespeicherte primäre und sekundäre Granula. Diese Granula werden nach Stimulation (z.B. durch phagozytische Liganden, wie Fc-Untereinheiten von Immunglobulinen und Komplementfaktoren, Chemotaxine, Cytokine oder bakterielle Bestandteile und Produkte) freigesetzt. Außerdem kann eine Stimulation im Experiment durch die Zugabe von Phorbol-12-myristat-13-acetat (PMA) erfolgen. Durch die Abfolge chemischer Reaktionen kommt es nun zur Produktion reaktiver Sauerstoffverbindungen. Dieses Ereignis wird als respiratorischer Burst bezeichnet. Der respiratorische Burst ist Teil der angeborenen Immunabwehr und vermittelt eine wirksame Abwehr gegen Bakterien, Viren und Pilze. Eine Erhöhung der Konzentration von MPO [194, 195] und die Freisetzung von H_2O_2 [196, 197] können als Maß für die Aktivierung der Neutrophilen gesehen werden. Der Assay zur Untersuchung des respiratorischen Burst wurde von der CellTrend GmbH (Luckenwalde) durchgeführt. Um den Einfluss von rekombinantem A1AT aus HEK293-Zellen im Vergleich zu Prolastin, das A1AT aus humanem Serum, auf die Burstaktivität zu untersuchen, wurde humanes Vollblut in Gegenwart von A1AT inkubiert. Als sensitiver Indikator für die Akkumulation der reaktiven Sauerstoffspezies wurde 2',7'-Dichlorofluorescein-Diacetat (DCFA) zugegeben [198, 199]. Nach Spaltung entsteht das nicht mehr zellmembrangängige DCF, welches durchflusszytometrisch quantifiziert wurde. Im Vergleich erfolgte der Test mit unbehandelten und mit vorstimulierten Zellen (4.9). Die Ergebnisse der Oxidationsmessung für Neutrophile sind in Abbildung 57 dargestellt.

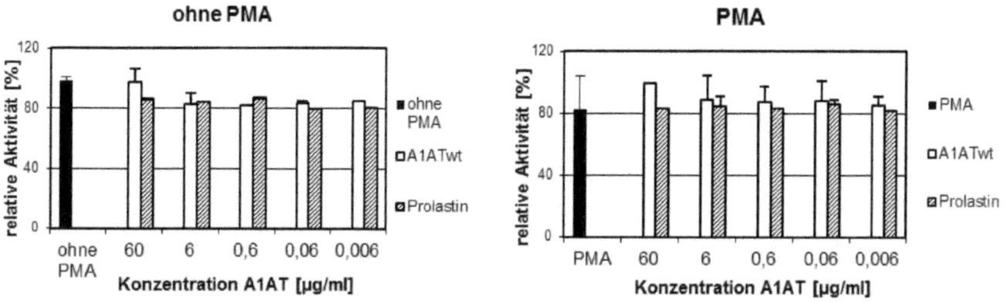

Abbildung 57: Messung der respiratorischen Aktivität von Neutrophilen mittels Durchflusszytometrie. Nach Inkubation der Zellen im Vollblut (100 µl) in Gegenwart von A1AT (fünf verschiedene Konzentrationen, Verdünnungen um den Faktor 10) und DCFA, wurde das Fluorescein DCF durchflusszytometrisch quantifiziert. Die relativen Aktivitäten für Granulozyten wurden bestimmt. Die Daten ergeben sich aus zwei unabhängigen Läufen mit etwa 10^6 Zellen (Granulozyten). Gezeigt ist der SEM. Dieser Test wurde von der CellTrend GmbH durchgeführt.

Die Neutrophilen weisen in Gegenwart von PMA eine 6–8-fach erhöhte Fluoreszenzstärke auf, da PMA ein Aktivator des respiratorischen Bursts ist. Beim Vergleich der relativen Aktivitäten zeigt sich für A1ATwt im Vergleich zu Prolastin bei der höchsten getesteten Konzentration (60 µg/ml) ohne und mit Vorstimulation eine leicht erhöhte respiratorische Aktivität der Neutrophilen. Der ermittelte Wert liegt im Bereich der Standardabweichung der Kontrolle ohne A1AT. Die Messdaten der niedrigeren Konzentrationen liegen im Bereich der relativen Aktivität von Prolastin. Alle getesteten niedrigeren Konzentrationen von A1ATwt und Prolastin weisen ohne Vorstimulation im Vergleich zur Kontrolle eine geringe Reduktion der relativen Aktivität auf.

In den Test wurde auch die Reaktion der Monozyten einbezogen. Da diese Zellen in weitaus geringerer Zahl im Blut zirkulieren, basiert die Messung auf rund 1000 Zellen. Die Ergebnisse der Oxidationsmessung für Monozyten sind in Abbildung 58 wiedergegeben.

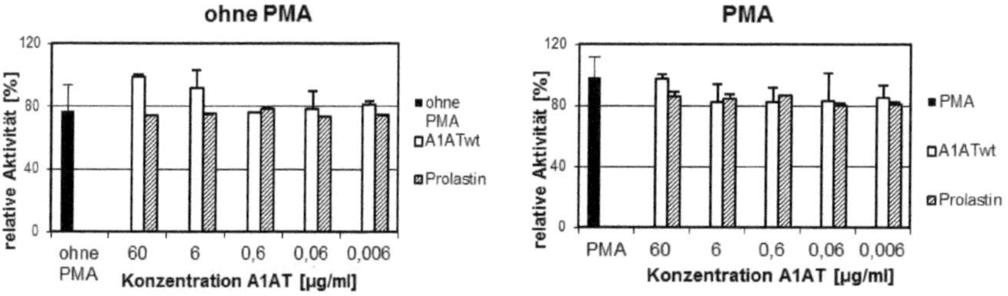

Abbildung 58: Messung der respiratorischen Aktivität von Monozyten mittels Durchflusszytometrie. Nach Inkubation der Zellen im Vollblut (100 µl) in Gegenwart von A1AT (fünf verschiedene Konzentrationen) und DCFA wurde das Fluorescein DCF durchflusszytometrisch quantifiziert. Die relativen Aktivitäten für Monozyten wurden bestimmt. Die Daten ergeben sich aus zwei unabhängigen Läufen mit etwa 1000 Zellen (Monozyten). Gezeigt ist der SEM. Dieser Test wurde von der CellTrend GmbH durchgeführt.

Die Monozyten lassen sich ebenfalls durch PMA vorstimulieren. Die Steigerung der Aktivität erfolgt um den Faktor 3–4,5. Die relativen Aktivitäten ohne Vorstimulation sind für

A1ATwt bei den getesteten Konzentrationen von 60 µg und 6 µg leicht erhöht. Dieser Unterschied liegt im Bereich der Standardabweichung. Prolastin weist über den getesteten Konzentrationsbereich nur sehr geringe Schwankungen auf. Ebenso zeigen sich für Prolastin geringe Varianzen, wenn der Test mit Vorstimulation durchgeführt wird. Für die Konzentration von 60 µg/ml A1ATwt mit Stimulation durch PMA liegt die relative Aktivität etwas höher, als die der mit Prolastin behandelten Monozyten. Diese leichte Erhöhung liegt ebenfalls im Bereich der Kontrolle mit PMA.

Ein weiterer zellbasierter Assay sollte den Einfluss von A1ATwt und den A1AT-Varianten auf die Invasivität einer Tumorzelllinie klären. Voraussetzung der Metastasierung eines Tumors ist die Invasion der Tumorzellen in das umliegende Gewebe [200]. Um einen Einfluss des rekombinanten A1ATwt und der Neoglykoproteine auf die Invasion einer Tumorzelllinie zu untersuchen, erfolgten Tests mit humanen alveolaren Epithelzellen eines Adenokarzinoms (A549) [201]. Im Vergleich wurde Prolastin getestet. Das Prinzip der Migration durch Gewebsschichten wurde mit einer Matrigel-Matrix in einer *Transwell*-Zellkulturplatte simuliert. Die respiratorischen Zellen wurden auf die mit Matrigel beschichtete Membran des *Transwell*-Einsatzes ausgesät (4.10). Die aufgereinigten Glykoproteine A1ATwt, N90, N90/123 und N90/123/201 aus HEK293-Zellen wurden im Hinblick auf ihren Einfluss auf die Invasivität von A549-Zellen untersucht. Falls A1ATwt oder die A1AT-Varianten einen Einfluss auf A549-Zellen haben, sollte nach Inkubation in Gegenwart der Glykoproteine die Zahl der durch die Matrigel-beschichtete Membran gewanderten Zellen im Vergleich zur Kontrolle variieren. Die Abbildung 59 zeigt die Ergebnisse des Tests auf Invasivität.

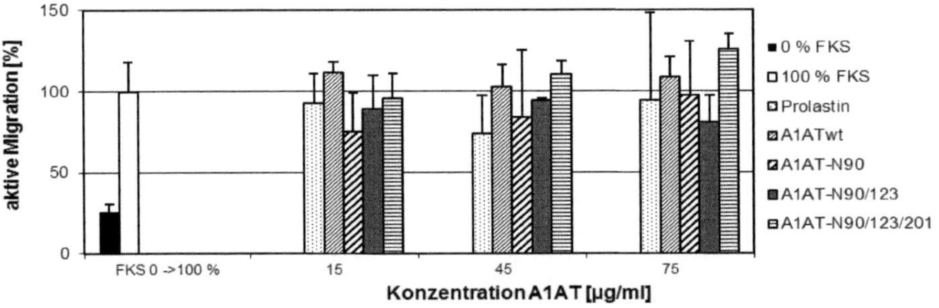

Abbildung 59: Test des Einflusses von A1AT auf die Invasivität von A549-Zellen. Nach Beschichtung mit 10 % Matrigel wurden 250.000 Tumorzellen in den oberen Teil einer *Transwell*-Kammer ausgesät. Prolastin, A1ATwt und Neoglykoproteine wurden in drei Testkonzentrationen zugegeben, untere Kammer mit 10 % FKS. Nach 24 h Inkubation wurde die Zellzahl durch einen ATP-Biolumineszens-Assay bestimmt. Positivkontrolle: 10 % FKS (gleichgesetzt mit 100 % aktiver Migration), Negativkontrolle: ohne FKS. Die Darstellung ergibt sich aus zwei unabhängigen Tests, jeweils in Dreifachbestimmung getestet. Gezeigt ist der SEM. Der Test wurde von der CellTrend GmbH durchgeführt.

Die Messdaten weisen deutliche Schwankungen auf, so dass in der Folge die Standardabweichung relativ hoch ist. Die Zahl aktiv gewanderter Zellen liegt im Bereich der Positivkontrolle (100 % FKS), die gleich 100 % aktive Migration gesetzt wurde. Eine leichte Erhöhung der Migration ist für die Variante N90/123/201 zu erkennen. Wohingegen die Doppelvariante N90/123, die sich nur in einem *N*-Glykosylierungsmotiv unterscheidet, mit steigender Konzentration einen leicht reprimierenden Effekt hat. Die Unterschiede der migrierten Zellzahlen der getesteten A1AT-Serumglykoproteine liegen allerdings im Bereich der Standardabweichungen.

2.9 Pharmakokinetik von A1AT-Varianten

Alle Tierversuche wurden unter dem anzeigepflichtigen Tierversuchsvorhaben der EPO GmbH durchgeführt und sind beim Landesamt für Gesundheit und Soziales unter der Nummer A0452/08 registriert.

Die verschiedenen Proteinvarianten des A1AT mit erhöhtem *N*-Glykosylierungsgrad, mit unphysiologischen Zuckeranaloga sowie mit optimierter Glykanausstattung sollten in CD-1-Mäusen auf ihre pharmakokinetischen Eigenschaften untersucht werden. Vor Versuchsbeginn wurden die Tiere sieben Tage zur Eingewöhnung und in Quarantäne gehalten. Der CD-1-Mausstamm ist besonders gut für präklinische Tests geeignet, da es sich um einen Auszuchtstamm handelt und die Tiere eine größere Varianz als Inzuchttiere zeigen. Außerdem ist die CD-1-Maus aufgrund der Körpergröße für die häufigen Blutentnahmen über einen Zeitraum von 72 h besonders geeignet.

2.9.1 Halbwertzeiten der A1AT-Neoglykoproteine

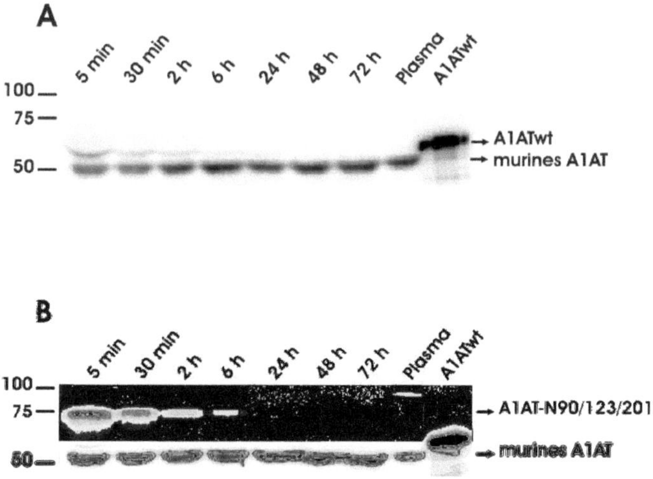

Abbildung 60: Nachweis des Abbaus von A1AT aus dem Plasma der CD-1-Maus. (A) A1ATwt und **(B)** A1AT-Variante N90/123/201. Das Mausplasma wurde 1:100 verdünnt und unter reduzierenden Bedingungen in der SDS-PAGE aufgetrennt. Die Detektion erfolgte mit dem Peroxidase-gekoppelten Antikörper gegen humanes A1AT und mittels Chemilumenszenz. Kontrollen: Plasma einer unbehandelten CD-1-Maus und A1ATwt aus HEK293-Expression.

A1ATwt wird vom hoch konzentrierten Albumin aus dem Serum der Maus zum Teil überlagert und in seiner tatsächlichen Molekularmasse von etwa 52 kDa zu einer geringeren molekularen Masse verdrängt. Unter denaturierenden und reduzierenden Bedingungen detektiert der gegen humanes A1AT gerichtete Antikörper auch murines A1AT. Bei ca. 50 kDa ist das murine A1AT zu erkennen, welches auf der Höhe der Bande von murinem A1AT aus einer unbehandelten Maus ebenfalls detektiert werden konnte. Im ELISA konnte ein spezifischer Nachweis des humanen A1AT und ein fehlendes Signal bei Verwendung des Mausserums gezeigt werden. Da die Variante N90/123/201 drei zusätzliche *N*-Glykosylierungsmotive trägt, wird das Neoglykoprotein bei einer größeren molekularen Masse von etwa 75 kDa detektiert. Damit erscheint der Hauptteil der Proteinbande unbeeinträchtigt von Albumin, nur die Spur nach 5 min weist eine Bande geringerer Intensität bei etwa 52 kDa auf. Im Western Blot wird eine zeitabhängige Abnahme der A1AT-Konzentration im Mausserum deutlich.

Um den Einfluss der Sialinsäuren auf die Serumhalblebenszeit zu testen, wurde A1ATwt aus HEK293-Zellen mit Agarose-gekoppelter Neuraminidase desialyliert. Die genauen Konzentrationsbestimmungen für A1ATwt und die A1AT-Varianten wurden für die Berechnung der pharmakokinetischen Daten mittels A1AT-ELISA gewonnen (Abbildung 61).

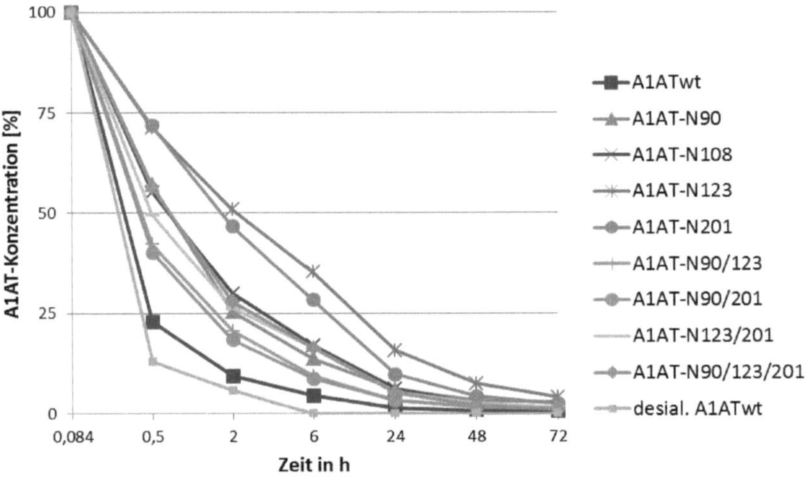

Abbildung 61: Eliminationskurven für A1ATwt und die A1AT-Neoglykoproteine aus HEK293-Zellen. Die Konzentration von humanem A1AT im Mausplasma wurde mittels A1AT-ELISA bestimmt. Die gewonnenen Werte sind als relative Konzentrationen und ihre Eliminationskurven dargestellt, die sich aus Messungen von mindestens drei Tieren ergeben (siehe Tabelle 4).

Anhand der gewonnenen Daten lassen sich über den untersuchten Zeitverlauf von 72 h klassische Eliminationskurven gewinnen. Die Elimination entspricht einer Exponentialfunktion. Der Verlauf ist zu Beginn der Studie durch einen steilen Abfall gekennzeichnet und geht dann in einen flacheren Verlauf über. Für eine bessere Vergleichbarkeit der

Kurvenverläufe werden die relativen A1AT-Konzentrationen betrachtet und die errechneten Standardabweichungen separat dargestellt (Tabelle 4).

Tabelle 4: Ermittelte S.E.M. für die erhaltenen Konzentrationen von A1ATwt und Neoglykoproteinen. N (Anzahl getesteter Tiere), jede Versuchsgruppe wird aus drei Tieren gebildet, die die gleiche A1AT-Variante über die Schwanzvene erhalten.

Zeit [h]	A1ATwt N = 12	A1AT-N90 N = 6	A1AT-N108 N = 9	A1AT-N123 N = 9	A1AT-N201 N = 9	A1AT-N9 123 N = 9	A1AT-N9 201 N = 9	A1AT-N123/201 N = 6	A1AT-N90/123/201 N = 6	desial. A1ATwt N = 3
0,5	8,63	11,18	17,55	10,40	14,83	11,06	8,53	11,56	13,99	2,04
2	4,36	2,80	15,33	8,84	13,88	5,72	5,78	6,71	6,39	0,53
6	2,42	2,32	9,62	8,54	12,01	2,21	3,26	6,74	4,56	0,00
24	0,84	3,14	3,50	3,52	3,97	1,52	1,56	2,39	1,86	0,00
48	0,52	0,58	1,14	1,41	1,74	0,95	1,08	0,83	0,57	0,00
72	0,39	0,59	0,49	0,89	0,70	0,67	1,08	0,40	0,33	0,00

Betrachtet man den Gesamtzeitraum schwanken die Werte von Maus zu Maus im Durchschnitt um etwa 5 %. Die maximale A1AT-Plasmakonzentration wurde direkt nach der Injektion gemessen, danach fiel sie rasch ab. So erreicht die A1AT-Plasmakonzentration für den desialylierten A1ATwt bereits nach 6 h, A1ATwt nach 48 h und mit Ausnahme von Variante N123 und Variante N201 auch die anderen A1AT-Neoglykoproteine eine Konzentration am unteren Rand der Nachweisgrenze des A1AT-ELISAs. Erwartungsgemäß zeigt sich für den desialylierten A1ATwt der schnellste Abbau. A1ATwt wird im Vergleich zu den A1AT-Neoglykoproteinen ebenfalls schneller aus der Zirkulation entfernt. Die Varianten N90, N108, N90/123, N90/201, N123/201 und N90/123/201 lassen sich im mittleren Bereich zwischen A1ATwt und den stabilsten Varianten N123 und N201 einordnen.

Zunächst wurde die Eliminierungskonstante für die Berechnung der Halbwertzeit ($t_{1/2}$) ermittelt. Anhand der Fläche unter der Plasma-Zeit-Kurve (AUC) wurde die Plasmaclearance (totale *Clearance*, Cl_{tot}) berechnet (4.8). Die gewonnenen Halbwertzeiten sind in Abbildung 62 zusammengefasst.

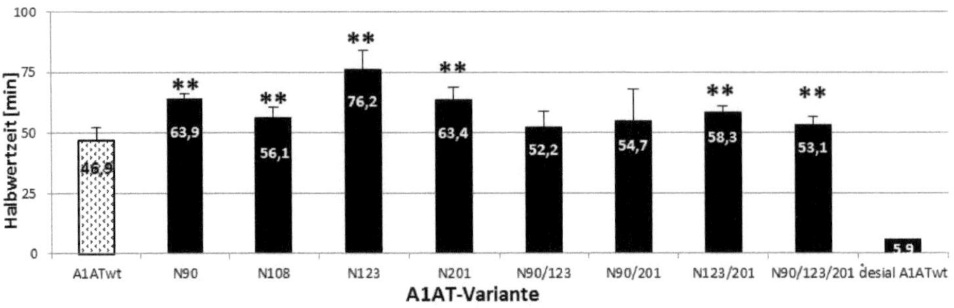

Abbildung 62: Vergleich der Halbwertzeiten von A1ATwt und A1AT-Neoglykoproteinen im Plasma der CD-1-Maus. Gezeigt sind die errechneten Mittelwerte für $t_{1/2}$. Für den desialylierten A1ATwt N=3, N90/123/201, N123/201, N90 N=6 und die restlichen Neoglykoproteine N=9, A1ATwt N=12. Gezeigt ist der S.E.M., im Vergleich zu A1ATwt * p < 0,05 ** p < 0,01 (t-Test).

Das humane A1ATwt zeigt in der CD-1-Maus eine Halbwertzeit von 47 min. Die für den desialylierten A1ATwt (6 min) ermittelte Halbwertzeit fällt im Vergleich zum A1ATwt und den getesteteten A1AT-Neoglykoproteinen erwartungsgemäß am niedrigsten aus. Beim Vergleich der Halbwertzeiten der Neoglykoproteine N90/123 und N90/201 konnte kein Unterschied zu A1ATwt bestätigt werden. Hingegen zeigen die Varianten N90, N108, N123, N201, N123/201 und N90/123/201 eine signifikante Erhöhung der Halbwertzeit. Am deutlichsten konnte die Halbwertzeit für die A1AT-Variante mit zusätzlicher *N*-Glykosylierung in Position N123 erhöht werden (Steigerung auf 162 %). Im Weiteren wurden die relativen *Clearance*-Raten errechnet, diese sind in der Abbildung 63 dargestellt.

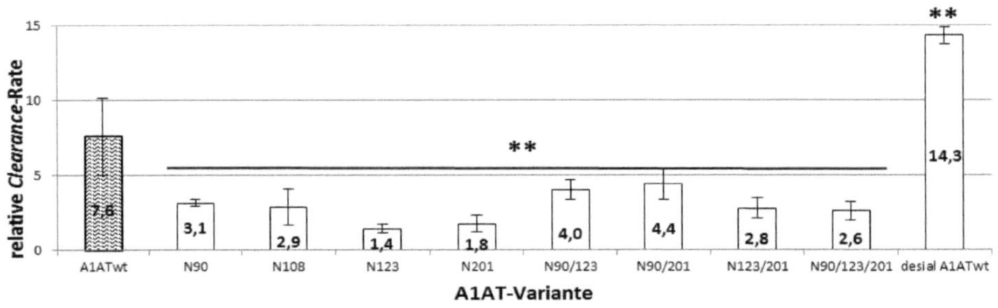

Abbildung 63: Auswertung der Clearancedaten für A1ATwt und Neoglykoproteine aus HEK293-Zellen. Die relativen *Clearance*-Raten ergeben sich aus den AUCs der relativen Plasma-Zeit Kurvenverläufe. Gezeigt ist der S.E.M., im Vergleich zu A1ATwt ** p < 0,01 (t-Test).

Bei Betrachtung der relativen *Clearance*-Raten zeigt sich im Vergleich zu A1ATwt (7,5) zunächst eine zu erwartende deutlich erhöhte *Clearance* für den zügig aus der Zirkulation entfernten desialylierten A1ATwt (14,3). Alle A1AT-Varianten mit erhöhtem *N*-Glykosylierungsgrad weisen gegenüber A1ATwt eine deutlich verringert *Clearance*-Rate auf.

Besonders deutlich zeigt sich die verminderte *Clearance*-Rate für die A1AT-Varianten N123 und N201.

2.9.2 Halbwertzeiten mit nicht natürlichen Monosacchariden

Entsprechend den pharmakokinetischen Untersuchungen für A1ATwt und Neoglykoproteinen aus HEK293-Zellen wurden die A1ATwt-Varianten mit Supplementation durch die nicht physiologische Monosaccharide 2dGal und ManNProp in der CD-1-Maus untersucht (Abbildung 64).

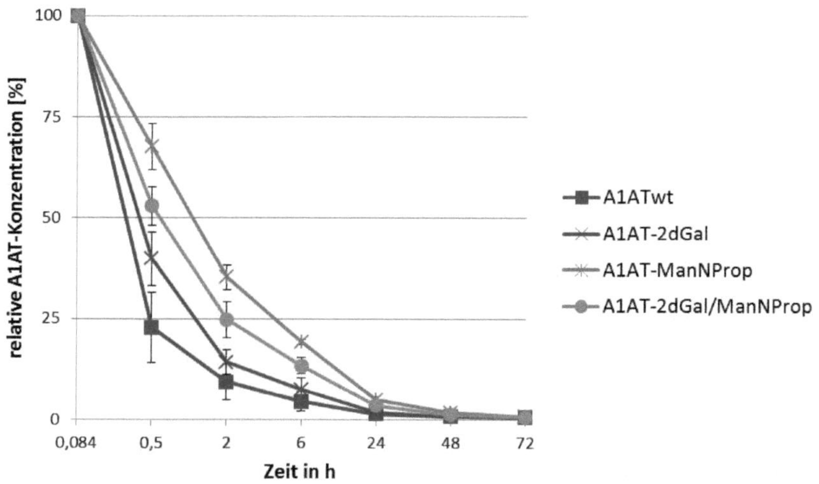

Abbildung 64: Serumkonzentration von A1ATwt-Varianten mit Substitution der terminalen und subterminalen Strukturen der natürlichen *N*-Glykane des A1ATwt. Im Test wurde je Gruppe drei Tieren 30 µg Protein in die Schwanzvene appliziert. Gezeigt ist der S.E.M. bei N=3 bzw. A1ATwt N=12.

Die Eliminationskurven für die A1AT-Varianten nach Austausch der Galactose und/oder der *N*-Acetyl-Seitenkette der Sialinsäure ähneln dem Verlauf der Elimination des A1ATwt. Zu Beginn der Messungen stellt sich die Abnahme der Konzentration von A1AT im Serum der CD-1-Mäuse für A1ATwt am deutlichsten dar. Die Kurvenverläufe der mit den nicht physiologischen Monosacchariden behandelten A1AT-Varianten sind etwas weniger steil als für A1ATwt. Jedoch kann bereits nach 24 h für alle Varianten nahezu kein A1AT mehr mittels A1AT-ELISA nachgewiesen werden. Die Standardabweichung macht deutlich, dass die Unterschiede der Elimination verhältnismäßig gering ausfallen. Im Vergleich zu A1ATwt ohne Supplementierung ist die A1AT-Konzentration mit Neu5Prop-Einbau bis 48 h signifikant verbessert ($p<0,05$). Bei Verwendung beider Analoga ist dieser Effekt verringert, die signifikant höhere Konzentration von A1AT (2dgGal/ManNProp) konnte jedoch bis 24 h nach A1AT-Injektion gemessen werden ($p<0,05$). Unter dem Einfluss der substituierten Galactose unterscheiden sich die A1AT-Konzentrationen nur nach 30 min und 2 h signifikant von den A1ATwt-Konzentrationen im Mausserum ($p<0,05$). Die gemessenen Unterschiede treten demnach besonders zu den frühen Zeitpunkten nach der Injektion auf, wenn sich A1AT im Organismus der Maus verteilt.

Die Ergebnisse der berechneten Halbwertzeiten sind in Abbildung 65 wiedergegeben.

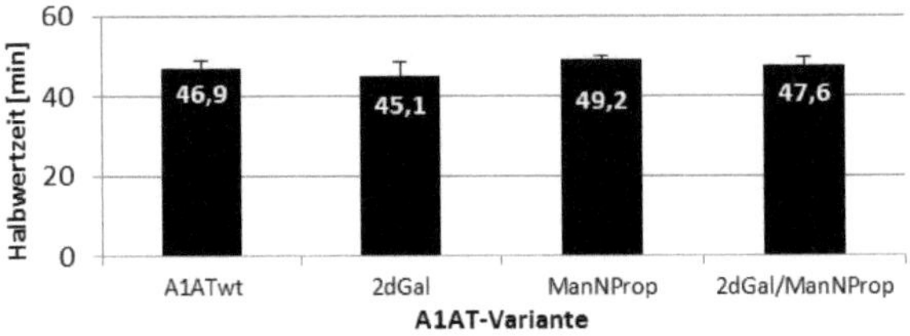

Abbildung 65: Halbwertzeiten der A1AT-Varianten mit Substitution im Vergleich zu A1ATwt. Gezeigt sind die errechneten Mittelwerte für $t_{1/2}$. A1ATwt N=12, substituierte A1AT-Varianten N=3. Gezeigt ist der S.E.M..

Die Berechnung der Halbwertzeiten und der anschließende t-Test zeigen, dass die Veränderung der terminalen und subterminalen Strukturen keine signifikante Veränderung der Halbwertzeiten zur Folge hat. Betrachtet man hingegen die *Clearance*-Daten so lassen sich signifikante Unterschiede für die A1AT-Varianten mit Austausch der terminalen Neu5Ac zu Neu5Prop berechnen (Abbildung 66).

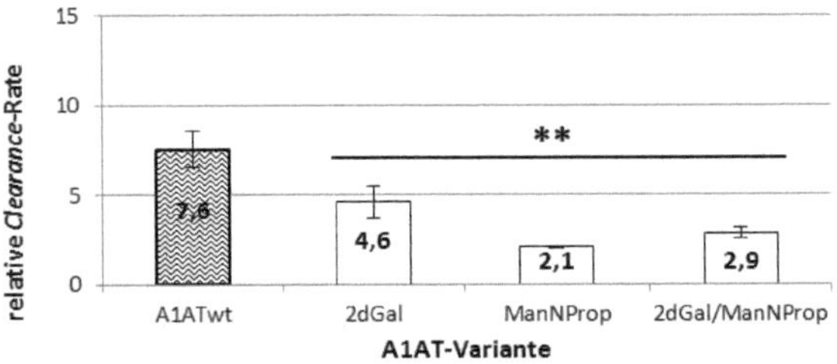

Abbildung 66: Auswertung der Clearancedaten für A1ATwt mit bzw. ohne Substitution von 2dGal und Neu5Prop. Die relativen *Clearance*-Raten ergeben sich aus den AUCs der relativen Abbaukurvenverläufe. Gezeigt ist der S.E.M., Signifikanz im Vergleich zu A1ATwt ** $p < 0,01$ (t-Test).

Die A1AT-Varianten zeigen im Vergleich zu A1ATwt (7,6) nach ManNProp- und/oder 2dGal-Gabe eine verringerte *Clearance*-Rate (2,1–4,6). Dieser Unterschied konnte als signifikant bestätigt werden ($p < 0,01$).

2.9.3 Halbwertzeiten für Expressionen aus AGE1.HN

Wie bereits für die Expressionen aus HEK293-Zellen beschrieben, wurden A1ATwt und zwei A1AT-Varianten mit zusätzlichen *N*-Glykosylierungsmotiven einer pharmakokinetischen Analyse in CD-1-Mäusen unterzogen. Die Varianten wurden, wie in Abschnitt 2.6

beschrieben, in AGE1.HN-Zellen exprimiert. Durch die Auswertung der A1AT-ELISA-Daten lassen sich folgende Halbwertzeiten und *Clearance*-Raten errechnen (Abbildung 67).

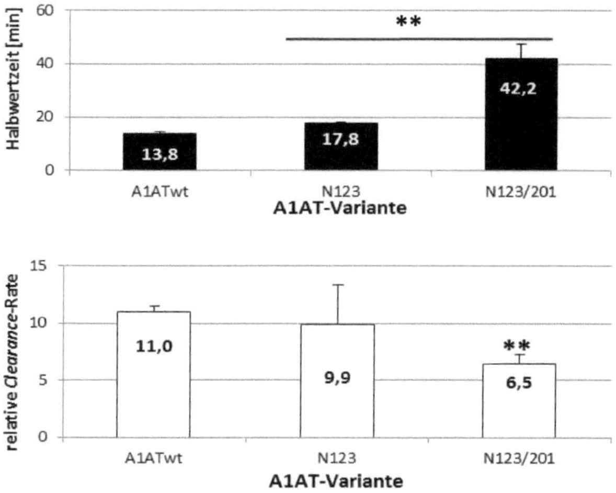

Abbildung 67: Halbwertzeiten und *Clearance*-Daten der A1AT-Expressionen aus AGE1.HN-Zellen. Getestet wurde in Gruppen von je drei CD-1-Mäusen/A1AT-Variante. Vergleich zu A1ATwt ** p < 0,01 (t-Test).

Im Vergleich zu den Halbwertzeiten von A1ATwt und A1AT-Varianten aus HEK293-Zellen (47 min–76 min) weisen A1ATwt (14 min) und die Neoglykoproteine N123 (18 min) und N123/201 (42 min) aus AGE1.HN deutlich geringere Halbwertzeiten auf. Mit zunehmender Anzahl an *N*-Glykosylierungsmotiven konnte die Halbwertzeit dennoch gesteigert werden. Die Steigerung der Halbwertzeiten der A1AT-Neoglykoproteine ist gegenüber A1ATwt signifikant. Erwartungsgemäß zeigen sich die relativen *Clearance*-Raten für A1ATwt und N123 sowie N123/201 aus AGE1.HN gegenüber den Expressionen aus HEK293-Zellen ebenfalls höher. Ein signifikanter Unterschied zur *Clearance*-Rate von A1ATwt aus AGE1.HN zeigt sich für N123/201 (p < 0,01).

2.9.4 Halbwertzeiten bei Expression in HEK293-Sialyltransferase/Galactosyltransferase (HEK293-SialT/GalT)

Eine Analyse der pharmakokinetischen Parameter wurde auch für die A1AT-Expressionen aus HEK293-SialT/GalT durchgeführt. Die gewonnenen Eliminationskurven sind in Abbildung 68 dargestellt.

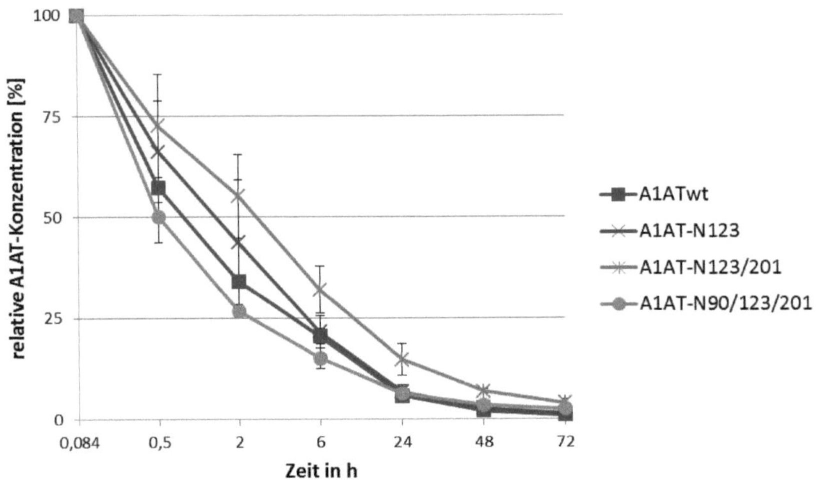

Abbildung 68: Eliminationskurven für A1ATwt und Neoglykoproteine aus HEK293-SialT/GalT-Zellen. Die pharmakokinetische Analyse erfolgte in der CD-1-Maus.

Besonders zu den frühen Zeitpunkten der Messungen stellen sich die Eliminationskurven nicht so steil abfallend dar, wie für Expressionen aus HEK293-Zelle (Abbildung 61). Über den Verlauf von 72 h stellen sich die Eliminationskurven für die gestesteten A1AT-Varianten und A1ATwt aus HEK293-SialT/GalT-Zellen sehr ähnlich dar. Der Kurvenverlauf der A1AT-Variante N123/201 zeigt sich nach 24 h etwas abgeflachter, wohingegen A1ATwt, N123 und N90/123/201, mit geringerer Konzentration, nahezu parallel verlaufen. Die A1AT-Konzentration der A1AT-Variante N123/201 ist im Vergleich zu A1ATwt signifikant erhöht. Werden die Halbwertzeiten und *Clearance*-Raten berechnet, so zeigen sich nur leichte Unterschiede zwischen den getesteten A1AT-Varianten und A1ATwt (Abbildung 69).

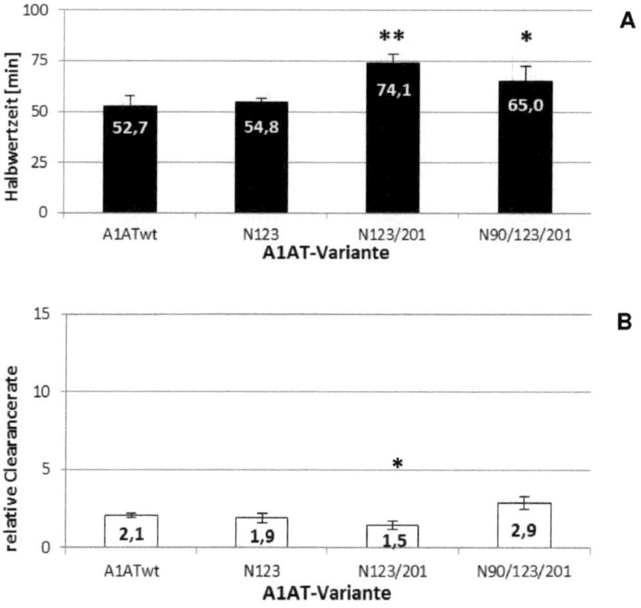

Abbildung 69: Halbwertzeiten und *Clearance*-Daten der A1AT-Expressionen aus HEK293-SialT/GalT-Zellen. Getestet wurde in Gruppen von je drei CD-1-Mäusen/A1AT-Variante. **(A)** ermittelte Halbwertzeiten, **(B)** relative Clearanceraten. Vergleich zu A1ATwt * $p \leq 0{,}05$ und ** $p \leq 0{,}01$.

Die Halbwertzeit ist für die A1AT-Varianten N123/201 (74 min) und N90/123/201 (65 min) gegenüber A1ATwt (53 min) signifikant erhöht. Zudem konnte für die A1AT-Variante N123/201 aus HEK293-SialT/GalT-Zellen im Vergleich zu der bereits geringen *Clearance*-Rate des A1ATwt eine weitere signifikante Senkung erreicht werden. Die *Clearance*-Raten der anderen A1AT-Variante sind hingegen nicht verbessert.

3 Diskussion

Die Herstellung bezüglich der *N*-Glykosylierung veränderter Alpha 1-Antitrypsin-Varianten (A1AT) und deren Expression in verschiedenen Zelllinien sowie die Isolierung und Charakterisierung der proteingebundenen Mono- und Oligosaccharide sind Gegenstand dieser Arbeit. Die rekombinanten Glykoproteine wurden im Hinblick auf eine pharmazeutische Relevanz und auf ihren Einfluss auf pharmakokinetische Parameter untersucht. Eine erfolgreiche *N*-Glykosylierungsmodifikation mit einer verlängerten Serumhalbwertzeit wäre für die Lebensqualität von Patienten, für das Auftreten und die Intensität von Nebenwirkungen sowie für die Senkung der Behandlungskosten von großem Wert.

3.1 Erhöhung des *N*-Glykosylierungsgrades

Das Einfügen zusätzlicher *N*-Glykosylierungsmotive in die Proteinsequenz von A1AT und deren Nutzung durch komplexe *N*-Glykane wurden in dieser Arbeit erfolgreich umgesetzt. Die Modifikation der zusätzlichen Glykosylierungsstellen durch *N*-Glykane konnte mittels SDS-PAGE, MALDI-TOF-MS und Kapillarelektrophorese (CE) nachgewiesen werden (Abbildung 21, Abbildung 46, Abbildung 50 und Abschnitt 2.3). Die Expression erfolgte mittels HEK293- und AGE1.HN-Zellen. Ebenso konnte die Nutzung der zusätzlichen *N*-Glyko-sylierungsstellen für die Expression der A1AT-Varianten in *Chinese Hamster Ovary* (CHO)-Zellen anhand der Zunahme der molekularen Masse nachgewiesen werden (Abbildung 80). Aufgrund höherer Expressionsraten wurden die weiteren Arbeiten mit HEK293- und AGE1.HN-Zellen durchgeführt.
Nach chromatographischer Aufreinigung der A1AT-Varianten und nachfolgender Analyse mittels SDS-PAGE und Western Blot konnte unterhalb der A1AT-Bande eine zusätzliche Bande detektiert werden, wobei es sich vermutlich um ein durch die Aktivität von Matrixmetalloproteasen (MMP) entstandenes *N*-terminales Spaltprodukt von A1AT handelt [176, 202]. Analysen von humanem A1AT aus Serum durch Kolarich *et al.* zeigen ebenfalls verkürzte A1AT-Varianten, wobei zusätzlich ein geringer Anteil um einen Lysin-Rest C-terminal verkürztes A1AT beschrieben wird [113, 203]. Die Annahme, dass MMPs zu einer N-terminalen Spaltung von A1AT führen, wird durch den Fakt gestützt, dass HEK293-Zellen A1AT-spaltende MMP exprimieren [177]. Das Spaltprodukt ist vermutlich nicht bei allen Expressionskontrollen nachzuweisen, da HEK293-Zellen auch geringe Mengen TIMP (*Tissue Inhibitors of Matrixmetalloproteinases*) exprimieren, die einer Spaltung der A1AT-Varianten durch MMPs entgegenwirken können [204]. Aus diesem Grund ist anzunehmen, dass das A1AT-Spaltprodukt eine Folge der Fermentationsbedingungen ist, die Einfluss auf das Gleichgewicht zwischen MMPs und TIMPs haben und so zu veränderten Anteilen des verkürzten A1AT führen.

Die massenspektrometrische Analyse der *N*-Glykane wurde anhand des *N*-Glykangesamtpools durchgeführt. Ziel war es, die Strukturen der rekombinanten A1AT-Varianten aufzuklären, welche mittels HEK293-Zellen exprimiert wurden. Im Vergleich zu A1ATwt weist die Glykananalytik der A1AT-Neoglykoproteine keine grundlegende Veränderung der komplexen *N*-Glykane auf, jedoch sind die Anteile der verschiedenen Strukturen verändert. Im Vergleich zu A1ATwt, mit hauptsächlich biantennären *N*-Glykanen, erhöht sich mit zunehmender Zahl der zusätzlichen *N*-Glykosylierungsmotive deutlich der Anteil an tetraantennären *N*-Glykanen mit *core*-Fucosylierung, wie die Zusammenfassung der MALDI-TOF-MS-Daten veranschaulicht (Abbildung 70).

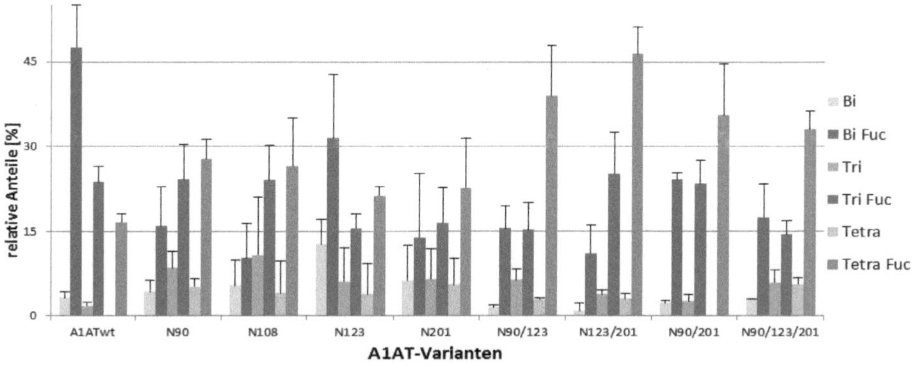

Abbildung 70: Zusammenfassung der MALDI-TOF-MS-Daten der desialylierten *N*-Glykane isoliert von A1ATwt und Neoglykoproteinen aus HEK293-Zellen. Analysiert wurde der desialylierte *N*-Glykangesamtpool, enzymatisch abgespalten durch PNGase F. Strukturen mit einer oder mehreren Fucosen sind zusammengefasst (Fuc). Die Daten beruhen auf drei unabhängigen Messungen.

Gleichzeitig ist für die generierten A1AT-Neoglykoproteine der Anteil des biantennären *core*-fucosylierten *N*-Glykans im Vergleich zu A1ATwt deutlich reduziert. Aus dem Einfügen zusätzlicher *N*-Glykosylierungsmotive folgt demnach eine Veränderung des *N*-Glyko-sylierungsmusters. Dies könnte auf die unterschiedliche Zugänglichkeit der *N*-Glyko-sylierungsstellen für Glykosyltransferasen innerhalb des Proteins zurückzuführen sein oder mit dem Einfluss der bereits vorhandenen *N*-Glykane, gegebenenfalls mit einer sterischen Hinderung oder einer Konformationsänderung, in Zusammenhang stehen. Nicht alle eingefügten Glykosylierungsstellen wurden mit der gleichen Effektivität genutzt. Für die A1AT-Varianten mit jeweils einem zusätzlichen *N*-Glykosylierungsmotiv ist im Vergleich zu A1ATwt eine erhöhte molekulare Masse zu beobachten. Die A1AT-Varianten N108 und N123 weisen jedoch eine größere Masse als die A1AT-Varianten N90 und N201 auf (Abbildung 21). Dieser Effekt zeigt sich auch für die Kombinationen N90/201 und N123/201.

Es konnte gezeigt werden, dass mit der veränderten Glykanausstattung der A1AT-Neoglykoproteine keine Veränderung der inhibitorischen Aktivität gegenüber der Serinprotease Trypsin einhergeht (Abbildung 22).

N-Glykanstrukturen mit hoher Antennarität, wie die für die Neoglykoproteine verstärkt auftretenden tetraantennären *N*-Glykane, können potenziell mit einer größeren Anzahl Sialinsäuren modifiziert sein und einen erhöhten Sialylierungsgrad des Glykoproteins zur Folge haben. Ist die Sialinsäureausstattung jedoch unvollständig, könnten sogar mehr Liganden für den Asialoglykoproteinrezeptor zur Verfügung stehen und ein ungewollter, schnellerer Abbau des Serumglykoproteins stattfinden und so zu einer für A1AT ungewollten, verkürzten Serumhalblebenszeit führen [205].

Ein bekanntes Beispiel für eine erfolgreiche Glykanmodifikation eines Glykoproteins ist Darbepoetin alfa, das rekombinante hyperglykosylierte Analogon zu Erythropoetin (Epo) mit zwei zusätzlichen *N*-Glykanen und einer in der Folge verminderten Rezeptoraffinität und Steigerung der Serumhalblebenszeit [135]. Beim Vergleich von humanem Epo, isoliert aus Urin (u-Epo) und rekombinantem Epo (r-Epo), exprimiert in *Baby Hamster Kidney* (BHK)-Zellen oder in CHO-Zellen, sind die komplexen *N*-Glykane des u-Epo ebenfalls für r-Epo, aber mit einer abweichenden Verteilung, nachweisbar [206, 207]. Auch für das rekombinante A1AT, exprimiert in HEK293-Zellen, konnten komplexe *N*-Glykane, wie sie für das humane A1AT aus Serum (Prolastin) gemessen wurden, detektiert werden. Für die Verteilung der *N*-Glykanstrukturen von A1ATwt aus HEK293-Zellen im Vergleich zu Prolastin konnte wie für Epo eine Abweichung im Hinblick auf die Antennarität festgestellt werden. Das rekombinante A1ATwt weist im Vergleich zu Prolastin deutlich mehr tri- und tetraantennäre *N*-Glykane auf, der Anteil der höher antennären Strukturen erhöht sich sogar mit zusätzlichen *N*-Glykosylierungsstellen. Nach Einfügen der zusätzlichen *N*-Glykane in die Proteinsequenz von Epo konnte eine deutliche Erhöhung der negativen Ladung durch Sialinsäuren beobachtet werden [135]. Mehrere Arbeiten zur *N*-Glykanausstattung von Epo bestätigen, dass *N*-Glykane des humanen Epo aus Serum hauptsächlich Mono-, Di- und Trisialo-Strukturen sind, hingegen weist Darbepoetin alfa vorzugsweise Tetrasialo-*N*-Glykane auf [208, 209]. Das Einfügen der beiden zusätzlichen Motive in die Epo-Proteinsequenz führte, wie auch für die A1AT-Varianten in dieser Arbeit gezeigt, zu einer Steigerung des Anteils an tetraantennären Strukturen. Im Hinblick auf den klinischen Einsatz ist das Fehlen ungewöhnlicher Glykanstrukturen besonders bedeutend, da diese zu Immunantworten führen können.

Die Bedeutung der komplexen *N*-Glykane wurde auch für die Stabilität des Glykoproteins A1AT beschrieben. Stabilitätstests zeigten, dass das humane *N*-glykosylierte A1AT im Vergleich zu A1AT aus Hefe, welches mit *N*-Glykanen vom *High*-Mannose-Typ ausgestattete ist, ein stabileres Molekül bildet [210]. Dies unterstützt bei der Expression therapeutisch relevanter Glykoproteine die Wahl einer Zelllinie, die beispielsweise bei Expression des rekombinanten A1AT das Protein mit einem humanähnlichen Glykanmuster modifiziert.

Die Position zusätzlicher *N*-Glykane hat ebenso Einfluss auf die Abschirmung des Glykoproteins gegen Proteasen. Ein gleichmäßig glykosyliertes Protein ist demnach weniger anfällig für Proteaseaktivität als ein Serumglykoprotein, das frei zugängliche Bereiche der Polypeptidkette aufweist. Dieses Wissen sollte bei der Wahl der einzufügenden Glykosylierungsstelle berücksichtigt werden.

Analysen zur Aufklärung der ortsgenauen *N*-Glykosylierung wurden im Rahmen der Doktorarbeit von Xi Liu für die A1AT-Expressionen aus HEK293-Zellen durchgeführt [211]. Die durch tryptischen Verdau entstandenen Glykopeptide wurden mittels LC-ESI-Q-Tof bestimmt. Auf diese Weise konnten die *N*-Glykane der entsprechenden *N*-Glykosylierungsstelle zugeordnet werden. Die natürliche *N*-Glykosylierungsstelle Asn 46 von A1ATwt aus HEK293-Zellen wird demnach mit hauptsächlich biantennären und auch triantennären, jedoch keine tetraantennären *N*-Glykane, Asn 83 mit tri- und tetraantennären, jedoch keine biantennären *N*-Glykane und Asn 247 hauptsächlich mit biantennären und auch triantennären, jedoch keine tetraantennären *N*-Glykanen modifiziert.

Die zusätzlich eingefügten Glykosylierungsmotive in A1AT wurden für die A1AT-Varianten N123 und N201 untersucht. Die A1AT-Variante N123 zeigt im Gesamtglykanprofil eine dem A1ATwt ähnliche Verteilung. Als *N*-Glykane an der Position N123 werden hauptsächlich bi- und tri- und geringe Anteile tetraantennäre *core*-fucosylierte Strukturen mit ein bis drei Sialinsäuren verknüpft, so dass diese Variante eine geringe Abweichung zu A1ATwt zeigt. Dies bestätigt das Ergebnis der Gesamtglykananalyse dieser Arbeit. Für die A1AT-Variante N201 konnte ein tetraantennäres monofucosyliertes *N*-Glykan mit ein bzw. zwei Sialinsäuren detektiert werden. Dieses Ergebnis stimmt ebenfalls mit den MALDI-TOF-MS-Daten des Gesamtglykanpools der Arbeit, die eine Zunahme der tetraantennären Strukturen zeigen, überein (Abbildung 26).

Die Ergebnisse belegen, dass die Analyse des Gesamtglykanpools bereits Rückschlüsse auf die *N*-Glykane der neu genutzten *N*-Glykosylierungsstellen zulassen. Es ist jedoch nicht auszuschließen, dass die neuen Glykanstrukturen Einfluss auf die Proteinstruktur haben oder ein zusätzliches *N*-Glykan die Ausstattung einer natürlichen *N*-Glykosylierungsstelle behindert und in der Folge auch natürliche *N*-Glykosylierungsstellen mit abweichenden Glykanstrukturen ausgestattet werden.

3.2 Massenspektrometrische Analysen – Nachweis von GalNAc-Resten

Die umfangreichen Analysen der isolierten *N*-Glykane von A1AT-Expressionen aus HEK293-Zellen haben interessanterweise ein für A1AT bisher nicht beschriebenes biantennäres *N*-Glykan (m/z 1850,6) mit einer terminalen GalNAc-Struktur nachgewiesen (Tabelle 1 und Abbildung 35). Die ortsgenaue Analyse der *N*-Glykanstrukturen bestätigt die Verknüpfung der GalNAc-Struktur mit Asn 46 [211]. Eine Antenne des biantennären *N*-Glykans weist ein typisches Galβ1-4GlcNAc-Motiv auf, die andere Antenne zeigt hingegen ein GalNAcβ (1-4) GlcNAc-Motiv. Solche β (1-4) verknüpften GalNAcβ (1-4)-GlcNAc-Motive werden auch als LacdiNAc-Glykane bezeichnet und wurden bereits für

N-Glykane aus Vertebraten, z. B. aus humanen Nierenepithelzellen und aus Invertebraten, beschrieben [212-221].
Im Zusammenhang mit den Glykoproteinen Thyrotropin (THS) und Lutropin (LH) der Hypophyse wurden ebenfalls biantennäre *N*-Glykane beschrieben, die GalNAc verknüpft mit einem oder beiden GlcNAc-Resten aufweisen. Zusätzlich sind die GalNAc-Reste mit einem Sulfat-Rest oder durch eine α (2-6) verknüpfte Sialinsäure modifiziert [222]. Dem terminalen GalNAc β (1-4) GlcNAc-Rest des freien LH kommt eine besondere Bedeutung bei der schnellen *Clearance* durch den LH-Rezeptor im Zusammenhang mit der Regulierung des Eisprungs zu. Der auf Leberendothel- und Kupfferzellen exprimierte Rezeptor für sulfatierte GalNAc-Reste (S4GalNAc-Rezeptor) hat eine dem Makrophagen-Mannose-Rezeptor nahezu identische Sequenz [223, 224]. Die Arbeit von Fiete et al. zeigt, dass der S4GalNAc-Rezeptor beide Liganden, Mannose und S4GalNAc-Reste, bindet [224].
Kürzlich konnten für rekombinantes L-Selektin aus HEK293-Zellen GalNAc-Strukturen gezeigt werden, welche eine zusätzliche Modifikation durch Sulfat-Reste aufweisen [225]. Im Vergleich wies das ebenfalls in HEK293-Zellen exprimierte α 1-saure Glykoprotein (AGP) keine GalNAc-Reste auf. Dieser Fakt bestätigt eine proteinabhängige Modifikation der *N*-Glykosylierungsmotive mit GalNAc-Resten.
Durch die Modifikation verschiedener Aminosäurereste der alpha-Untereinheit von hCG (humanes Choriongonadotropin) konnte gezeigt werden, dass es eine spezifische Peptiderkennungssequenz (P X R/K) für die *N*-Acetylgalactosamintransferase (GalNAc-T) gibt [226, 227]. Im Abstand von 6–9 Aminosäureresten befindet sich *N*-terminal der *N*-Glykosylierungsstelle das Motiv P X R/K. Die basischen Aminosäuren Arginin und Lysin sind an dritter Position gleichberechtigt möglich. Ein Austausch dieser wichtigen Aminosäuren zu Histidin oder Glycin resultiert in einer verminderten Transferrate, Glutaminsäure hebt sie sogar vollständig auf. An Position X wird eine Reihe verschiedener Aminosäuren toleriert. Aminosäuren mit großen aromatischen Seitenketten erhöhten im Test die GalNAc-Transferrate in der Reihenfolge K>Y>W>F>G, wobei Glycin nur noch einen geringen Effekt hat. Ebenfalls ist Prolin nicht essenziell für die Erkennung der GalNAc-T. Bei Austausch eines Prolin-Rests (PT**PLR**SKKTMLVQKN_{52}VT) fiel die Erkennungsrate der GalNAc-T auf 50 % (GalNAc-T Erkennungsmotiv fett, Glykosylierungsmotiv grün). Bei Tausch beider Reste wurde sie erstaunlicherweise erhöht. Dies war ein überraschendes Ergebnis, da alle bisher bekannten Peptidmotive der Asn-verknüpften Oligosaccharide mit terminalem GalNAc-Rest ein Tripeptid einschließlich Prolin aufwiesen [226, 228]. Das Auftreten von LacdiNAc-Strukturen in Glykoproteinen aus Vertebraten und aus Invertebraten legt nahe, dass möglicherweise weitere β (1-4) GalNAc-T mit abweichender Spezifität ohne das Motiv P X R/K arbeiten [229-236]. Demnach wäre es möglich, dass das *N*-Glykosylierungsmotiv Asn 46 aus A1AT in der vorliegenden Arbeit ebenfalls anhand eines abweichenden Motivs (**LYR**QLAHQSN_{46}ST) von der GalNAc-T erkannt wird. Im Abstand von sechs Aminosäuren befinden sich

N-terminal ein Tyrosin- und ein Arginin-Rest, anstelle des Prolins befindet sich ein Leucin. Die ortsgenaue Analyse der *N*-Glykosylierungsstelle Asn 46 zeigt die Modifikation mit hauptsächlich biantennären LacNAc-*N*-Glykanen, biantennären LacdiNAc-Strukturen und einem geringen Anteil triantennärer *N*-Glykane [211].

Andere Arbeiten beschreiben, dass die β (1-4) Gal-Transferase unter Umständen die Aktivität der β (1-4) GalNAc-T übernehmen kann [237-239]. Da der Mechanismus der Erkennung für A1AT durch die GalNAc-T in HEK293-Zellen noch nicht vollständig aufgeklärt ist, könnten weiterführende Substitutionstests *N*-terminal des *N*-Glykosylierungsmotivs von A1AT und *knock out*-Experimente ausgewählter Glykosyltransferasen aufklären, welche Bedeutung die Aminosäurereste in A1AT für die Ausstattung der *N*-Glykane mit GalNAc-Resten haben.

Ein weiteres Beispiel in diesem Zusammenhang ist das rekombinante humane Protein C (rHPC), welches bei Expression in HEK293-Zellen GalNAc-Reste zeigt, die in HPC aus Plasma nicht vorkommen. Das verstärkte Vorhandensein von GalNAc-Resten neben den Galactose-Resten führt bei rHPC zu einer erhöhten spezifischen Gerinnungshemmung [240]. Im Vergleich zu seinem natürlichen Analog aus humanem Serum zeigt das rekombinante humane A1AT aus HEK293-Zellen ebenfalls GalNAc-Reste, welche für humanes A1AT bisher nicht beschrieben sind. Interessanterweise konnte in dieser Arbeit das *N*-Glykan m/z 1850,6 auch für das humane A1AT aus Serum durch MALDI-TOF-MS-Analysen in geringen Anteilen nachgewiesen werden (Abbildung 27). Diese Masse ist ebenfalls für A1AT-Expressionen aus AGE1.HN nachweisbar (Abbildung 47). In Übereinstimmung zu der Arbeit mit HPC zeigt auch rekombinantes A1AT einen geringeren Sialylierungsgrad als A1AT aus humanem Serum (vgl. Abbildung 33 und Abbildung 52).

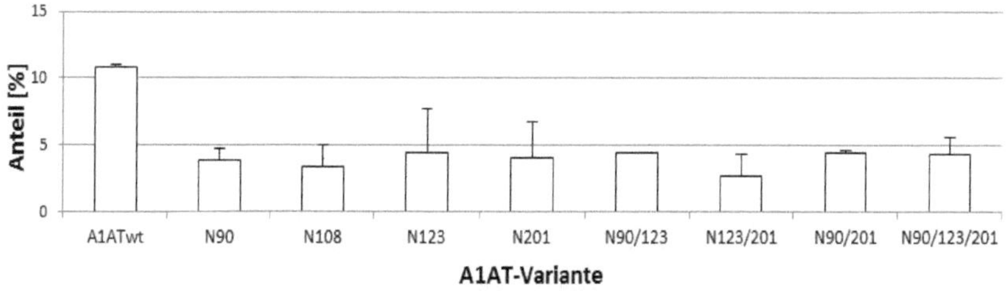

Abbildung 71: Berechnete Anteile des biantennären *N*-Glykans mit GalNAc-Struktur m/z 1850,6 der A1AT-Varianten aus HEK293-Zellen. Die Anteile wurden aus MALDI-TOF-MS-Daten von drei unabhängigen Messungen ermittelt.

Betrachtet man den Anteil der GalNAc-Reste innerhalb der A1AT-Varianten nach Einfügen zusätzlicher *N*-Glykosylierungsmotive mittels gerichteter Mutagenese-PCR, so hat sich dieser im Vergleich zu A1ATwt nicht erhöht (Abbildung 71). Im Allgemeinen ist der Anteil der GalNAc-tragenden Strukturen nach dem Einfügen zusätzlicher *N*-Glykosylierungsmotive reduziert worden. Abgesehen von der ungeklärten Funktion der GalNAc-Reste könnte sich eine geminderte Zahl freier GalNAc in Bezug auf die Serumhalblebenszeit positiv auswirken. Die Affinität von terminalen Galactose-Resten von *N*-Glykanen zu dem Asialoglykoproteinrezeptor (ASGPR) steigt mit zunehmender Antennarität [241, 242]. Zusätzlich werden terminale GalNAc-Reste im Vergleich zu Galactose-Resten mit 10–50-fach erhöhter Affinität durch den ASGPR gebunden [243]. So sollte im Hinblick auf eine Verlängerung der Serumhalblebenszeit der Anteil der freien GalNAc-Reste gering sein. Entsprechend sollte für eine verlängerte Serumhalbwertzeit eine terminale Sialylierung vorhanden sein, um freie Gal-Reste und freie GalNAc-Reste zu maskieren.

Ein Zusammenhang zwischen der Reduktion der GalNAc-Reste und dem Einfügen von *N*-Glykosylierungsmotiven ist vermutlich auf die Tendenz der *N*-Glykane zu höherer Antennarität zurückzuführen (Abbildung 70). Mit der Abnahme der biantennären *N*-Glykane geht auch die Reduktion der biantennären GalNAc-Struktur einher.

Weiterhin zeigte die Analyse der permethylierten *N*-Glykane eine Sialylierung der GalNAc-Struktur (m/z 3007,5), welche durch Fragmentierung bestätigt werden konnte (Abbildung 83). Als terminale Modifikation des GalNAc-Restes wurde in Glykanstrukturen aus Säugern neben der Fucosylierung oder der Sulfatierung auch die Sialylierung nachgewiesen. Die Arbeit von Nemansky *et al.* bestätigt einen Transfer von Neu5Ac durch die α (2-6) Sialyltransferase auf Galactose- und auch auf GalNAc-Reste [244]. Die durchgeführte Datenbankrecherche mittels GlycomeDB und EuroCarbDB für das detektierte *N*-Glykan (m/z 3007,5) ergab lediglich drei Einträge. Dieses seltene *N*-Glykan wurde für humanes Glycodelin (Struktur ID 24465) beschrieben [232], dasselbe biantennäre *N*-Glykan wird in Anteilen (2–5 %) in Laktotransferrin aus Kuhmilch beschrieben [231], die dritte Übereinstimmung findet sich in geringen Anteilen (0,6–1,4 %) in *N*-Glykanen von PSP-I/PSP-II (Struktur ID 28783) aus Sperma vom Wildschwein (*Sus scrofa*) [245].

3.3 Analysen zum Nachweis von Tetraisomeren in *N*-Glykanstrukturen

Bei der in der MALDI-TOF-MS-Analyse detektierten einfach *core*-fucosylierten tetraantennären *N*-Glykanstruktur (m/z 2539,9) handelt es sich um zwei *N*-Glykan-Isomere (Abbildung 26A). Durch den Einsatz der Kapillarelektrophorese (CE-LIF) war eine Trennung der Tetraisomere aufgrund der Galactoseverknüpfung möglich (Abbildung 28).

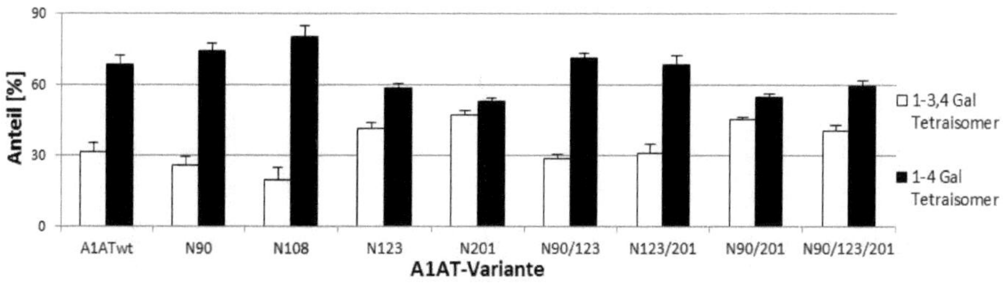

Abbildung 72: Verteilung der Tetraisomere mit einfacher Fucosylierung bei Expression in HEK293-Zellen. Mittels CE-LIF gewonnene Daten, Anteile der beiden Tetraisomere mit α (1-4) - bzw. α (1-3,4)-verknüpften Galactose-Resten.

Die Abbildung 72 zeigt die Verteilung der tetraantennären Isomere. Exoglycosidaseverdaus gaben Aufschluss über die Art der Tetraisomere (Abbildung 30). Die Anteile der beiden Tetraisomere variieren innerhalb der erzeugten A1AT-Varianten. Ein annähernd ausgewogenes Verhältnis stellt sich nach Einfügen einer Glykosylierungsstelle in Position N123 und N201 sowie den resultierenden Kombinationen N90/201 und N90/123/201 dar.

Das Vorkommen solcher Isomerstrukturen ist bereits für tri- und eine tetraantennäre einfach *core*-fucosylierte Struktur des r-Epo aus BHK-Zellen und dem u-Epo beschrieben [207]. Die isomeren Eigenschaften in A1AT beruhen auf der β (1-3)-Verknüpfung eines Galactose-Rests einer Antenne. Der Hauptteil der Galactose-Reste zeigt β (1-4)-Verknüpfung. Dieses für die A1AT-Expressionen aus HEK293-Zellen nachgewiesene Tetraisomer wurde vermutlich aufgrund der geringen Anteile der tetraantennären *N*-Glykane in Prolastin mit den verwendeten Techniken massenspektrometrisch nicht wiedergefunden. Die biologische Bedeutung des β (1-3)-verknüpften Galactose-Restes neben hauptsächlich β (1-4)-verknüpften Galactose-Resten für A1AT ist noch unklar und ist eine für weiterführende Arbeiten zu klärende Fragestellung.

3.4 *C*-Mannosylierung innerhalb A1AT

Bei der *C*-Mannosylierung wird eine einzelne Mannose über eine C-C-Bindung an ein Tryptophan angehängt. Nicht selten sind bei der Auftrennung mittels SDS-PAGE mehrere Proteine in einer Proteinbande enthalten. Nach Aufreinigung der A1AT-Varianten ist das sekretierte Protein nahezu vollständig homogen vorhanden. Aus diesem Grund muss die unterschiedliche Position der Banden auf eine Modifikation des Proteins A1AT zurückzuführen sein. Da nach Sialylierung von A1AT ein geringer Masseverlust im SDS-PAGE und anschließender Coomassie-Färbung beobachtet wurde, wird vermutet, dass der untere durch den anti-CMT-Antikörper detektierte Anteil der Proteinbande unvollständig oder gar nicht sialyliert vorliegt (Abbildung 84). Dieser Asialo-Proteinanteil wird durch den Antikörper erkannt, hingegen wird die Detektion innerhalb des höher

sialylierten A1ATwt durch die *N*-Glykane behindert. Unterstützt wird diese Vermutung durch die räumliche Nähe der *N*-Glykosylierungsstelle Asn 247.
Um die Bedeutung des Motivs WxxL aufzuklären wurden Varianten mit einem veränderten *C*-Mannosylierungsmotiv durch gerichtete Mutagenese-PCR erzeugt (neue Motive WxxA und AxxL). Beide Varianten ließen sich im Vergleich zu A1ATwt deutlich schlechter exprimieren. Eine erhöhte intrazelluläre Ansammlung der neuen Proteinvarianten mit den veränderten Motiven WxxA und AxxL zeigte sich jedoch nicht, so dass auf eine verminderte Expressionsrate geschlossen wurde (Daten nicht gezeigt). Deshalb liegt es nahe, dass die Veränderung des *C*-Mannosylierungsmotivs eine Auswirkung auf die Translation und/oder Sekretion von A1AT hat. Die MALDI-TOF-MS-Daten zeigen bei der Analyse der tryptisch verdauten Peptide keine eindeutige Masse, die sich dem *C*-mannosylierten Peptid zuordnen lässt. So liegt der Schluss nahe, dass die *C*-Mannosylierung nur teilweise in A1ATwt vorliegt. In RNase 2 ist das Motiv WxxW auf dem Protein exponiert [101], für A1AT liegt es etwas mehr innerhalb des Proteins. Aufgrund der Zugänglichkeit des Motivs WxxL innerhalb von A1AT könnte vergleichsweise weniger Protein *C*-mannosyliert vorliegen.

3.5 Vergleich von A1AT-Expressionen verschiedener Expressionssysteme

Die Glykosylierungsprofile verschiedener Expressionszelllinien ermöglichen eine gezielte Auswahl erzeugter Glykoproteine mit den den Anforderungen entsprechenden Glykanstrukuren.
Nach umfangreicher Analyse der Expressionen aus HEK293-Zellen zeigt der Vergleich zu Expressionen aus anderen Expressionssystemen (AGE1.HN und HEK293-SialT/GalT), dass die Steuerung der *N*-Glykanausstattung abhängig vom gewählten Expressionssystem ist, jedoch grundlegend durch das Protein A1AT bestimmt wurde.
Die Modifikation von *N*-Glykosylierungsstellen unterstützt die Sekretionsrate eines Glykoproteins [21, 59]. *N*-Glykane sind für den Export aus der Zelle nicht zwingend notwendig, dennoch sind Oligosaccharide für die effiziente Sekretion vieler Proteine erforderlich [246, 247]. Nach Einfügen zusätzlicher *N*-Glykosylierungsmotive konnte für die Sekretion der A1AT-Variante N123, eine vergleichsweise gute Sekretionsrate festgestellt werden. Diese Beobachtung kann auch auf die anderen verwendeten Zelllinien übertragen werden. Die Expressionsraten aus AGE1.HN-Zellen fielen im Vergleich zu HEK293-Zellen insgesamt deutlich geringer aus. In den verwendeten Zelllinien wurde A1AT stets mit komplexen *N*-Glykanen ausgestattet. Abweichend zu den Expressionen in HEK293-Zellen weisen die A1AT-Expressionen aus der neuronalen AGE1.HN-Zelllinie einen erhöhten Fucosylierungsgrad auf. Im Vergleich zu der Expression in HEK293-Zellen hat sich der Anteil der Fucose-Reste etwa verdoppelt. Ein hoher Fucosylierungsgrad ist für Glykoproteine, die beispielsweise aus dem Gehirn stammen, beschrieben [248].
Auch der Sialylierungsgrad der *N*-Glykane, isoliert von A1AT-Varianten aus der AGE1.HN-Zelllinie, fiel im Vergleich zu Expressionen aus HEK293-Zellen niedriger aus.

Während Glykoproteine im Serum eine hohe Sialylierungsrate aufweisen, welche für den Schutz vor einer schnellen *Clearance* durch den ASGPR von Bedeutung ist, sind Glykoproteine aus dem Gehirn durch eine niedrige Sialylierungsrate gekennzeichnet [248]. Der Unterschied könnte auch dadurch bedingt sein, dass die für HEK293-Zellen verwendeten Expressionsbedingungen in Bezug auf das verwendete Medium, die Rührgeschwindigkeit und die Begasung für eine bessere Vergleichbarkeit der A1AT-Expressionen auf AGE1.HN-Zellen übertragen wurden. Es ist nicht auszuschließen, dass durch weitere Optimierung eine Steigerung der Sialylierungsrate erreicht werden könnte.
Die Optimierung der Sialylierung, mit einer erhöhten Vollständigkeit der endständigen Sialinsäuren, wurde durch eine enzymatische Modulation der HEK293-Zellen erreicht, indem β (1-4) Galaktosyltransferase und α (2-6) Sialyltransferase überexprimiert wurden. Die unvollständig sialylierten *N*-Glykanstrukturen konnten reduziert, die vollständig mit Sialinsäuren modifizierten hingegen gesteigert werden. Ein Einfluss der veränderten Konzentration der Glykosyltransferasen auf die Ausbildung neuer oder abweichender *N*-Glykanstrukturen wurde jedoch nicht festgestellt.

3.6 Einbaunachweis und Wirkung nicht natürlicher Monosaccharide

Es konnte gezeigt werden, dass der Einbau der nicht natürlichen Monosaccharide 2dGal und ManNProp auch in die *N*-Glykanstrukturen von A1ATwt möglich und nachweisbar ist. Frühere Arbeiten mit den Supplementen waren unter anderem auf die Integration in die Glykoproteine von Membranen gerichtet [185, 187]. Die Konzentrationen der eingesetzten Analoga konnten auf die Expression von A1ATwt mittels HEK293-Zellen übertragen werden. Dabei korrelierten die ermittelten Integrationsraten mit den Einbauraten in die Membranglykoproteine von HEK293-Zellen (2dGal 20 % und Neu5Prop 83 %) [187]. Bei der kombinierten Supplementation mit 2dGal und ManNProp zeigten sich für 2dGal verminderte Einbauraten (11 %). Hingegen scheint der Einbau von Neu5Prop unbeeinflusst von der Kombinationsgabe beider Monosaccharide (82 %). *In vivo*-Arbeiten mit Ratten erreichten hingegen Einbauraten von etwa 56 %. Auch die Expression in CHO-Zellen hat deutlich höhere Einbauraten (60 %) von 2dGal in die Membranglykoproteine gezeigt [187, 249].
Es ist bekannt, dass 2dGal mithilfe der Enzyme des Leloir-Wegs, wie die natürliche Galactose, metabolisiert wird [250, 251]. Allerdings reagieren die Enzyme des Leloir-Wegs sensitiv auf die Veränderung der 2dGal am C 2-Atom. Geilen *et al.* beschreiben eine Wachstumshemmung von HepG2-Zellen in Gegenwart von 2dGal [160]. 2dGal wird auf dem Leloir-Weg auch in 2dGlc metabolisiert, so dass eine Hemmung durch 2dGal und 2dGlc erfolgen kann. Eine Unterscheidung zwischen GDP-Mannose und GDP-2dGlc (fehlende Hydroxylgruppe am C2) ist der Zelle nicht möglich. Wird GDP-2dGlc anstelle der natürlichen Mannose auf Dolicholphosphat-$(GlcNAc)_2$ übertragen, kommt es in der Folge zum Abbruch der Prozessierung und damit zu einer Hemmung der Glykosylierung. In

früheren Arbeiten konnte eine Hemmung der Proteinbiosynthese in K562-Zellen beobachtet werden [187]. Ein Einfluss auf die HEK293-Zellen wurde unter den verwendeten 2dGal-Konzentrationen nicht beobachtet. Hingegen ist die Gesamtsialylierungsrate bei ManNProp-Gabe leicht verringert (Abbildung 42).
Der partielle Austausch der Galactose durch das unphysiologische Analogon bedingt einen verminderten Einbau von L-Fucose. Dies hat den Verlust des Kurzzeitgedächtnisses bei Hühnerküken zur Folge, so dass der L-Fucose eine biologische Bedeutung zugewiesen werden konnte [252]. Ein Einfluss auf die *core*-Fucosylierungsrate von A1ATwt wurde in dieser Arbeit jedoch nicht festgestellt. Das Verhältnis der Monosaccharidbausteine GlcNAc und Man unter Einfluss der Substratanaloga zeigt keine Veränderung. Dies spricht erwartungsgemäß für die Erhaltung einer *N*-Glykanausstattung (≥ 4:3 = komplex, ≤ 4:3 = mannosereich).
Mittels Neuraminidase-Assays wurde der Einfluss der nicht natürlichen terminalen und/oder subterminalen Monosaccharide auf die Sialidaseresistenz untersucht. Die 2dGal-Gabe resultierte in der besten Sialidaseresistenz der *N*-Glykane von A1AT. Im Test wird die Sialidaseresistenz anhand freier Gal-Reste gemessen. Bei der Kombination von ManNProp und 2dGal, scheint 2dGal die durch ManNProp verminderte Sialidaseresistenz zum Teil zu kompensieren, so dass sich der Kurvenverlauf etwa im mittleren Bereich befindet. Der Reaktionsmechanismus des Neuraminidase-Assays beruht auf der Oxidation der OH-Gruppe am C1-Atom der Galactose. Es kann jedoch nicht ausgeschlossen werden, dass der beobachtete Effekt auf die fehlende OH-Gruppe der 2dGal am C2-Atom zurückzuführen sein könnte.

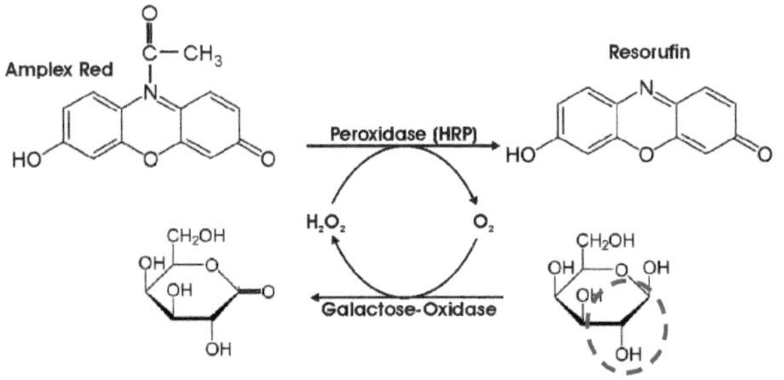

Abbildung 73: Reaktionsmechanismus des Neuraminidase-Assays zur Überprüfung der Sialidaseresistenz. A1ATwt nach 2dGal- und/oder ManNProp-Gabe. OH-Gruppe der Galactose, welche bei dem nicht natürlichen Monosaccharid 2dGal fehlt (rot markiert).

Anhand der zugrunde liegenden Reaktion wird deutlich, dass die Galactose-Oxidase zu einer Oxidation der OH-Gruppe des C1-Atoms führt. Die für die 2dGal fehlende OH-Gruppe am C2-Atom könnte die Oxidation beeinflussen, so dass in der Folge weniger Resorufin entsteht. Mit diesem Wissen sollte in weiterführenden Arbeiten die höhere Sialidaseresistenz für A1AT nach 2dGal-Supplementation noch mit einer weiteren Methode, unabhängig von der OH-Gruppe, überprüft werden.

3.7 *In vitro*-Tests: *Clearance*-Assay, Oxidationsmessung und invasives Potential

Für den in dieser Arbeit entwickelten *Clearance*-Assay konnten die beiden Untereinheiten des ASGPR stabil in HEK293-Zellen exprimiert und mittels Western Blot nachgewiesen werden (Abbildung 55). A1ATwt wurde in Gegenwart des ASGPR1/2, im Vergleich zu den A1AT-Varianten mit zusätzlichen *N*-Glykosylierungsmotiven, schneller abgebaut. Der *Clearance*-Assay lieferte erste Tendenzen zu Unterschieden, bedingt durch einen veränderten *N*-Glykosylierungsgrad (Abbildung 56), so dass *in vivo*-Tests in Betracht gezogen werden konnten.

A1AT konnte bereits in verschiedenen Organismen produziert werden. Dazu zählen *E. coli*, *Saccaromyces cerevisiae*, Insekten- und CHO-Zellen, transgene Pflanzen und Tiere. Für die Therapie wurde allerdings bisher kein rekombinantes A1AT zugelassen [123]. Die Ursache dafür liegt unter anderem in einer möglichen Immunogenität, die von nicht humanen Produkten ausgehen kann, begründet. Glykanstrukturen können die immunogene Wirkung von Glykoproteinen beeinflussen, indem sie antigene Bereiche des Proteins maskieren, andererseits können sie auch selbst als Antigen wirken [253]. Für Glykane aus nicht humanen Expressionssystemem wie Pflanzen wurden immunogene Effekte durch die Detektion von Antikörpern in humanem Serum spezifisch für Glykanepitope aus Pflanzen gezeigt [254]. Dazu zählen *N*-Glykane die Epitope wie β (1-2) Xylose, α (1-3) Fucose oder das Lea-Epitop enthalten.

Der zellbasierte Assay in dieser Arbeit wurde mit Vollblut in Gegenwart von A1ATwt und A1AT-Varianten aus HEK293-Zellen von der Firma CellTrend durchgeführt. Als Maß für eine Immunreaktion wurde die oxidative Aktivität von neutrophilen Granulozyten (auch Neutrophile) und Monozyten gemessen. Die reaktiven Sauerstoffspezies werden aus Granula freigesetzt und dienen der ersten Immunabwehr. Aus den gewonnenen Daten lässt sich eine einheitliche Aktivität für Neutrophile und Monozyten in Gegenwart von Prolastin, dem A1AT aus humanem Plasma und rekombinantem A1ATwt aus HEK293-Zellen erkennen.

Die Freisetzung reaktiver Sauerstoffspezies kann auch zur Inaktivierung von A1AT führen. Die Oxidation bewirkt eine wesentliche Aktivitätsminderung der Antiprotease, so dass die von Neutrophilen freigesetzten Proteasen voll wirksam werden können [255]. Eine zusätzliche Aktivierung der Neutrophilen durch die rekombinanten A1AT-Varianten und ihre *N*-Glykanstrukturen hätte folglich einen gegenläufigen Effekt. Die Tests zeigen keine zusätzliche Aktivierung von Neutrophilen bzw. Monozyten (Abbildung 57, Abbildung 58).

Voraussetzung für die Metastasierung von Tumorzellen ist deren Invasion in das umliegende Gewebe [200]. Ein Zusammenhang zwischen A1AT-Mangel und verschiedenen Krebserkrankungen konnte bereits gezeigt werden [256, 257]. In diesem Zusammenhang wurde der Einfluss von A1ATwt und zwei A1AT-Varianten auf die Invasivität einer Lungentumorzelllinie (A549-Zellen) untersucht. Trotz der Expression eines humanen Glykoproteins in einem humanen Expressionssystem, sollte ein Einfluss der veränderten *N*-Glykanstrukturen ausgeschlossen werden. Auch dieser Assay gab keinen

Hinweis auf eine Veränderung der Invasivität durch den Einfluss von rekombinanten A1AT-Varianten aus HEK293-Zellen.
Inwiefern die Glykanaustattung einen Einfluss auf die physiologischen Eigenschaften von A1AT hat, sollte in künftigen Untersuchungen zunächst in einer defizienten Maus getestet werden. Langzeitversuche mit Mehrfachapplikation und gesteigerten A1AT-Dosen sind im Anschluss an diese Arbeit sinnvoll, um die Nebenwirkungen der Neoglykoproteine im Vergleich zu A1ATwt abschätzen zu können.

3.8 Einfluss verschiedener Modifikationen auf die pharmakokinetischen Eigenschaften von A1AT-Varianten

Die pharmakokinetischen Eigenschaften der rekombinanten A1AT-Varianten wurden nach Injektion einer Einzeldosis (30 µg) in die Schwanzvene von CD-1-Mäusen untersucht. Die A1AT-Proteinvarianten und A1ATwt wurden von den CD-1-Mäusen gut vertragen. Wie zu erwarten war, zeigt der desialylierte A1ATwt die kürzeste Serumhalbwertzeit. Dies ist mit der fehlenden negativen Ladung und der maskierenden Wirkung durch die terminalen Sialinsäuren zu begründen, zudem wurde es als Bestätigung für das *in vivo-Clearance*-Mausmodell betrachtet. Die Zirkulationszeit basiert grundlegend auf dem Haupteliminierungswegen, der renalen *Clearance,* welche die Ausscheidung des exogenen Glykoproteins aus dem Blut durch die Niere darstellt, und der Aufnahme durch den ASGPR in der Leber sowie der nachfolgenden intrazellulären Degradation. Im Gegensatz zum Menschen, bei dem Proteinausscheidungen im Urin ein Symptom für z.B. Diabetes mellitus und ein Anzeichen für Nierenerkrankung sind [258], besitzen Mäuse eine physiologische Proteinurie. Dabei arbeitet die Filtrationsbarriere in der Niere als größen- und ladungsspezifischer Filter [259]. Als Größengrenze für das Filtrationssystem gelten Proteine, die größer als 60 kDa sind. Diese werden unter physiologischen Bedingungen nahezu nicht filtriert.
Der positive Einfluss von zusätzlichen *N*-Glykanen auf die Stabilität einer Proteinstruktur sowie deren Serumhalblebenszeit konnte für verschiedene Glykoproteine, wie Epo, das Folikel stimulierende Hormon (FSH) und Interferon-α (IFN-α), bereits gezeigt werden [70, 260-263]. Den in dieser Arbeit detektierten komplexen *N*-Glykanen aus A1AT-Varianten kommt für die *Clearance* im Vergleich zu den Hybrid- oder den *High*-Mannose Formen besondere Bedeutung zu. Die vergleichsweise enormen A1AT-Proteinexpressionsraten von bis zu 30 g/l, wie sie in *Pichia pastoris* möglich sind, erzeugen ein Glykoprotein mit *N*-Glykanen des *High*-Mannose-Typs und daraus resultierenden kurzen *in vivo*-Halblebenszeiten. Dies macht das Glykoprotein wenig nutzbar und mitunter sogar immunogen [264]. Eine Humanisierung des Hefe-Expressionssystems wäre eine Möglichkeit, um therapeutisch einsetzbare Glykoproteine zu erzeugen [265].
Die *N*-Glykane der in der Arbeit verwendeten Expressionssysteme weisen eine Mischung aus sialylierten und nicht sialylierten komplexen Strukturen für die A1AT-Varianten auf, wobei die AGE1.HN-Expressionen im Vergleich weniger Sialinsäuren tragen

(AGE1.HN < HEK293 < HEK293-SialT/GalT). Ein Hinweis auf die Vollständigkeit der Sialylierung wurde durch die massenspektrometrischen Ergebnisse der permethylierten Strukturen und HPLC-Analysen 2AB-markierter *N*-Glykane der A1AT-Varianten gewonnen. Da ein deutlicher Anteil der isolierten *N*-Glykane nicht vollständig sialyliert ist, sind freie Galactose-Reste und zum Teil auch freie GalNAc-Reste, die eine gesteigerte Affinität zum ASGPR besitzen, vorhanden [241-243]. Die deutliche Erhöhung des Sialylierungsgrads, wie sie für Epo nach Einfügen von zwei zusätzlichen *N*-Glykanmotiven beobachtet wurde, ergab sich für A1AT nicht (Abbildung 32, Abbildung 52). Für das rekombinante A1AT aus HEK293-Zellen erzielt erst die exogene Expression der α (2-6) Sialyltransferase und der β (1-4) Galactosyltransferase eine terminal vollständigere Ausstattung mit einer nahezu vollständigen Sialylierung (Abbildung 52).

Die Halbwertzeiten der A1AT-Neoglykoproteine und von A1ATwt exprimiert in HEK293-Zellen sind im Vergleich zu desialyliertem A1ATwt einheitlich erhöht (8–13-fach, Abbildung 61) Insbesondere sind Veränderungen für die A1AT-Varianten N123 und N201 zu verzeichnen. Neben der verbesserten Halbwertzeit zeigt sich eine deutlich verringerte *Clearanc*-Rate (Abbildung 63). Die *in vivo*-Halblebenszeit für das rekombinante Epo (Darbepoetin alfa) mit zwei zusätzlichen *N*-Glykanen aus der Ratte konnte nahezu auf das humane System übertragen werden. Wäre dieser Zusammenhang auch für A1AT vorhanden, so wäre für die A1AT-Variante N123 eine Steigerung der Serumhalblebenszeit um 62% im Vergleich zu A1ATwt (*in vivo* 76 h zu 47 h) zu erwarten. Beide A1AT-Varianten (N123, N201) haben im Vergleich zu A1ATwt und den A1AT-Varianten N90 und N108 ähnliche Anteile für bi-, tri- und tetraantennäre *N*-Glykane. Die Verteilung der *N*-Glykanprofile der A1AT-Varianten mit einer Kombination zusätzlicher *N*-Glykosy-lierungsmotive und einem daraufhin erhöhten Kohlenhydratanteil weisen eine deutliche Verlagerung zugunsten der höherantennären *N*-Glykane auf. Es wird vermutet, dass der Effekt der höheren Proteinmasse zweitrangig ist. Mit der nur leichten Steigerung des Sialylierungsgrades wird keine weitere Steigerung der Serumhalblebenszeit erreicht (Abbildung 68 und Abbildung 69). Zu begründen ist dieser Effekt mit der höheren Affinität der freien Gal- und GalNAc-Reste der höherantennären Strukturen für den ASGPR. Zusätzlich könnte die nur schwache negative Ladung die Ausscheidung über die Niere begünstigen. Dieser Effekt sollte jedoch bei der vorhandenen molekularen Masse > 60 kDa sehr gering sein.

Der Austausch der terminalen natürlichen Sialinsäure durch Neu5Prop und/oder der subterminalen Galactose durch 2dGal hatte für die Serumhalblebenszeit von A1ATwt keine signifikante Bedeutung (Abbildung 64–66). Der jedoch vorhandene Unterschied in Bezug auf die relative *Clearance*-Rate, die nach ManNProp-Gabe am niedrigsten ausfällt, könnte auf eine reduzierte Bindung an den ASGPR oder veränderte Bedingungen bei der glomerulären Filtration des 52 kDa-Glykoproteins A1AT in der Niere zurückzuführen sein. Horstkorte *et al.* konnten für CEACAM durch ManNProp-Gabe eine Steigerung der Serumhalblebenszeit von 26 h auf 40 h erreichen [137]. In diesem Fall handelt es sich um eine Modifizierung durch Polysialylierung. Damit ist das Verhältnis von Glykan- zu

Proteinanteil im Vergleich zu A1AT deutlich verlagert. So ist es nachvollziehbar, dass ein Einfluss, der aus der Arbeit für Neu5Prop als Tendenz erkennbar, für CAECAM mit Polysialinsäuren einen weitaus stärkeren Effekt zeigt.
Für die A1AT-Varianten aus AGE1.HN konnten aufgrund niedriger Expressionsraten nur zwei Neoglykoproteine (N123, N123/201) im Vergleich zu A1ATwt in der CD-1-Maus getestet werden (Abbildung 67). Das Vorhandensein vieler freier Galactose-Reste bei Expressionen aus AGE1.HN-Zellen führt zu vergleichsweise niedrigen Serumhalblebenszeiten. Die beobachtete Steigerung der Serumhalblebenszeit bei Erhöhung des Kohlenhydratanteils wird vermutlich durch die Zunahme der molekularen Masse bedingt, die ebenso einen senkenden Effekt auf die *Clearance*-Rate der A1AT-Variante N123/201 hat.
Nach Expression in HEK293-SialT/GalT-Zellen wurde der Grad der Sialylierung erheblich verbessert. In der Folge waren die zu beobachtenden Unterschiede zwischen A1ATwt und den erzeugten A1AT-Neoglykoproteinen im Hinblick auf ihre Serumhalblebenszeit jedoch gering (Abbildung 68 und 69). Mit der Einführung von mindestens zwei zusätzlichen *N*-Glykosylierungsmotive (N123/201) erhöhte sich die Serumhalblebenszeit. Wiederum konnte diese Steigerung durch ein weiteres *N*-Glykosylierungsmotive (N90/123/201) nicht erhöht werden. Im Weiteren sind die *Clearance*-Raten im Vergleich zu den Expressionen aus HEK293- und AGE1.HN-Zellen deutlich gesenkt. Besonders auffällig ist die Veränderung für A1ATwt (vgl. Abbildung 63 und 69).
Zusammenfassend wird deutlich, dass für das therapeutisch relevante Serumglykoprotein A1AT der Steigerung des Sialylierungsgrades gegenüber der Erhöhung der molekularen Masse eine größere Bedeutung zukommt. Die Überexpression der Sialyltransferase kann als Erfolg versprechende Strategie zur Verbesserung des Sialylierungsgrads von A1AT und anderen Glykoproteinen gesehen werden [266]. Der Sialylierungsgrad der *N*-Glykanstrukturen scheint dabei grundlegend, jedoch nicht allein für die Halbwertzeit der untersuchten A1AT-Varianten verantwortlich zu sein. Die Maskierung durch die terminale Sialinsäure verhindert zum einen die Bindung an den ASGPR und zum anderen beeinflussen Proteinmasse und Proteinladung das Ausschleusen durch die Niere. Auch die Position der zusätzlichen *N*-Glykane und die Kombination der eingefügten *N*-Glykosylierungsmotive sind von Bedeutung. Bei vollständiger Sialylierung ist dies jedoch weniger relevant, weil freie Gal- bzw. GalNAc-Reste der Strukturen zu einer schnelleren Bindung an den ASGPR führen. Der Ort einer *N*-Glykosylierung entscheidet über die Zugänglichkeit für Glykosyltransferasen und im Folgenden über die Zugänglichkeit der *N*-Glykane für den ASGPR.
Im Allgemeinen konnte gezeigt werden, dass die Glykanmodifikation einen positiven Effekt auf die Serumhalblebenszeit von A1AT hat. Beste Effekte konnten mit kurzlebigen Proteinen, wie Epo, FSH und IFN-α, nach Modifikation der *N*-Glykosylierungsstellen nachgewiesen werden. Dies ist vor allem auf die geringere molekulare Masse der Ausgangsproteine zurückzuführen. A1AT hat bereits eine molekulare Masse von 52 kDa,

so dass die weitere Erhöhung der Proteinmasse einen weniger deutlichen Einfluss auf die renale *Clearance* hat. Zudem ist die verminderte Epo-Rezeptoraffinität von Darbepoetin alfa grundlegend für die Verlängerung der Serumhalblebenszeit verantwortlich [147, 148]. Weiterführende Versuche müssen zeigen, inwiefern die Steigerung der Serumhalblebenszeit *in vivo* zu einer Verbesserung der Therapie beitragen könnte. Dazu sollen in einem defizienten Mausmodell A1ATwt und ausgewählte, potenziell länger in der Zirkulation verbleibende A1AT-Varianten untersucht werden.

4 Material und Methoden

In der Arbeit verwendete geschützte Warenzeichen sind nicht als solche gekennzeichnet. Aus dem Fehlen einer Kennzeichnung kann folglich nicht geschlossen werden, dass der Produktname frei von Rechten Dritter ist.

4.1 Geräte

4.1.1 Elektrophorese und Westernblot

- Dot-Blot-Apparatur (Bio-Rad, München)
- Gel Doc XR (Bio-Rad, München)
- Geltrockner mgD-5040 (VWR, Darmstadt)
- Horizontal-Elektrophoresesystem, mini Sub DNA Cell (Bio-Rad, München)
- Power Pack P25 (Biometra, Göttingen)
- Power Pac 3000 (Bio-Rad, München)
- VersaDoc 4000 MP (Bio-Rad, München)
- Vertikal-Elektrophoresesystem, mini-Protean 3, Multi-Casting Chamber (Bio-Rad, München)

4.1.2 Zell- und Bakterienkultur

- Begasungsbrutschrank CB (Binder, Tuttlingen)
- Inkubationsschüttler Certomat BS-1 (Sartorius, Göttingen)
- Lichtmikroskop Leica DMIL (Leica, Wetzlar)
- Membran-Vakuumpumpe (Vacuubrand, Wertheim)
- Sterilwerkbank HERAsafe KS 12 (Heraus, Hanau)

4.1.3 Zentrifugen

- Minifuge (VWR, Darmstadt)
- Tischzentrifuge 5402, kühlbar (Eppendorf, Hamburg)
- Ultrazentrifuge J2-21 (Beckman, Fullerton, USA)
- Vakuumzentrifuge CentriVac (Heraus, Hanau)
- Vakuumzentrifuge Univapo 150 ECH (Uniequip, Planegg)
- Zellzentrifuge Multifuge 3S-R (Heraus, Hanau)

4.1.4 Chromatographie

- ÄKTA explorer (GE Healthcare, Uppsala, Schweden)
- Anionenaustauschersäule MonoQ 5/50 GL (GE Healthcare, Uppsala, Schweden)
- CarboPac PA-1, 250 x 2 mM (Dionex, Idstein)
- FPLC System LKB (Pharmacia, Freiburg)
- Fraktionssammler Frac-950 (GE Healthcare, Uppsala, Schweden)
- Gemini C18 3 × 4 mM (Phenomenex, Aschaffenburg)
- High Load 16/60 Superdex 200 prep grade (GE Healthcare, Uppsala, Schweden)
- Phenomenex Gemini 5µ C18 110A; 4,6 × 250 mM (Phenomenex, Aschaffenburg)
- Q Sepharose Fast Flow (GE Healthcare, Uppsala, Schweden)
- Shodex Asahi-Pak, NH_2P-50 E4, 250 × 4,6 mM (Showa Denko, München)
- Superdex 200 10/300 GL (GE Healthcare, Uppsala, Schweden)

4.1.5 Sonstige Geräte

- Analysenwaage (Sartorius, Göttingen)
- Dionex-Summit (Dionex, Idstein)
- Dionex-Ultimate 3000 (Dionex, Idstein)
- Heizblock Digi-Block (Laboratory Devices Inc., USA)
- Inkubationshaube Unimax 1010 (Heidolph, Kelheim)
- Inkubator 1000 (Heidolph, Kelheim)
- Kapillarelektrophorese P/ACE MDQ DNA System (Beckman Coulter, Krefeld)
- Kühlfalle Unicryo MC2 × 2l -60 °C (Uniequip, Planegg)
- MALDI-TOF/TOF Massenspektrometer Ultraflex III (Bruker, Bremen)
- Mehrkanalpipette „Charlotte" (Südlabor, Gauting)
- Mikroplattenphotometer Infinite M200 (Tecan, Männedorf, Schweiz)
- pH-Meter pH211 (Hanna Instruments, Kehl am Rhein)
- Photometer UltroSpec 3000 (Pharmacia, Freiburg)
- Robocycler Gradient 96 (Stratagene, La Jolla, USA)
- Sequenzierer ABI Prism 310 (Perkin Elmer, Weiterstadt)
- Thermomixer comfort (Eppendorf, Hamburg)
- Wasseraufbereitungssystem MilliQ Plus (Millipore, Neu-Isenburg)

4.2 Verbrauchsmaterial

4.2.1 Chemikalien

Die gängigen Chemikalien werden in p.A. Qualität von den Herstellern Merck (Darmstadt), Sigma (Deisenhofen) und Roth (Karlsruhe) bezogen.

- 1-[3-(Dimethylamino)propyl]-3-ethylcarbodiimid (DMB) (Wako Pure Chemicals, Japan)
- 2,5-Dihydroxybenzoesäure (DHB) (Sigma-Aldrich, Steinheim)
- 2-Aminobenzamid (2AB) (Sigma-Aldrich, Steinheim)
- 2-Desoxy-D-galactose (Pfanstiehl Laboratories Inc., Waukegan, USA)
- 3,3',5,5'-Tetramethylbenzidin (Sigma-Aldrich, Steinheim)
- 6-Aza-2-thiothymin (ATT) (Sigma-Aldrich, Steinheim)
- Acrylamid-Bisacrylamid Fertiglösung 30 % (37,5:1) (Merck, Darmstadt)
- Agarose NEEO Ultra-Qualität (Roth, Karlsruhe)
- Ammoniumpersulfat (Bio-Rad, München)
- Arabinosazon (Synthese durch Dr. Matthias Kaup)
- Bromphenolblau (Natriumsalz) (AppliChem, Darmstadt)
- Calbiosorb Adsorbent (Calbiochem, USA)
- Complete-Proteinaseinhibitor (Roche, Mannheim)
- Coomassie Biosafe (Bio-Rad, München)
- Dimethylsulfoxid (AppliChem, Darmstadt)
- Ethylendiamintetraacetat (Roth, Karlsruhe)
- Hi-Di Formamid (Applied Biosystems, Foster City, USA)
- Luminol (3-Aminophtalhydrazid) (Roth, Karlsruhe)
- Magermilchpulver (AppliChem, Darmstadt)
- Methyliodid (VWR, Darmstadt)
- *N,N,N',N'*-Tetramethylethylendiamin (Merck, Darmstadt)
- Natriumcyanoborhydrid (Sigma-Aldrich, Steinheim)
- Natriumdodecylsulfat (Serva, Heidelberg)
- N-Benzoyl-D,L-arginin-*p*-nitroanilin (Sigma-Aldrich, Steinheim)

- Nonidet P-40 (Roche, Mannheim)
- Peracetyliertes *N*-Propanoyl-Mannosamin (Synthese durch Dr. Matthias Kaup)
- Ponceau S (Sigma-Aldrich, Steinheim)
- Proteome Lab APTS labeling dye (Beckman Coulter, Miami, FL, USA)
- SDS (Serva, Heidelberg)
- Sinapinsäure (SA) (Sigma-Aldrich, Steinheim)
- Tetrahydrofuran (Sigma-Aldrich, Steinheim)
- Tris (Base) (Roth, Karlsruhe)
- Triton-X100 (Serva, Heidelberg)
- Tween 20 (Sigma-Aldrich, Steinheim)
- α-Cyano-4-hydroxy-zimtsäure (ACCA) (Sigma-Aldrich, Steinheim)
- β-Mercaptoethanol (Roth, Karlsruhe)

4.2.2 Zell- und Bakterienkultur

- Adenovirus-Expressionsmedium (Gibco, Eggenstein)
- Agar (AppliChem, Darmstadt)
- Ampicillin (Natriumsalz) (Roth, Karlsruhe)
- BSA (Serva, Heidelberg)
- Chloramphenicol (AppliChem, Darmstadt)
- Dimethylsulfoxid (DMSO) (AppliChem, Darmstadt)
- Dulbecco's Modified Eagle Medium mit 4,5 g/l Glucose (PAA, Pasching, Österreich)
- Dulbecco's PBS (PAA, Pasching, Österreich)
- Fetales Kälberserum (Biochrom AG, Berlin)
- Ham's F12 mit L-Glutamin (PAA, Pasching, Österreich)
- Hefeextrakt (AppliChem, Darmstadt)
- Kanamycinsulfat (AppliChem, Darmstadt)
- L-Glutamin (PAA, Pasching, Österreich)
- Natriumpyruvat (PAA, Pasching, Österreich)
- Penicillin/Streptomycin (Biochrom AG, Berlin)
- RetroNectin (r-Fibronectin) (Takara Bio Inc., Shiga, Japan)
- Trypanblau (Biochrom AG, Berlin)
- Trypsin-EDTA (PAA, Pasching, Österreich)
- Tryptone (AppliChem, Darmstadt)
- Zeocin (Invitrogen, Karlsruhe)

4.2.3 Antikörper

- mAK aus dem Schaf gegen humanes A1AT, HRP konjugiert (The Binding Site, Schwetzingen)
- pAK aus dem Kaninchen gegen humanes A1AT (Dako, Glostrup, Dänemark)
- pAK aus dem Kaninchen gegen ASGPR1 (Aviva Systems Biology, San Diego, CA, USA)
- pAK aus dem Kaninchen gegen ASGPR2 (Aviva Systems Biology, San Diego, CA, USA)
- pAK aus dem Kaninchen gegen *C*-mannosyliertes Tryptophan (Yoshito Ihara, Kimiidera, Wakayama, Japan)
- pAK aus dem Kaninchen gegen α (2-6) Sialyltransferase, 28047 (IBL, Brüssel, Belgien)
- Ratten-IgG gegen Maus-IgG, HRP konjugiert (Jackson Immuno Research, Newmarket, UK)
- Ziegen-IgG gegen Kaninchen-IgG, HRP konjugiert (Jackson Immuno Research, Newmarket, UK)

4.2.4 Enzyme

- Agarose-gekoppelte α (2-3,6,8) Sialidase aus *Vibrio cholerae* (Calbiochem, USA)
- *Pfu*-DNA-Polymerase (Promega, Mannheim)
- PNGase F aus *Escherichia coli* (Roche, Mannheim)
- Restriktionsendonukleasen und Puffer (Fermentas, St. Leon-Rot)
- T4-DNA-Ligase (Invitrogen, Karlsruhe)
- Trypsin aus dem Rinderpankreas (Sigma-Aldrich, Steinheim)
- α (1-2,3,4,6) Fucosidase aus Rinderniere (Prozyme, CA, USA)
- α (1-3,4) Fucosidase aus *Xanthomonas maniotis* (Sigma-Aldrich, Steinheim) oder Mandelkleie (Prozyme, CA, USA)
- α (2-3,6,8) Sialidase aus *Arthrobacter ureafaciens* (Roche, Mannheim)
- β (1-3,6) Galactosidase (Calbiochem, USA)
- β (1-4) Galactosidase aus *Streptococcus pneumoniae* (Prozyme, CA, USA)
- β-Galactosidase aus Rindertestis (Prozyme, CA, USA)

4.2.5 Standards

- Alpha-1 saures Glykoprotein (Sigma-Aldrich, Steinheim)
- Dextran Standard (DH) aus *Leuconostoc mesenteroides* (Sigma-Aldrich, Steinheim)
- Precision Plus All Blue Proteinstandard (Bio-Rad, München)
- Interner Standard Maltose (Beckman Coulter, Miami, FL, USA)
- Rekombinantes humanes A1AT (300 µg/ml) aus Zellkulturüberstand von AGE1.HN Zellen (zur Verfügung gestellt von Silke Rieck, ProBioGen AG, Berlin)

4.2.6 Sonstige Verbrauchsmaterialien

- BCA Protein Assay (VWR, Darmstadt)
- Big Dye Terminator v1.1 Cycle Sequencing Kit (Applied Biosystems, Foster City, USA)
- C18 *Reversed-Phase*-Chromatographiesäulen (Alltech, Deerfield, USA)
- Calbiosorb (Calbiochem, Darmstadt)
- Carbohydrate Labeling Kit (Beckman Coulter, Krefeld)
- Extract-Clean Carbographsäulen (Alltech, Deerfield, USA)
- Filtermembran 47 mM, Nylon, 0,22 µm (Alltech, Unterhaching)
- Gelextraktionskit, NucleoSpin Extract II (Macherey & Nagel, Düren)
- GeneRuler 1 kb-DNA-Molekülmassenmarker (Fermentas, St. Leon-Rot)
- 2 ml-Glasgefäße (Wheaton science products, Millville, NJ, USA)
- Immobilion-P-Membran (Serva, Heidelberg)
- Luer Spritzen Plastipak, verschiedene Volumen (BD, Heidelberg)
- Luer Spritzenfilter Rotilabo PES 0,22 µm (Roth, Karlsruhe)
- Luer Spritzenfilter Rotilabo PVDF 0,45 µm (Roth, Karlsruhe)
- Midi Kit (QIAGEN, Hilden)
- Mikroplatten MaxiSorp, round-bottom (Nunc, Wiesbaden)
- Nitrocellulosemembran Protran BA 85 (Whatman International Ltd., Maidstone, UK)
- NucleoSEQ (Macherey & Nagel, Düren)
- QIAGEN Plasmid-Aufreinigungs-Kit (QIAGEN, Hilden)
- QIAGEN-tip 100 (QIAGEN, Hilden)
- Sterile Einwegmaterialien (Corning Incorporated, New York, USA und BD, Heidelberg)
- Sterilfilter einzeln verpackt, 0,2 µm (VWR, Darmstadt)
- Steripak-GP Filter 0,22 µm (Millipore, Neu-Isenburg)
- *Taq* PCR Kit (New England Biolabs, Ipswich, USA)
- Vivaspin 6 30.000 MWCO (Sartorius, Göttingen)

- Whatman Filterpapier 3MM (Whatman International Ltd., Maidstone, UK)
- Zellglas (Roth, Karlsruhe)

4.2.7 Oligonucleotide

Die synthetischen Oligonukleotide werden von der Firma Metabion bezogen. Im Folgenden sind die zur Sequenzierung sowie die zur gerichteten Mutagenese eingesetzten Oligonukleotide aufgeführt (Tabelle 5,

Tabelle 6).

Tabelle 5: Verwendete Primer für die DNA-Sequenzierung.

Primer	Sequenz (5' → 3')
T7-fw	TAA TAC GAC TCA CTA TAG GG
BGH-rev	CTA GAA GGC ACA GTC GAG G
A1AT-Seq-721-fw	CAG TGA GCA TCG CTA CAG CC
A1AT-Seq-1026-fw	CAG ATC AAC GAT TAC GTG G
A1AT-Seq-1325-fw	GAT GAG GGG AAA CTA CAG C
A1AT-Seq-1623-fw	CCA TAC CAA TGT CTA TCC

Tabelle 6: Verwendete Oligonukleotide für die gerichtete Mutagenese-PCR.

Oligonukleotid	Sequenz (5' → 3')
A1AT-N^{114}T^{116}-fw	CGGAGATTCCGGAGAATCAGACCCATGAAGGCTTCC
A1AT-N^{114}T^{116}-rev	GGAAGCCTTCATGGGTCTGATTCTCCGGAATCTCCG
A1AT-N^{132}T^{134}-fw	CCAGCCAGACAACCAGACCCAGCTGACCACC
A1AT-N^{132}T^{134}-rev	GGTGGTCAGCTGGGTCTGTTCGTCTGGCTGG
A1AT-N^{147}T^{149}-fw	GTTCCTCAGCGAGAACCTGACGCTAGTGGATAAG
A1AT-N^{147}T^{149}-rev	CTTATCCACTAGCGTCAGGTTCTCGCTGAGGAAC
A1AT-N^{225}-fw	GACCTTTTGAAGTCAATGACACCGAGGACGAG
A1AT-N^{225}-rev	CTCGTCCTCGGTGTCATTGACTTCAAAAGGTC
A1AT-N^{347}T^{349}-fw	CTCCGGGGTCACAAACGAGACACCCCTGAAGCTCTC
A1AT-N^{347}T^{349}-rev	GAGAGCTTCAGGGGTGTCTCGTTTGTGACCCCGGAG
A1AT-N^{347}T^{349}Pro-fw	CTCCGGGGTCACAAACGAGACACCGCTGAAGCTCTC
A1AT-N^{347}T^{349}Pro-rev	GAGAGCTTCAGCGGTGTCTCGTTTGTGACCCCGGAG
A1AT-W^{215}-fw	GAATTACATCTTCTTTTGGGGCAAATGGGAGAGACC
A1AT-W^{215}-rev	GGTCTCTCCCATTTGCCCCAAAAGAAGATGTAATTC
A1AT-W^{259}-fw	CAGCACTGTAAGAAGTGGTCCAGCTGGGTACTG
A1AT-W^{259}-rev	CAGTACCCAGCTGGACCACTTCTTACAGTGCTG
A1AT-WXXA-fw	CAGCTGGGTGCTGGCGATGAAATACCTGG
A1AT-WXXA-rev	CCAGGTATTTCATCGCCAGCACCCAGCTG
A1AT-AXXL-fw	GAAGCTGTCCAGCGCGGTGCTGCTGATG
A1AT-AXXL-rev	CATCAGCAGCACCGCGCTGGACAGCTTC

Die Abkürzungen „fw" und „rev" stehen für *forward* und *reverse*. Fehlpaarende Basenpaare sind farbig hervorgehoben. Die auszutauschenden Triplets sind unterstrichen.

4.2.8 Vektoren, Zelllinien und Bakterienstämme, Mäuse

- A549, humane Lungenadenokarzinomzellen (NIH, Rockville, MD, USA)
- AGE1.HN, humane neuronale Zelllinie, Dr. Volker Sandig (ProBioGen AG, Berlin)

- ASGPR1, IRAUp969B0980D (ImaGenes, Berlin)
- ASGPR2, IRAUp969E0375 (ImaGenes, Berlin)
- CD-1-Maus, (Crl:CD1(ICR)), Auszucht-Maus (Charles River, Sulzfeld)
- CHO-K1, Ovarienzellen aus dem chinesischen Hamster (DSMZ, Braunschweig)
- *E. coli* DH5α (Promega, Mannheim)
- Expressionsvektor pcDNA3.1hygro (Invitrogen, Karlsruhe)
- Expressionsvektor pcDNA3.1zeo(+) (Invitrogen, Karlsruhe)
- HEK-293, humane embryonale Nierenzellen (DSMZ, Braunschweig)
- pIRES2St6Gal1B4GalT1 hergestellt von Alexandra Lorenz (AG Marc Ehlers, DRFZ, Berlin)
- psILoxA1AT (ProBioGen AG, Berlin)

4.3 Zellbiologische Methoden

Die Kultivierung der eukaryotischen Zellen erfolgt im Brutschrank bei einer Temperatur von 37 °C unter 5 % CO_2 und 95 % Luftfeuchte. Alle Arbeiten werden an der Sterilwerkbank durchgeführt. Hierzu werden ausschließlich steril verpackte Einmalartikel oder bei 120 °C für 20 min im Wasserdampf sterilisierte Materialien verwendet. Die Zellzählung wird in einer Neubauer-Zählkammer durchgeführt, wobei eine Vitalitätskontrolle mittels Trypanblau-Färbung erfolgt.

4.4 Kultivierung HEK-293-Zellen

Die adhärent wachsenden Zellen werden in DMEM (4,5 g/l Glucose, 10 % (v/v) FKS, 1 mM Natriumpyruvat, 2 mM L-Glutamin, 100 U/ml Penicillin, 100 µg/ml Streptomycin) kultiviert und alle drei bis vier Tage passagiert, sodass eine Zelldichte von 1×10^5 Zellen/ml erreicht wird. Die serumfreie Kultivierung in Suspension erfolgt nach zweimaligem Waschen der adhärenten Zellen mit PBS in AEM (2 mM L-Glutamin, 100 U/ml Penicillin, 100 µg/ml Streptomycin).

4.4.1.1 Supplementierung von HEK-293-Zellen mit Substratanaloga

Stammlösung ManNProp 1M in DMSO (MW 401)
Stammlösung 2Dgal 0,5 M in PBS (MW 164,16)

Für eine gezielte Modifikation der *N*-Glykane des A1AT-Wildtyp werden dem Medium zur Proteinexpression peracetyliertes *N*-Propanoylmannosamin (0,5 mM) und/oder 2-Desoxy-D-galactose (0,25 mM) zugesetzt. Die verwendeten Konzentrationen wurden in früheren Arbeiten bereits getestet [187].

4.4.2 Kultivierung AGE1.HN

Die neuronale Zelle ist eine Suspensionszelllinie, kann aber durch Beschichtung der Kulturgefäße mit Retronectin (2,5 µg für 10-cm-Schale) auch adhärent wachsen. Zur Subkultivierung werden die Zellen trypsiniert und anschließend in Kulturmedium (1:2 DMEM und Ham's F12, 5 % (v/v) FKS, 1 mM Natriumpyruvat, 2 mM L-Glutamin, 100 U/ml Penicillin, 100 µg/ml Streptomycin) resuspendiert, sodass eine Zelldichte von $2\text{-}5 \times 10^5$ Zellen/ml erreicht wird. Die Suspensionszellen werden in AEM kultiviert.

4.4.3 Herstellung Cryokulturen

Zum Sichern von Zellstämmen werden etwa 5×10^6 Zellen aus der exponentiellen Wachstumsphase pelletiert (5 min, 900 rpm) und in 1 ml Einfriermedium (90 % FKS, 10 % DMSO) aufgenommen. Das Einfrieren erfolgt schrittweise (-20 °C, -80 °C, flüssiger Stickstoff) bis zur endgültigen Lagerung in flüssigem Stickstoff.
Das Auftauen der Zellen erfolgt bei Raumtemperatur. Die Zellen werden in 10 ml Zellkulturmedium aufgenommen, zentrifugiert (5 min, 900 × rpm), und das Pellet wird erneut in Zellkulturmedium resuspendiert.

4.4.4 Stabile Transfektion mit Lipofectamin

Für die stabile Expression werden die DNA-Konstrukte mit dem Transfektionsreagenz Lipofectamin in die verwendeten eukaryotischen Zellen eingebracht. Lipofectamin besteht aus einer Mischung kationischer und neutraler Lipide, mit welchen die negativ geladenen Phosphatgruppen der Plasmid-DNA interagieren. Auf diese Weise gebildete Komplexe können von den zu transfizierenden Zellen durch Endozytose aufgenommen werden. Einen Tag vor der Transfektion werden die Zellen in 6-Loch-Platten ausgesät (HEK-293-Zellen 1×10^6, AGE1.HN-Zellen 5×10^6 Zellen/Vertiefung). Das weitere Vorgehen erfolgt nach Anweisung des Herstellers. Zur Gewinnung stabiler Zellen wird als Selektionsdruck in Abhängigkeit vom eingesetzten Expressionsvektor ein Antibiotikum zum verwendeten Kulturmedium zugesetzt (DMEM: 100 µg/ml Zeocin, 50 µg/ml Hygromycin, 500 µg/ml G418; AEM: 50 µg/ml Zeocin, 25 µg/ml Hygromycin, 250 µg/ml G418 oder in Kombination). Die Antibiotikakonzentration wird zuvor in einer Testreihe mit Wildtyp-Zellen bestimmt.

4.4.5 Fluorescent activated cell sorter (FACS)

Das FACS (*fluorescence activated cell sorting*), auch als Durchflusszytometer bezeichnet, ist eine Methode zur Untersuchung ganzer Zellpopulationen. Die Zellen emittieren einen Laserstrahl von 488 nm in unterschiedlicher Weise. Die Streuung ist neben der Größe der Zellen von deren Granularität abhängig. Die Expression eines Proteins kann beispielsweise mittels antikörpervermittelter Fluoreszenz oder mittels Fusion an das grün fluoreszierende Protein (GFP) überprüft werden. Im Rahmen der Arbeit erfolgt mittels FACS-Analyse eine Überprüfung der α (2-6) Sialyltransferase 1-Expression durch einen fluoreszenzgekoppelten Antikörper. Pro Messung werden 1×10^6 Zellen eingesetzt. Die Zellen werden zentrifugiert (5 min, 900 rpm), einmal mit PBS gewaschen (10 ml) und rezentrifugiert. Die Zellsuspension (50 µl) wird in eine 96 *Well*-Platte mit V-Boden überführt, nach Zentrifugation (2 min, 14.000 rpm) wird der Überstand ausgeschlagen. Zur Fixation wird Cytofix/Cytoperm zugegeben und inkubiert (80 µl, 15 min). Nach Zugabe des Waschpuffers erfolgt erneut ein Zentrifugationsschritt (5×PBS, 5 % FKS, 0,05 % Natriumazid, 0,5 % Saponin). Der Antikörper (anti-α (2-6) Sialyltransferase) wird 1:300 in

Waschpuffer aufgenommen und nach 20 min mit 150 µl Waschpuffer ergänzt. Nach Zentrifugation und Ausschlagen der Platte erfolgt die Behandlung mit dem fluoreszenzgekoppelten sekundären Antikörper (Alexa Fluor 647 Cy5 Blue, Invitrogen, A21244), 1:600 in Waschpuffer, 20 min. Die Zugabe von Waschpuffer und Zentrifugation erfolgen wie nach der Behandlung mit dem primären Antikörper. Anschließend werden die Pellets in PBS/BSA aufgenommen, filtriert (Pre-Separation Filter, MACS) und für die Messung in ein FACS-Röhrchen überführt. Der Nachweis der β (1-4) Galactosyltransferase 1 in transfizierten HEK-293-Zellen erfolgte anhand des Fusionsproteins eGFP (*enhanced Green Fluorescent Protein*). Dem codierenden Bereich der β (1-4) Galactosyltransferase schließt sich, gekoppelt über eine IRES-Sequenz (*Internal Ribosomal Entry Site*), die cDNA von eGFP an, sodass eine erfolgreiche Expression durch den Marker eGFP nachgewiesen werden kann (Abbildung 86). Die Messung wird am Facscalibur mit dem Programm CellQuest Pro durchgeführt. Für die Auswertung wird das Programm Flow Jo verwendet.

4.4.6 Zelllyse

Lysepuffer: 1 % (v/v) Triton X-100, 1:25 Complete-Proteinaseinhibitor in Wasser

Die Zellen einer konfluent bewachsenen Kulturschale werden zweimal mit 10 ml PBS gewaschen, zweimal in 10 ml PBS aufgenommen und pelletiert (3 min, 900 rpm). Das Zellpellet wird in 100 µl Lysepuffer aufgenommen und im Überkopfschüttler inkubiert (2 h, 4 °C). Anschließend wird das Zelllysat durch Zentrifugation (15 min, 13.000 rpm, 4 °C) abgetrennt und in ein neues Reaktionsgefäß überführt. Die isolierten Proteine werden mit SDS-PAGE (4.6.1.1) aufgetrennt und immunologisch nachgewiesen (4.6.2.2).

4.4.7 In-vitro-*Clearance*-Assay

Der Asialoglykoprotein-Rezeptor (ASGPR), exprimiert auf der Oberfläche von Hepatozyten, bindet terminale Galactose- und *N*-Acetylgalactosamin-Reste von desialylierten Glykanen [2]. Durch eine rezeptorvermittelte Endozytose wird das Glykoprotein in die Zelle geschleust und im Proteasom degradiert oder im Lysosom in seine Bausteinen gespalten und recycelt [267, 268]. Für einen funktionellen Rezeptor sind im humanen System zwei Untereinheiten erforderlich. Mittels *in-vitro-Clearance*-Assay wird der Abbau der A1AT-Varianten im Vergleich zum A1ATwt untersucht, um den Einfluss zusätzlicher *N*-Glykane auf die *in-vitro-Clearance* zu testen.

Die Plasmide für die Expression der beiden Untereinheiten des ASGPR werden mittels Gateway Technologie (Invitrogen) laut Angaben des Herstellers generiert. Die codierende Sequenz für ASGPR 1 wird nach pcDNA3.1zeo, die codierende Sequenz für ASGPR 2 nach pcDNA3.1hygro umkloniert. Nach Transfektion der HEK-293 mit ASGPR1 und dem erfolgreichen Nachweis des Rezeptors in Zelllysaten der stabil exprimierenden Zellen mittels SDS-PAGE und Western-Blot erfolgt die Transfektion mit ASGPR2. Die erfolgreiche Expression wird erneut durch SDS-PAGE und Western-Blot überprüft. Der *Clearance Assay* wird im 96 *Well*-Format durchgeführt. Die gereinigten und sterilfiltrierten Proteine, A1ATwt und die A1AT-Varianten, werden in DMEM aufgenommen, und das proteinhaltige Medium wird direkt zu den Zellen gegeben. Zur Kontrolle werden neben den HEK-293-Zellen mit einem funktionellen ASGPR, HEK-293wt- und HEK-ASGPR1-Zellen mitgeführt. Die Überstände werden je *Well* zu festgelegten Zeiten abgenommen und bis zur Konzentrationsbestimmung mittels anti-A1AT-ELISA bei -20 °C gelagert.

4.5 Molekularbiologische Methoden

4.5.1.1 Vektoren pcDNA3.1zeo(+), pcDNA3.1hygro

Die pcDNA3 Vektorserie eignet sich für die Expression von rekombinanten Proteinen in Säugerzellen. Der Vektor pcDNA3.1zeo(+) enthält einen CMV-Promotor und besitzt Resistenzgene gegen die Antibiotika Ampicillin und Zeocin. Der Vektor pcDNA3.1hygro enthält einen CMV-Promotor und besitzt Resistenzgene gegen die Antibiotika Ampicillin und Hygromycin (Abbildung 78).

4.5.1.2 Polymerasekettenreaktion

Mithilfe der Polymerasenkettenreaktion können DNA-Sequenzen in-vitro spezifisch vervielfältigt werden [269]. Die DNA-Polymerase katalysiert die Synthese der DNA an einer DNA-Matrize. Der zu amplifizierende Abschnitt wird durch Oligonukleotide (Primer) bestimmt. Durch die Erweiterung der Primer mit dem Template nichtkomplementären Bereichen bietet sich die Möglichkeit, Basen auszutauschen oder Restriktionsschnittstellen anzuhängen.

4.5.1.3 Gerichtete Mutagenese

Die gerichtete Mutagenese zielt auf einen Austausch bestimmter Nukleotide innerhalb einer bekannten Sequenz. Um zusätzliche *N*-Glykosylierungsstellen einzufügen, werden die Triplettcodes so verändert, dass die gewünschte Aminosäure entsprechend dem Motiv NXT in die Proteinsequenz eingebaut wird. Das Pipettierschema für die Mutagenese-PCR wird in der Tabelle 7 gezeigt. Die Pfu-Polymerase wird erst nach einem initialen Denaturierungsschritt von 2 min zugegeben.

Tabelle 7: Pipettierschema für die gerichtete Mutagenese

Reagenz	Volumen
10 × Pfu-Puffer	2,5 µl
10 mM dNTP	1,0 µl
Primer fw (5 µM)	1,0 µl
Primer rev (5 µM)	1,0 µl
Pfu-Polymerase (3 U/µl)	1,5 µl
pcDNA3.1zeo/A1ATwt	0,75 µl
Steriles MilliQ-Wasser (ad 25 µl)	17,25 µl

Tabelle 8: PCR-Programm für die gerichtete Mutagenese

	Temperatur	Zeit	Zyklenzahl
Initiale Denaturierung	95 °C	2 min	
Denaturierung	95 °C	30 s	13 ×
Primeranlagerung	50 °C	30 s	
Strangverlängerung	72 °C	7 min	
Finale Strangverlängerung	72 °C	10 min	

Anschließend wird der PCR-Ansatz mit dem Restriktionsenzym DpnI verdaut, dabei wird die methylierte bakterielle DNA geschnitten, jedoch nicht die neu synthetisierte DNA aus der PCR-Reaktion. Der Verdauansatz mit 20 U DpnI und Reaktionspuffer wird mit Wasser auf ein Volumen von 100 µl gebracht, um störende Komponenten aus der PCR-Reaktion zu verdünnen. Nach Inkubation (2 h, 37 °C) erfolgt eine DNA-Fällung mit zunächst 0,9 ml 3 M Natriumacetat (pH 7,5), anschließend wird 100 %iges Ethanol (800 µl) zugegeben. Nach Zentrifugation (10 min, 14.000 rpm) wird die DNA mit 70 %igem Ethanol (800 µl) gewaschen und das Pellet luftgetrocknet. Anschließend wird das Pellet in 5 µl sterilem MilliQ-Wasser aufgenommen und transformiert (Abschnitt 4.5.5.1).

4.5.1.4 Sequenzbewahrende Amplifikation

In Tabelle 9 ist das Pipettierschema für eine Standard-PCR aufgeführt. Die sequenzbewahrende Amplifikation wird unter anderem zur Kontrolle von Plasmiden und zur Optimierung von PCR-Bedingungen eingesetzt. Alle Reagenzien werden aus dem „Taq PCR-Kit“ verwendet.

Tabelle 9: Pipettierschema für die sequenzbewahrende Amplifikation

Reagenz	Volumen
10 × PCR-Puffer ($MgCl_2$)	5 µl
10 mM dNTP	1,0 µl
Primer fw (5 µM)	2,0 µl
Primer rev (5 µM)	2,0 µl
Taq-Polymerase (5 U/µl)	0,2 µl
Plasmid-DNA (~ 15 ng/µl)	2,0 µl
Steriles MilliQ-Wasser (ad 50 µl)	37,8 µl

Tabelle 10: PCR-Programm für die sequenzbewahrende Amplifikation

	Temperatur	Zeit	Zyklenzahl
Initiale Denaturierung	95 °C	5 min	
Denaturierung	95 °C	30 s	30 ×
Primeranlagerung	50-70 °C	40 s	
Strangverlängerung	72 °C	1 min	
Finale Strangverlängerung	72 °C	10 min	

4.5.2 Agarosegelelektrophorese

4.5.2.1 Elektrophoretische Auftrennung

TAE-Laufpuffer: 40 mM Tris/Essigsäure; pH 8,3; 5 mM Natriumacetat, 1 mM EDTA

6 × DNA-Probenpuffer: 10 mM Tris/HCl; pH 7,6; 60 % Glycerol, 0,15 % Orange G, 0,03 % Xylencyanol FF, 60 mM EDTA

Ethidiumbromidlösung: 1 µg/ml Ethidiumbromid in MilliQ-Wasser

In Abhängigkeit von der erwarteten Fragmentgröße werden Agarosegele verschiedener Konzentration (0,8-1,2 % (w/v)) verwendet. Die Agarose wird in TAE-Puffer unter Aufkochen gelöst und im Gelschlitten bis zur Aushärtung vollständig abgekühlt. Die zu testenden PCR-Produkte oder Restriktionsverdaus werden in DNA-Probenpuffer aufgenommen, auf das Agarosegel geladen und bei einer konstanten Spannung von 100 V in TAE-Laufpuffer aufgetrennt. Anschließend wird das Gel für 5 min in Ethidiumbromidlösung gefärbt, kurz in MilliQ-Wasser gespült und unter UV-Licht betrachtet.

4.5.2.2 Isolierung von DNA aus präparativen Agarosegelen

Nach elektrophoretischer Auftrennung wird das Gel in Ethidiumbromidlösung gefärbt und unter UV-Licht detektiert. Die DNA-Bande wird mit einem in Ethanol gereinigten Skalpell aus dem Agarosegel ausgeschnitten und mithilfe des Gelextraktionskits (NucleoSpin Extract II) nach Angaben des Herstellers isoliert.

4.5.3 Restriktionsverdau

Als Restriktionsverdau wird die spezifische Spaltung von DNA durch bakterielle Restriktionsendonukleasen bezeichnet. Restriktionsendonukleasen vom Typ II schneiden doppelsträngige DNA an definierten Sequenzen, die meist 4–8 bp lang und palindromisch sind. Der Doppelverdau wird mit zwei Restriktionsenzymen durchgeführt und dient der Vorbereitung von Vektor und gereinigtem PCR-Produkt auf die Klonierung oder als Kontrolle einer erfolgreichen Plasmidpräparation. Für die Linearisierung eines Vektors wird mit einem Restriktionsenzym verdaut. Der Ansatz des Verdaus, die Inkubationsdauer und -temperatur werden entsprechend den Angaben des Herstellers gewählt.

4.5.4 Ligation

Die mittels Restriktionsendonukleasen geschnittenen DNA-Fragmente werden mit DNA-Ligase inkubiert und so kovalent verknüpft. Die Ligase bildet mithilfe des Kofaktors ATP Phosphodiesterbindungen aus, sodass sich ein ringförmiges Plasmid ergibt, welches für die Transformation eingesetzt werden kann. Durch den Intensitätsvergleich der Banden eines Agarosegels wird ein Masseverhältnis von 1:3 (Vektor zu Insert) eingestellt. Der Ligationsansatz wird nach Angaben des Herstellers pipettiert.

4.5.5 Herstellung chemokompetenter Bakterien

Tf-Puffer 1:	30 mM Kaliumacetat, 100 mM Rubidiumchlorid, 10 mM Kalziumchlorid, 50 mM Manganchlorid, 15 % Glycerol; pH 5,8 mit Essigsäure, sterilfiltriert
Tf-Puffer 2:	10 mM MOPS, 75 mM Kalziumchlorid, 10 mM Rubidiumchlorid, 15 % Glycerol; pH 6,5 mit 1 M Kaliumhydroxid

Durch die Behandlung mit Rubidiumchlorid wird die Zellmembran der Bakterien vorbereitet, sodass die DNA bei einem Hitzeschock leichter in die Zellen gelangen kann. Eine 2 ml-Starterkultur der gewünschten Bakterien, die am Vortag mit einer Einzelkolonie von einer frischen Platte angeimpft wird, wird zu 75 ml frischem LB-Medium gegeben und inkubiert (37 °C bis $A_{550\,nm} = 0{,}6$). Alle folgenden Schritte werden auf Eis und in gekühlten sterilen Gefäßen durchgeführt. Nach Inkubation auf Eis (5 min) werden die Bakterienzellen abzentrifugiert (5 min, 5000 rpm, 4 °C) und in 20 ml Tf-Puffer 1 resuspendiert. Die Suspension wird nach Inkubation auf Eis (5 min) zentrifugiert (5 min, 5000 rpm, 4 °C). Das Pellet wird in 2 ml Tf-Puffer 2 aufgenommen, auf Eis gekühlt (5 min) und aliquotiert. Die Aliquots werden schockgefroren und bei -80 °C gelagert.

4.5.5.1 Transformation

LB-Medium:	1 % (w/v) Trypton, 0,5 % (w/v) Hefeextrakt, 1 % (w/v) NaCl; pH 7
LB-Agar:	1,5 % (w/v) BactoAgar in LB-Medium
Antibiotikazusatz:	100 µg/ml Ampicillin 50 µg/ml Kanamycin 12,5 µg/ml Chloramphenicol

Die chemokompetenten Bakterien (50 µl) werden mit 5 µl Ligationsansatz oder für eine Retrafo mit 0,5 µl Vektor-DNA (min. 150 ng) versetzt und 30 min auf Eis inkubiert. Die Transformation erfolgt durch einen Hitzeschock (30 s, 42 °C). Nach erneuter Inkubation auf Eis (2 min) werden 500 µl vorgewärmtes LB-Medium zugegeben und eine Stunde bei 37 °C geschüttelt (150 rpm). Die Bakterienzellen werden auf der entsprechenden LB-Platte ausplattiert und über Nacht bei 37 °C inkubiert.

4.5.6 Lagerung von Bakterien in Glycerol

Zur Sicherung von gentechnisch veränderten *E. coli* werden 850 µl einer Übernachtkultur mit 150 µl sterilem Glycerol (100 %) versetzt und bei -80 °C gelagert.

4.5.7 Präparation von Plasmid-DNA

Puffer 1:	50 mM Tris/HCl; pH 8,0; 10 mM EDTA, 100 µg/ml RNase A
Puffer 2:	200 mM NaOH, 1 % SDS
Puffer 3:	2,8 M Kaliumacetat; pH 5,1

Die Isolation von Plasmid-DNA erfolgt durch alkalische Lyse. Bei diesem Schritt werden die Bakterienzellen zunächst aufgeschlossen [270]. Die so freigesetzte DNA wird durch Alkohol gefällt. Für die Aufreinigung kleinerer DNA-Mengen wird LB-Medium für eine Übernachtkultur mit einer Einzelkolonie angeimpft (3 ml, 37 °C). Die Kultur wird pelletiert (5 min, 5000 rpm) und in 150 µl Puffer 1 resuspendiert. Zur Lyse der Zellen werden 150 µl Puffer 2 zugegeben. Nach kurzer Inkubation (3 min, Raumtemperatur) wird die Lösung durch Zugabe von 150 µl eiskaltem Puffer 3 neutralisiert. Nach Zentrifugation (10 min, 14.000 rpm, 4 °C) wird die DNA durch Zugabe von 100 %igem Ethanol (800 µl) aus dem Überstand gefällt. Anschließend wird die pelletierte (10 min, 14.000 rpm) Plasmid-DNA mit 70 %igem Ethanol (500 µl) gewaschen und luftgetrocknet.

Größere Mengen Plasmid-DNA werden mithilfe einer Anionenaustauschersäule gewonnen. Ausgehend von einer Einzelkolonie werden 100 ml LB-Medium 1:1000 aus einer Starterkultur angeimpft. Die Bakterienzellen werden nach Angaben des Herstellers pelletiert, lysiert, und die Plasmid-DNA wird über eine Anionenaustauschersäule (QIAGEN-tip 100) gereinigt. Die eluierte DNA wird durch Zugabe von Isopropanol gefällt und zentrifugiert (30 min, 15.000 × g, 4 °C). Das DNA-Pellet wird mit 70 %igem Ethanol gewaschen und nach erneuter Zentrifugation (10 min, 14.000 rpm) luftgetrocknet. Nach Lösen der isolierten DNA in sterilem MilliQ-Wasser werden Konzentration und Reinheit in einer Quarzküvette photometrisch überprüft [271].

Konzentration:	$OD_{260\ nm}$ = 1 entspricht 50 µg dsDNA/ml
Reinheit:	$OD_{260\ nm}/OD_{280\ nm}$ = 1,8 bis 2,0

4.5.7.1 DNA-Sequenzierung

Die Überprüfung der DNA-Sequenz wird mit der Kettenabbruchmethode nach Sanger et al. durchgeführt [272]. Zunächst wird eine PCR mit einem Primer durchgeführt, um die DNA nur linear zu amplifizieren. Durch den Einbau eines fluoreszenzmarkierten 3',5'-Didesoxynukleotid-Triphosphats (ddNTPs) kommt es aufgrund der fehlenden 3'-Hydroxylgruppe zum Abbruch der DNA-Synthese. Der Einbau erfolgt zufällig, sodass eine Reihe unterschiedlich langer DNA-Fragmente entsteht, die sich nach Auftrennung in der Kapillarelektrophorese durch die fluoreszenzmarkierten ddNTPs nachweisen lassen.

Tabelle 11: Pipettierschema für eine Sequenzierungs-PCR

Reagenz	Volumen
Plasmid-DNA	1,5 µl
5 × BigDye Sequenzierungspuffer	2,0 µl
BigDye Reaktionsmix	1,5 µl
Sequenzierprimer (5 µM)	1,0 µl
MilliQ-Wasser (ad 10 µl)	4,0 µl

Tabelle 12: PCR-Programm für die Sequenzierungs-PCR

	Temperatur	Zeit	Zyklenzahl
Initiale Deanturierung	96 °C	1 min	
Denaturierung	96 °C	10 s	35 ×
Primeranlagerung	50 °C	10 s	
Strangverlängerung	60 °C	4 min	

Das PCR-Produkt wird über eine NucleoSpin Extract II Säule aufgereingt, das Eluat in der Vakuumzentrifuge eingeengt und anschließend in 20 µl Hi-Di Formamid aufgenommen und im Sequenzierer analysiert.

4.6 Proteinbiochemische Methoden

Im Folgenden sind häufig verwendete Puffer aufgeführt.

PBS: 137 mM NaCl, 1,5 mM KH_2PO_4; 2,7 mM KCl; 8,0 mM Na_2HPO_4; pH 7,4

TBS: 20 mM Tris, 137 mM NaCl; pH 7,4

TBST 0,1: 0,1 % Tween 20 in TBS; pH 7,2

4.6.1 Proteinkonzentrationsbestimmung

Zur Bestimmung der Proteinkonzentration der A1AT-Varianten wird der BCA-Assay verwendet [273], der auf der Reduktion von Cu^{2+} zu Cu^{+} beruht, wobei Cu^{+} mit BCA spezifisch einen Farbkomplex bildet. Die Reduktion erfolgt in alkalischer Lösung durch die Seitenketten von Cystein, Cystin, Tyrosin, Tryptophan und der Peptidbindung. Dabei bilden Cu^{+}-Ionen mit Bicinchoninsäure einen violetten Komplex [274]. Der Farbkomplex kann anschließend kolorimetrisch bei 562 nm detektiert werden. Auf einer 96 *Well*-Mikroplatte werden 10 µl der proteinhaltigen Probe mit 100 µl BCA-Reagenz versetzt, welche laut Herstellerangaben frisch angesetzt wird. Nach Inkubation unter leichtem Schütteln (30 min, 37 °C) wird die Absorption im Mikroplattenphotometer bei 562 nm gemessen. Die Proteinkonzentration wird anhand einer Standardkurve mit BSA ermittelt.

4.6.1.1 SDS-Polyacrylamid-Gelelektrophorese (SDS-PAGE)

SDS-Laufpuffer: 25 mM Tris, 192 mM Glycin; 0,1 % (w/v) SDS

Trenngelpuffer: 1,5 M Tris/HCl; pH 8,8

Sammelgelpuffer: 0,5 M Tris/HCl; pH 6,8

4 × SDS-Probenpuffer: 0,3 M Tris/HCl; pH 6,8; 50 % (v/v) Glycerol, 15 % (w/v) SDS 0,015 % (w/v) Bromphenolblau, 8 % (v/v) 2-Mercaptoethanol (reduzierend)

Die Trennung von Proteinen entsprechend ihrer Molekülmasse erfolgt durch die diskontinuierliche Polyacrylamid-Gelelektrophorese (PAGE) nach Laemmli [275]. Diese Methode beruht auf der Wanderung geladener Proteine durch eine Gelmatrix zum entgegengesetzten Pol des angelegten elektrischen Feldes. Das anionische Detergens SDS bindet quantitativ an das Protein, sodass es in Abhängigkeit zu seiner Größe Richtung Anode wandert [274], kleinere Proteine schneller als größere. Des Weiteren bricht SDS die Sekundär- und Tertiärstrukturen des Proteins auf, sodass es vollständig denaturiert vorliegt. Die Polyacrylamidgele werden entsprechend dem Pipettierschema hergestellt (Tabelle 13). Die Proben werden mit SDS-Probenpuffer versetzt und 5 min gekocht. Die Elektrophorese wird mit 20 mA je Polyacrylamidgel bei einem Maximum von 200 V in SDS-Laufpuffer durchgeführt.

Tabelle 13: Pipettierschema für Sammel- und Trenngel

Lösungen	Sammelgel 4 %	Trenngel 10 %
30 % Acrylamid/ 0,8 % Bisacrylamid	0,65 ml	3,3 ml
Sammelgelpuffer	1,25 ml	—
Trenngelpuffer	—	1,7 ml
MilliQ-Wasser	2,95 ml	4,8 ml
10 % (w/v) SDS	50 µl	100 µl
TEMED	5 µl	10 µl
10 % (w/v) APS	50 µl	100 µl

4.6.1.2 Nachweis von Proteinen durch Coomassie-Färbung

Coomassie-Brillant-Blau ist ein Triphenylmethanfarbstoff, der unspezifisch Proteine anfärbt, indem er sich an die basischen Seitenketten der Aminosäuren innerhalb des Proteins anlagert. Das Anfärben von SDS-Gelen erfolgt nach Angaben des Herstellers. Nach der Färbung werden die Gele in Zellglas im Geltrockner getrocknet (1,5 h, 60 °C).

4.6.2 Westernblot

4.6.2.1 Proteintransfer

Blotpuffer: 25 mM Tris, 114 mM Glycin, 10 % (v/v) Ethanol

Ponceau-S-Färbelösung: 0,1 % (w/v) Ponceau-S, 5 % (v/v) Essigsäure

Mittels SDS-PAGE aufgetrennte Proteine lassen sich für weitere Untersuchungen auf eine Trägermembran übertragen [276]. Für den auch als Blotten bezeichneten Vorgang werden das SDS-Gel und die Trägermembran 5 min in Blotpuffer äquilibriert und im Anschluss blasenfrei im Sandwich-Verfahren aufeinander gelegt. Der Proteintransfer erfolgt im Tankblotverfahren unter Kühlung (1 h, 250 mA). Um den Erfolg des Transfers zu überprüfen, wird eine Ponceau-S-Färbung vorgenommen. Nach kurzer Inkubation (1 min) und wiederholtem Waschen mit MilliQ-Wasser werden die Proteinbanden sichtbar. Der Farbstoff bindet reversibel an die positiv geladenen Aminogruppen der Proteine und kann durch Waschen mit PBS wieder vollständig entfernt werden.

4.6.2.2 Immunologischer Nachweis von Proteinen

Blockierlösung: 5 % (w/v) Magermilchpulver in PBS oder TBS

Lösung A: 0,1 M Tris; pH 8,5; 1,25 mM Luminol

Lösung B: 6,8 mM p-Cumarsäure in DMSO

Die elektrophoretisch getrennten Proteine auf der Trägermembran können durch spezifische Antikörper nachgewiesen werden. Die Membran wird in Blockierlösung inkubiert (1 h, RT), um freie Bindungsstellen der Membran abzudecken. Die Inkubation mit den Antikörpern erfolgt wie in Tabelle 14 dargestellt.

Tabelle 14: Verwendete Primär- und Sekundärantikörper für die Immundetektion

Primärantikörper	Verdünnung	Puffer	Inkubationsdauer	Blocken
Anti-hA1AT (HRP)	1:4000	PBS	1 h, Nitrocellulose	5 % MaMiPu
Anti-CMT	1:2000-5000	TBS-$T_{0,1}$ pH 7,2	über Nacht, PVDF	TBS-$T_{0,1}$ pH 7,2
Anti-ASGPR1	1:1666	PBS	über Nacht, PVDF	5 % MaMiPu
Anti-ASGPR2	1:325	PBS-$T_{0,1}$	über Nacht, PVDF	ohne
Sekundärantikörper	**Verdünnung**	**Puffer**	**Inkubationsdauer**	
Anti-Kaninchen-HRP	1:5000	5 % MaMiPu in PBS, PBS-$T_{0,1}$	1 h	
Anti-Maus-HRP	1:5000	5 % MaMiPu in PBS	1 h	

Unspezifisch gebundener Antikörper wird durch wiederholte Waschschritte (10 min, 20 ml) entfernt. Für die Detektion des Signals wird Chemilumineszenz verwendet, die Lösungen (A: 1 ml, B: 10 µl, 1 µl 30 % H_2O_2) werden frisch vorbereitet und 1 ml gleichmäßig auf der Membran verteilt. Die Reaktion wird durch die Peroxidase des konjugierten Antikörpers katalysiert. Nach kurzer Inkubation (1 min) wird das Signal am „VersaDoc 4000 MP“ mit Belichtungszeiten von 60–1500 s detektiert.

Soll eine Membran mehrfach detektiert werden, wird der Antikörper durch saures *Strippen* von der Membran entfernt (200 mM Glycine, 0,1 % SDS, 0,01% Tween 20, pH 2,2, auf 1 l mit Milli Q). Alle Schritte werden bei RT durchgeführt. Auf zwei Inkubationsschritte mit dem Strippingpuffer folgen zwei Waschsschritte mit 1×PBS. Anschließend wird die Membran geblockt.

4.6.3 A1AT-ELISA

Waschpuffer: 0,2 % (v/v) Tween 20 in PBS
Blockierlösung: 1 % (w/v) BSA in Waschpuffer
Stopplösung: 1,8 M H_2SO_4

Der ELISA (*Enzyme-Linked Immunosorbent Assay*) erfolgt nach dem *Sandwich*-Verfahren und dient der sensitiven Konzentrationsbestimmung der rekombinanten A1AT-Varianten. Zunächst wird eine 96 *Well*-Mikrotiterplatte (MaxiSorp) mit dem polyklonalen Anti-hA1AT Antikörper beschichtet (1:8000, 16 h, 4 °C, 100 µl/Vertiefung in PBS). Nach einem Waschschritt (200 µl Waschpuffer/Vertiefung) werden freie Bindestellen mit der Blockierlösung abgedeckt (200 µl/Vertiefung, 2 h, RT). Der Inkubation der Proben in Dreifachbestimmung (100 µl/Vertiefung, 2 h, RT) schließen sich vier Waschschritte an. Es folgt die Inkubation mit dem HRP-konjugierten Anti-hA1AT Antikörper (1:8000, 100µl je Vertiefung, 1 h, RT), der sich sechs Waschschritte anschließen. Nach Zugabe des Substrats (TMB, 1:4 in PBS, 100 µl/Vertiefung) für die Peroxidase wird die Reaktion mit Schwefelsäure (1,8 M, 50 µl/Vertiefung) abgestoppt und der entstandene Farbstoff bei einer Wellenlänge von 450 nm (Referenz 620 nm) im Mikroplattenphotometer „Infinite M200" gemessen. Die Quantifizierung erfolgt anhand von rekombinantem A1AT aus Zellüberstand der AGE1.HN, welches in Doppelbestimmung gemessen wird. Zur Auswertung der Daten wird das Programm „Magellan V 6.4" verwendet.

4.6.4 A1AT-Aktivitätsassay

Reaktionspuffer: 15 mM Tris, 100 mM NaCl; 0,01 % (v/v) Triton X-100
Trypsin: 100 µg/ml Trypsin in PBS
BAPNA: 2,75 µM in Reaktionspuffer

Die Aktivität von A1AT lässt sich indirekt über die inhibitorische Wirkung gegenüber Trypsin bestimmen. Die Aktivität von Trypsin selbst kann durch die Reaktion mit N-Benzoyl-D,L-arginin-p-nitroanilin (BAPNA) ermittelt werden. Dabei wird BAPNA durch Trypsin am Arginin gespalten, sodass es zur Freisetzung des Farbstoffs p-Nitroanilin kommt, der photometrisch nachgewiesen werden kann. Demnach entspricht eine höhere Absorption in dem Test einer größeren Menge aktiven Trypsins und somit einer geringeren A1AT-Aktivität. In Vorbereitung auf den Test werden die Proben im ELISA quantifiziert und in der Konzentration angeglichen. Für den Aktivitätstest werden 60 µl A1AT (1,2 µg) mit 20 µl Trypsin (2 µg) vorinkubiert (10 min, 37 °C). Anschließend werden die Proben in Dreifachbestimmung (20 µl des vorinkubierten A1AT-Trypsin-Mixes/Vertiefung) in einer 96 *Well*-Mikrotiterplatte mit 90 µl BAPNA inkubiert (40 min, 37 °C). Die Messung der Absorption erfolgt bei 405 nm im Mikroplattenphotometer „Infinite M200". Die Quantifizierung wird anhand der Standardreihe des rekombinanten A1AT aus Zellkultur-überstand der AGE1.HN, welche in Doppelbestimmung gemessen wird (1,0-0,031 µg; 1:2-Verdünnungschritte). Zur Auswertung der Daten wird das Programm „Magellan V 6.4" verwendet.

4.7 Chromatographische Methoden

Alle Lösungen werden vor der Verwendung sterilfiltriert (0,45 µm).

4.7.1 Anionaustauschchromatographie

Säule: MonoQ 5/50 GL und Q Sepharose Fast Flow XK16
Puffer A: 0,5 × PBS
Puffer B: 0,5 × PBS; 1 M NaCl

Proteine binden aufgrund ihrer Nettoladung unterschiedlich stark an eine geladene Säulenmatrix. Je nach Stärke der Wechselwirkung, die von pH-Wert und Ionenstärke des Puffers sowie dem isoelektrischen Punkt des Proteins abhängt, können gebundene Proteine mit einem ansteigenden Salz- oder pH-Gradienten eluiert werden [277]. Das Säulenmaterial besteht aus einer hydrophilen Polyetherharzmatrix mit quartären Ammoniumliganden ($-CH_2-N^+(CH_3)_3$), welche mit den sauren Gruppen des Proteins in Wechselwirkung treten. Für den ersten Aufreinigungsschritt der A1AT-Varianten wird der Zellkulturüberstand zentrifugiert (20 min, 1000 rpm, 4 °C). Kleine Partikel werden durch Filtration (0,22 µm Filter) entfernt, anschließend wird der Überstand 1:2 mit MilliQ-Wasser verdünnt und auf die mit Puffer A äquilibrierte Säule aufgebracht (2 ml/min). Die Säule wird mit Puffer A gewaschen, bis die Absorption bei 280 nm konstant bleibt. Im Anschluss wird ein linearer Salzgradient angelegt (1 ml/min, Puffer A gegen Puffer B, 0–100 % innerhalb von 4 ml). Die Elution der Proteine wird bei einer Absorption von 280 nm verfolgt, die Eluate werden in 1 ml-Fraktionen gesammelt. Zur Überprüfung werden die Fraktionen mittels SDS-PAGE und anschließender Coomassiefärbung des Gels (4.6.1.2) analysiert.

4.7.2 Gelfiltration

Säule: Superdex 200 (S200) 10/300 GL, (High Load 16/60 Superdex 200 prep grade)
Gelfiltrationspuffer: 0,5 × PBS, (1 × PBS)

Die Gelfiltration ermöglicht eine Trennung der Proteine nach Größe und Form. Die Säulenmatrix besteht aus einem quervernetzten Polymer mit definierter Porengröße. Beim Durchlaufen dieser Matrix wandern größere Proteine schneller, da sie nicht wie die kleineren in die Poren der Polymerkügelchen eindringen können. Die Gelfiltration wird mit den A1AT-enthaltenden Fraktionen der Anionenaustauschchromatographie durchgeführt (0,6 ml (3 ml)). Diese werden mit einer Fließgeschwindigkeit von 0,5-1 ml/min auf die mit Gelfiltrationspuffer äquilibrierte Säule aufgebracht. Die Absorption wird bei 280 nm verfolgt. Es werden 0,5 ml Fraktionen gesammelt, die nach gelelektrophoretischer Auftrennung mittels anschließender Coomassiefärbung (4.6.1.2) analysiert werden.

4.8 Pharmakokinetische Analyse

Die pharmakokinetischen Eigenschaften von A1ATwt und den A1AT-Neoglykoproteinen werden im Tierversuch in der Maus untersucht. Die Tierhaltung und Versuchsdurchführung erfolgt im Tierlabor der EPO GmbH (Berlin-Buch). Die erwachsenen weiblichen CD1-Mäuse weisen ein Gewicht von 22-25 g auf (Charles River). Die Haltung erfolgt in Gruppen von nicht mehr als fünf Tieren pro Käfig unter vollklimatisierten Bedingungen bei einer Temperatur von 23 °C mit einem Tag-Nacht-Zyklus sowie Zugang zu Wasser und Futter.
Den Mäusen wird in Gruppen von je drei Tieren die sterilfiltrierte Probe einer A1AT-Variante über die Schwanzvene gespritzt (Dosis 30 µg/ 100 µl). Nach Applikation der Proteinlösungen wird Blut aus dem *orbital sinus* der Maus entnommen (nach 5 min, 30 min, 120 min, 6 h, 24 h, 48 h, 72 h) und um ein Gerinnen zu verhindern in Greiner-Röhrchen, beschichtet mit EDTA, aufgenommen. Die Lagerung der Plasmaüberstände bis zur weiteren Untersuchung erfolgt bei -80 °C. Die A1AT-Konzentration im entnommenen Plasma wird mithilfe des A1AT-ELISA bestimmt (4.6.3). Die Berechnung der pharmakologisch entscheidenden Größen der „Fläche-unter-der-Konzentrations-/Zeitkurve („area under the curve", AUC), der Elimination (k), der Halbwertzeit ($t_{1/2}$), sowie der *Clearance* (CL) wird mithilfe folgender Formeln durchgeführt [278],

$$y = y_{(0)} e^{-kx}$$

$$t_{1/2} = \ln 2/k$$

$$AUC_{0-tz} = \sum_{i=1}^{z} \left(\frac{C_i \cdot t_i + C_{i-1} \cdot t_{i-1}}{2} \right) \cdot (t_i - t_{i-1})$$

$$CL = \left(\frac{\text{injizierte Dosis}}{AUC_{0-tz}} \right).$$

Die Variable *y* gibt die Konzentration [µg/ml] an, *x* den Zeitpunkt [h], C_i entspricht den gemessenen Konzentrationen von A1AT zum Zeitpunkt t_i und t_z dem letzten berücksichtigten Zeitpunkt (72 h). Die AUC ist dabei ein Maß für die Bioverfügbarkeit einer Substanz, die CL beschreibt die Verweildauer des Stoffes im Blut.

4.9 Oxidationsmessung

Die Arbeiten zur Untersuchung des Einflusses der rekombinanten A1AT-Varianten auf Neutrophile wurden bei der Firma CellTrend GmbH (Luckenwalde) durchgeführt. Die Proteinkonzentrationen der gereinigten A1AT-Varianten werden im BCA-Assay überprüft und mit PBS auf die gewünschte Konzentration eingestellt. Im Anschluss wird die Probe sterilfiltriert und auf Trockeneis an die Firma CellTrend GmbH versandt.
Die Oxidationsmessung wird bei der Firma CellTrend GmbH nach folgenden Angaben durchgeführt: Der Test erfolgt in 100 µl Heparin-Vollblut (10 min, 37 °C). Als

Positivkontrolle wird Phorbol 12-myristat 13-acetat (PMA; 10 µl 1 µg/ml) verwendet. Jeder Ansatz wird mit einem gleichbleibenden Volumen (10–25 % Testsubstanz und 10 µl PMA oder 10 µl PBS). Nach Zugabe von 20 µl 100 µM 2',7'-Dichlorofluorescein-Diacetat (DCFA) erfolgt eine weitere Inkubation (10 min, 37 °C). DCFA ist ein sensitiver Indikator für die Akkumulation von reaktiven Sauerstoffspezies [198, 199]. Es wird nach der Aufnahme durch die Zellen hydrolytisch in nicht mehr zellmembrangängiges Dichlorfluorescein umgesetzt, welches eine hohe Reaktivität gegenüber oxidativen Spezies besitzt. Es wird bei dieser Reaktion zu dem eigentlichen Fluorophor 2',7'-Dichlorfluorescein (DCF) umgesetzt, welches sensitiv quantifiziert werden kann. Zu diesem Zweck werden die Erythrozyten lysiert (1 ml Lyse-Puffer), pelletiert (400 g) und gewaschen (3 ml PBS). Zur Messung werden die Zellen in 300 µl PBS aufgenommen und sofort am Durchflusszytometer gemessen. Die Granulozyten- und die Monozytenpopulation werden durch ein Gate im Vorwärts-/Seitwärtsstreulicht-Dotplot ausgewählt. Es werden jeweils 10.000 Granulozyten gemessen. Zur Auswertung der Daten werden der Mittelwert und der Median der Fluoreszenzintensität (Histogramm) bestimmt.

4.10 Assay zur Untersuchung des invasiven Potenzials von A549-Zellen

Die Arbeiten zur Untersuchung des invasiven Potenzials von A549-Zellen unter dem Einfluss der rekombinanten A1AT-Varianten wurden bei der Firma CellTrend GmbH (Luckenwalde) durchgeführt. Die Proteinkonzentrationen der gereinigten A1AT-Varianten werden im BCA-Assay überprüft (4.6.1) und mit PBS auf die gewünschte Konzentration eingestellt. Im Anschluss wird die Probe sterilfiltriert und auf Trockeneis an die Firma CellTrend GmbH versandt.

Der Test wird nach den folgenden Angaben durchgeführt: Eine 24-*Transwell*-Platte (6,5 mM, 8,0 µm) wird 24 Stunden vor Testbeginn mit 10 % Matrigel Matrix beschichtet. Nur metastatische Tumorzellen und Leukozyten können die Barriere aus Matrigel Matrix durchqueren, nicht karzinogene Zellen sind jedoch nicht invasiv [279, 280]. Der Test wird in Dreifachbestimmung durchgeführt. Die A549-Zellen (50 µl, 5×10^6 Zellen/ml, in RPMI 1640 ohne FKS) werden entsprechend 250.000 Zellen in den oberen Teil der Kammer ausgesät (Abbildung 74). In den oberen Teil werden anschließend die Testsubstanzen zugegeben. Das Medium unter der Kammer wird mit 10 % FKS versetzt (Negativkontrolle mit 0 % FKS, unbehandelte Kontrolle). Nach 24 Stunden Kultivierung wird die Migration mittels ATP-Bioluminescence-Assay gemessen [281].

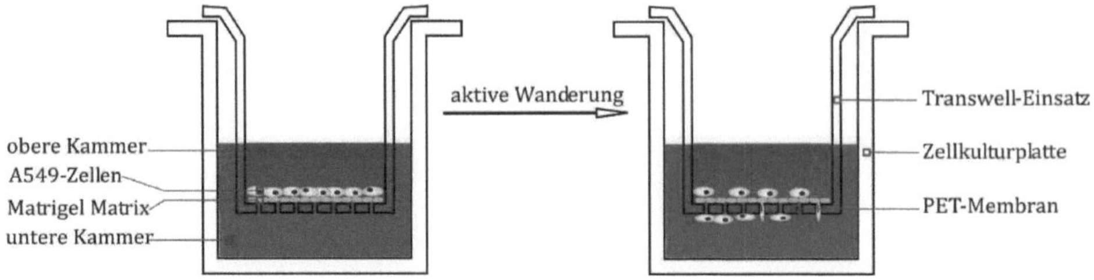

Abbildung 74: Experimenteller Aufbau für die Untersuchung des invasiven Potenzials. Einfluss der rekombinanten A1AT-Varianten auf eine aktive Wanderung von A549-Zellen.

4.11 Glykananalytische Methoden

4.11.1 Enzymatische Freisetzung von Glykanen

Für die Untersuchung der asparagingebundenen *N*-Glykane des A1AT und der Varianten ist die Abspaltung der Glykane notwendig. Diese erfolgt durch enzymatische Freisetzung mittels Peptide-N^4-(*N*-Acetyl-*ß*-glucosaminyl) Asparagine Amidase (PNGase F). Die Endoglykosidase spaltet die *N*-glykosidische Bindung zwischen der Zuckerkette und dem Asparagin des Polypeptids [162, 282]. Zunächst werden 30 µg A1AT, um Störsignale zu verhindern, im Glasgefäß in der Vakuumzentrifuge getrocknet und anschließend denaturiert (0,1 % SDS, 2 % 2-Mercaptoethanol, 5 min 95 °C, 2 % NP-40, 0,5 U PNGase F). Nach Inkubation (16 h, 37 °C) wird das Enzym durch kurzes Erhitzen inhibiert (5 min, 95 °C). Für die weitere Analyse werden die Glykane in Abhängigkeit vom Arbeitsziel mit Calbiosorb, C18- und Carbograph-Material aufgereinigt. Eine Übersicht zu den verwendeten Methoden ist in Abbildung 75 dargestellt.

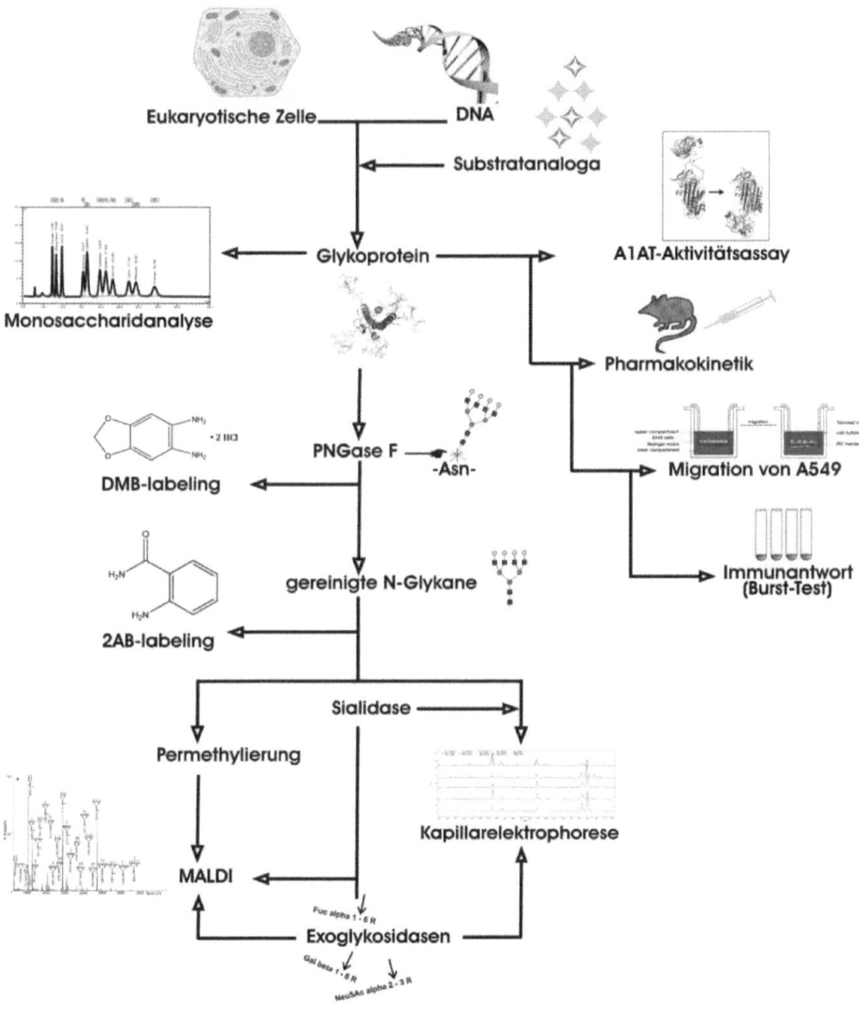

Abbildung 75: Methodenübersicht zur Generierung, Isolierung und Charakterisierung von *N*-Glykanen aus rekombinantem A1AT. Nach Expression und chromatographischer Aufreinigung werden die Glykoproteine für *in vivo*- oder *in vitro*-Tests eingesetzt. Für die *N*-Glykananalyse erfolgt eine TFA-Hydrolyse mit anschließender Monosaccharidanalyse. Enzymatisch freigesetzte *N*-Glykane werden nach Markierung mittels HPLC-Methoden untersucht. Desialylierte *N*-Glykane können nach APTS-Markierung mittels Kapillarelektrophorese bestimmt werden. Die *N*-Glykane können nach Permethylierung oder verschiedenen Exoglykosidaseverdaus mittels MALDI-TOF-MS untersucht werden. Aufreinigungsschritte und detaillierte Arbeitsschritte zwischen den verwendeten Methoden sind nicht dargestellt.

4.12 Isolierung und Aufreinigung von *N*-Glykanen

4.12.1 Calbiosorb

Um die beim PNGase F-Verdau zugesetzten Detergenzien aus der Probe zu entfernen, wird die Probe mit den mit MilliQ-Wasser gewaschenen hydrophoben Granulatkügelchen behandelt (400 µl Schlämme in Wasser, 16 h, rotierend). Das Material adsorbiert und entfernt organische Verunreinigungen aus der Probe, die bei der MALDI-TOF (*matrix-assisted laser-desorption ionization–time of flight*) stören würden.

4.12.2 C18 Reversed-Phase-Chromatographie

An der C18-Matrix binden Proteine und Glykoproteine reversibel, freie Glykane jedoch nicht. Zur Trennung von Peptiden und Glykanen wird die Probe auf 0,1 % TFA angesäuert. Die Säule (Extract-Clean C18 SPE 100 mg, 1,5 ml) wird äquilibriert (80 % ACN, 0,1 % TFA und 0,1 % TFA in H_2O). Nach Aufbringen der Probe auf die Säule werden die Glykane mit von der Säule gewaschen (0,1 % TFA in H_2O), der Peptidanteil kann im zweiten Schritt von der Säule eluiert werden (50 % ACN, 0,1 % TFA). Das gewonnene Eluat wird entweder mit einer Carbograph-Säule weiter behandelt oder in der Vakuumzentrifuge eingeengt.

4.12.3 Carbograph-Säule

Das Graphit-Material bindet Oligosaccharide und Proteine [283] und ermöglicht durch gezielte Elution eine Trennung von Glykanen und Peptiden, insbesondere nach Enzymverdau, des Weiteren werden Salze aus der Probe entfernt. Die verwendeten Lösungen werden stets frisch bereitet. Zunächst wird die Probe auf 0,1 % TFA gebracht. Die Säule (Alltech Extract-Clean Carbograph SPE 150 mg, 4 ml) wird äquilibriert (80 % ACN, 0,1 % TFA und 0,1 % TFA in H_2O). Im Anschluss wird die angesäuerte Probe auf die Säule gebracht und gewaschen (0,1 % TFA in H_2O). Die gebundenen Glykane werden in 25 %igem Acetonitril eluiert (25 % ACN, 0,1 % TFA). Die ungeladenen Strukturen eluieren zuerst, die geladenen werden in Schritt zwei und drei von der Säule gelöst [284].

4.12.4 TopTip

Bei den TopTip Typ 2 handelt es sich um Graphit-gefüllte Pipettenspitzen, die analog zu den Carbograph-Säulen verwendet werden. Einsatz finden die Pipettenspitzen beispielsweise nach Exoglykosidaseverdaus, die in kleinen Volumina erfolgen. Die Spitzen werden mittels Adapter in Eppendorf-Reaktionsgefäßen fixiert und in der Minifuge nach jedem Schritt kurz zentrifugiert (10 s, Volumen je 10 µl).

4.12.5 Entfernung von Salzen

Wenn nach der Trocknung, insbesondere nach Essigsäurehydrolyse, noch Salzspuren sichtbar sind, wird die Probe durch Zugabe von Ethanol/Methanol (1:1) und einer wiederholten Trocknung in der Vakuumzentrifuge entsalzt.

4.12.6 Trocknen von Proben

Proben werden zur Volumenverringerung von Aufreinigungen, zum Aufkonzentrieren von Fraktionen nach der Gelfiltration und dem Umpuffern der Proben für eine Exoglykosidasebehandlung in der Vakuumzentrifuge eingeengt.

4.12.7 Exoglykosidasebehandlung

Spezifische Exoglykosidasen werden für eine genaue Charakterisierung eingesetzt, um die einzelnen Monosaccharide der isolierten *N*-Glykane Schritt für Schritt abzuspalten und Rückschlüsse auf den Bindungstyp und die Position des jeweiligen Monosaccharids zu ziehen [285, 286].

4.12.7.1 Sialidase

Für die vollständige Desialylierung wird Neuraminidase (Arthrobacter ureafacien, Roche) verwendet, die α (2-3,6,8) Bindungen spaltet [287]. Die aufgereinigten *N*-Glykane (20 µg Glykoprotein) werden in 100 mM Natriumacetatpuffer pH 5,0 verdaut (10 µl, 37 °C, 16 h, 100 mU/ml Sialidase). Vor der massenspektrometrischen Messung wird die Probe mittels TopTip aufgereinigt (4.12.4), anschließend in MilliQ-Wasser aufgenommen und auf das Target gespottet.

4.12.7.2 Fucosidase

Die Defucosylierung der Glykane wird entweder mit α (1-3,4) Fucosidase (50 U/ml), welche spezifisch für antennär gebundene Fucosen ist [288], oder mit α (1-2,3,4,6) Fucosidase (0,2 U/ml) durchgeführt, welche auch antennäre Fucosen abspaltet, jedoch eine deutlich größere Aktivität gegenüber core-gebundenen Fucosen aufweist. Nach Inkubation (37 °C, 16 h) erfolgt eine Inaktivierung (5 min, 95 °C). Im Anschluss wird die Probe mittels TopTip entsalzt (4.12.4) und massenspektrometrisch untersucht. Das Ergebnis der Verdaue im Vergleich erlaubt Rückschlüsse auf die Position der Fucose.

4.12.7.3 Galactosidase

Um zwischen Galactosen und Lactosamineinheiten zu differenzieren, werden Enzymverdaus mit Galactosidasen durchgeführt. Die β-Galactosidase katalysiert die Hydrolyse der terminal gebundenen Galactosen in komplexen *N*-Glykanen (0,5 U/ml, 37 °C, 16 h). Zuvor sollten terminale Fucosen entfernt werden, da sie die Aktivität der Galactosidase einschränken. Um Rückschlüsse auf den Verknüpfungstyp zu erhalten werden spezifische Galactosidasen eingesetzt (5 mU/ml β-1/3,6) Galactosidase, 0,2 U/ml β (1-4) Galactosidase, 37 °C, 16 h). Nach der Entsalzung mittels TopTip wird die Probe mit MALDI-TOF/ TOF gemessen.

4.13 Permethylierung von *N*-Glykanen

Die Permethylierung der isolierten Sialo-*N*-Glykane ermöglicht die Analyse mittels MALDI-TOF-MS [289]. Die derivatisierten Hydroxylgruppen steigern das Potenzial der Oligosaccharide zu ionisieren. Die Modifikation führt zu einer höheren Sensitivität, was zu einem günstigeren Peak-Basisrauschen-Verhältnis führt. Zudem können gleichzeitig neutrale und geladene Zucker detektiert werden. Zunächst wird eine NaOH/DMSO-Lösung hergestellt (3–4 NaOH-Plätzchen, 3 ml wasserfreies DMSO, mörsern). Die Lösung wird vor Benutzung und während der Verwendung wiederholt gründlich gevortext. Die gereinigten *N*-Glykane (ausgehend von 20 µg Protein) werden eingeengt und in der NaOH/DMSO-Lösung resuspendiert. Nach Inkubation und wiederholtem Vortexen wird CH_3I zugegeben. Während der Inkubation bildet sich bei ausreichend basischem pH ein weißlicher Niederschlag. Im Folgenden werden erneut NaOH/DMSO-Lösung und CH_3I zugegeben und weiter unter mehrfachem Vortexen inkubiert. Nach Zugabe von $CHCl_3$ und MilliQ-Wasser wird die wässrige Phase so lange erneuert und verworfen, bis pH 7 erreicht wird (pH-Streifen). Die Probe wird getrocknet und in 10 µl 70 % ACN resuspendiert. Für die Massenspektrometrie werden 0,5 µl der permethylierten Probe mit 0,5 µl Matrix auf das Target aufgetragen (4.14.2).

4.14 Massenspektrometrie mittels MALDI-TOF-MS Ultraflex III Bruker

MALDI (*matrix-assisted laser desorption ionization*) ist ein Verfahren in der Massenspektrometrie, welches die Charakterisierung eines Moleküls nach seiner Masse ermöglicht. Das Gerät setzt sich aus drei Hauptkomponenten zusammen: der Ionenquelle, dem Analysator (*time of flight*) und dem Detektor. Hauptvoraussetzung für die Messung ist die Entstehung von Ionen, da die Moleküle nur anhand ihrer Ladung detektierbar sind. Die Grundlage für eine Messung ist die Kokristallisation von Analytmolekül und Matrix. Als Matrix werden kleine organische Moleküle eingesetzt, die in Abhängigkeit von der Probe gewählt werden. Die durch den Laser erzeugten Ionen sind einfach geladen. Die Analyse erfolgt durch das Anlegen eines elektrischen und/oder magnetischen Feldes. Die Daten werden im Hochvakuum mittels Flugzeitanalysator in Form eines Masse-zu-Ladung-Verhältnisses (m/z) gewonnen, da die Anzahl der Kationen bzw. Deprotonierungen das Verhalten im elektrischen Feld verändern. Aufgrund der bekannten Strecke (Beschleunigungselektrode bis Detektor) und der bekannten angelegten Spannung, kann aus der Flugzeit die Masse des Ions bestimmt werden. Moleküle mit kleinerer Masse haben eine kürzere Flugzeit. Zusätzlich kann der Reflektor verwendet werden, der im Vergleich zum linearen Modus eine höhere Auflösung liefert. Eine wichtige Rolle spielt die Fragmentierung von Analyten. Dabei wird das Mutter-Ion gezielt zerstört, wodurch

Fragmente entstehen, die im MS^n-Modus bestimmt werden. Für Standardmessungen am MALDI-TOF-MS Ultraflex III werden folgende Einstellungen verwendet:

Tabelle 15: Standardparameter für die Messung am MALDI-TOF-MS Ultraflex III

	Positiver Modus	Negativer Modus
PIE Delay	10 ns	10 ns
Ionenquelle-Spannun	25 kV	20 kV
Ionenquelle-Spannun	21,5 kV	17,2 kV
Linsenspannung	10 kV	8 kV
Reflektor-Spannung 1	26,3 kV	21 kV
Reflektor-Spannung 2	13,75 kV	10, 979 kV
Laserintensität	15-40	30-60

4.14.1 Matrizes im positiven Modus

Für die Analyse im positiven Modus wird Arabinosazon (ARA, 5 mg in 1 ml EtOH) oder 2,5-Dihydroxybenzoesäure (DHB, 10 mg/ml 10 % ACN) verwendet [290, 291]. Die Oligosaccharide werden mit Sialidase behandelt oder sind durch die Permethylierung (Abschnitt 4.13) derivatisiert. Die entsalzten *N*-Glykane (0,5 µl) werden auf das Stahltarget aufgetragen und mit 0,5 µl der Matrix versetzt. Die Messung ist nach vollständiger Trocknung der Probe möglich. Als Kalibrierstandard wird Dextran-Hydrolysat (0,15 µg/µl) verwendet.

4.14.2 Matrizes im negativen Modus

Die Messung sialylierter *N*-Glykane oder die Kontrolle der Probe auf posttranslationale Veränderungen wie Phosphorylierung und Sulfatierung wird im negativen Modus in den Matrizes DHB (10 mg/ml 50 % ACN) oder in α-Cyano-4-hydroxy-zimtsäure (Spatelspitze ACCA in 70 % ACN, 10 min Ultraschall, 3 min 14.000 rpm) durchgeführt [292].

4.15 Kapillarelektrophorese-laserinduzierter Fluoreszenz (CE-LIF)

CHO-Puffer: Beckman Coulter
THF/L3: 50 % Tetrahydrofuran; 7,5 % AcOH in MilliQ-Wasser
$NaCNBH_3$: 1 M $NaCNBH_3$ in Tetrahydrofuran
APTS in Essigsäure 100 mg/ml in 15 % Essigsäure

Mittels Kapillarelektrophorese (*capillary electrophoresis*, CE) lassen sich *N*-Glykane in einem elektrischen Feld nach Größe und Struktur auftrennen. Die Messungen wurden an der Messapparatur der Firma Beckman mit einer integrierten Spannungsquelle und einem Fluoreszenzdetektor durchgeführt. Die nötige Ladung erhalten die Glykane durch eine Aminierungsreaktion mit dem negativ geladenen Fluorophor 8-Aminopyrene-1,3,6-trisulfonat (APTS) an das reduktive Ende. Die Messung erfolgt mittels laserinduzierter Fluoreszenz (LIF) bei 488 nm und einer Emission von 520 nm. Im Unterschied zur Massenspektrometrie können auch Strukturisomere mit identischer Masse aufgetrennt werden. Die desialylierten und aufgereinigten *N*-Glykane werden mit APTS markiert (3 µl THF/L3, 0,5 µl $NaCNBH_3$, 0,5 µl APTS-Lösung, 37 °C, 16 h). Das verwendete Programm ist in Tabelle 16 aufgeführt. Die Anregung erfolgt bei 488 nm, die Emission bei 520 nm. Die Auswertung der Daten erfolgt mit dem Programm „32 Karat".

Tabelle 16: Programmierung der CE-LIF zur Auftrennung der APTS-gelabelten *N*-Glykane

Zeit [min]	Event	Werte	Dauer	Zugang	Ausgang
	Spülen	30,00 psi	2 min	BI:B1	B0:B1
	Injektion	0,50 psi	4 s	SI:D1	B0:B1
	Pause		0,2 min	BI:A1	B0:A1
0,00	Separate-Voltage	30,00 kV	20 min	BI:A2	B0:A2
1,00	Autozero				
20,00	Ende				

4.16 Markierung von *N*-Glykanen

4.16.1 Fluoreszenzmarkierung von Oligosacchariden mit 2-Aminobenzamid

Die Reaktion mit 2-Aminobenzamid (2AB) beruht auf der Eigenschaft aromatischer Amine mit Aldehydgruppen, am reduzierenden Ende der Glykanstrukturen zu reagieren. Unter der Abspaltung von Wasser kommt es zur Bildung einer Schiff'schen Base. Ein Molekül 2AB reagiert mit einem Oligosaccharide. Die Zugabe des starken Reduktionsmittels Natriumcyanoborhydrid führt zur Reduktion der Schiff'schen Base zu einem sekundären Amin. Das Produkt wird dem Gleichgewicht entzogen, wodurch eine größere Stabilität und eine quantitative Markierung gewährleistet werden [293]. Die Markierung ermöglicht die Derivatisierung und Quantifizierung der Glykane in der HPLC [294, 295]. Die Stabilität der Markierung ermöglicht weitere Untersuchungen in der Massenspektrometrie [296]. Das Reaktionsgemisch wird stets frisch bereitet und ist wie die derivatisierten Proben lichtempfindlich und daher nur eine Stunde lang verwendbar. Die Proben sollten deshalb während der Inkubation vor direktem Licht geschützt werden. Das 2AB (0,05 mg/µl Endkonzentration) wird in einem Essigsäure/DMSO-Gemisch (7:3) gelöst. In dieser Lösung wird das Natriumcyanoborhydrid (5:6, 2AB zu $NaCNBH_3$) aufgenommen. Je nmol eingeengtes Glykoprotein werden 10 µl des Reagenz zugegeben (2 h, 65 °C). Die sich anschließende Aufreinigung der Glykane über die Papierchromatographie dient der Abtrennung des überschüssigen 2AB (je 5 µl auf 3 mM Chromatographiepapier, 2,5 × 10 cm). Nach Trocknung (3 h, lichtgeschützt) erfolgt die Chromatographie in

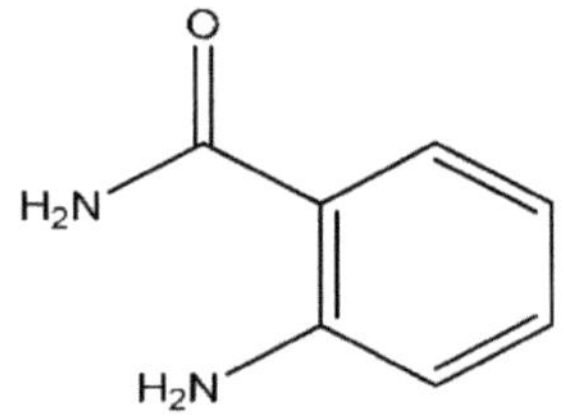

Abbildung 76: 2-Aminobenzamid wird zur Fluoreszenzmarkierung von Oligosacchariden eingesetzt.

Butanol:Ethanol:Wasser (4:1:1) für 60 min in der Glaskammer. Nach der Auftrennung und Trocknung werden die Spots unter UV-Licht ausgeschnitten und anschließend in Luer-Lock-Spritzen (3 ml) mit einem aufgesetzten Millex-HV Filter (4 mM; 0,22 µm) nach kurzer Inkubation eluiert (3 × 500 µl MilliQ-Wasser, 10 min Inkubation, 5 min 3000 rpm/min).

4.16.1.1 Hydrolyse von Sialinsäuren

Für die Hydrolyse werden 20 µg des eingeengten Glykoproteins in 200 µl 3 M Essigsäure aufgenommen und für 90 min bei 80 °C inkubiert. Dem kurzen Abkühlen auf Eis folgt die Neutralisation (NH_3 und MilliQ-Wasser). Das sich bildende Salz wird durch die Zugabe von Ethanol/MilliQ-Wasser (3:1), Trocknung, Ethanol/MilliQ-Wasser (1:1) und erneuter Trocknung entfernt. Die Entsalzungsschritte sind in Abhängigkeit von der Salzbildung zu wiederholen (2-3 ×).

4.16.1.2 1,2-Diamino-4,5-Methylendioxybenzen-Fluoreszensmarkierung

DMB-Reagenz: 15,7 mg DMB-2 HCl, 17,1 mg Natriumdisulfit, 586 µl 2-Mercaptoethanol ad 10 ml (min. 3 Wochen Lagerung in Aliquots, -20 °C, Lichtempfindlichkeit beachten)

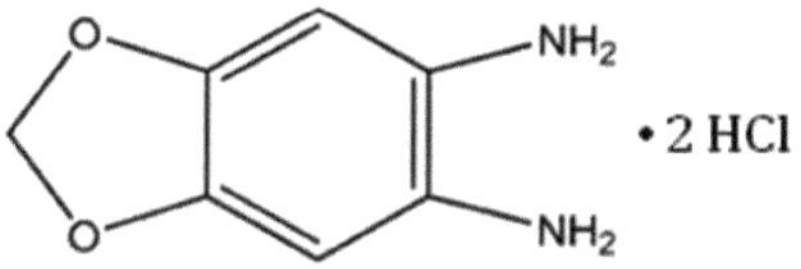

Abbildung 77: 1,2-Diamino-4,5-Methylendioxybenzen wird für die Fluoreszenzmarkierung von Sialinsäuren eingesetzt.

Diese Methode ermöglicht die Markierung von Sialinsäuren und anderen 2-Keto-Säuren und damit die Detektion in der HPLC [167, 297]. Zur Quantifizierung wird ein Standard (N-Acetylneuraminsäure) verwendet, der parallel zur Probe analysiert wird. Nach Hydrolyse des Glykoproteins (4.16.1.1) wird die Probe gelöst (10 µl MilliQ-Wasser) und mit 100 µl DMB-Reagenz versetzt. Die Inkubation erfolgt unter Lichtschutz (2,5 Stunden, 56 °C, 300 rpm/min). Eine Lagerung der markierten Probe ist bei -20 °C möglich.

4.17 HPLC-Methoden

Zur Untersuchung mittels HPLC sind verschiedene Säulen und Trennungsbedingungen nötig, um Glykanstrukturen und deren Bausteine zu charakterisieren.

4.17.1 Monosaccharidbestimmung mit HPAEC-PAD

Grundlage der HPAEC-PAD (*High-Performance Anion-Exchange Chromatography with Pulsed Amperometric Detection*) ist die Anionenaustauschchromatographie, die eine Auftrennung unter alkalischen Bedingungen ermöglicht. Die alkalischen Bedingungen sind

Voraussetzung für einen direkten Kohlenhydratnachweis mittels PAD [298]. Bei hohen pH-Werten liegen die Mono- und Oligosaccharide in deprotonierter Form vor. Die resultierenden Anionen werden an der Dionex Summit auf einer PA-1-Säule (250 × 2 mM) getrennt. Durch Oxidation oder Reduktion der Kohlenhydrate an einer Goldelektrode kommt es zu einem messbaren Strom am Detektor, der proportional zur Konzentration des Moleküls ist. Die Bestimmung der Monosaccharide lässt Rückschlüsse auf die Glykosylierungsform zu. Außerdem ist eine Quantifizierung der einzelnen Komponenten möglich. Die Zuordnung der Signale ermöglicht ein Monosaccharid-Standard-Mix. Die Monosaccharide GlcNAc und GalNAc verlieren bei der Hydrolyse die Acetylierung, sodass sie als Amine nachweisbar sind ($GlcNH_2$, $GalNH_2$).

4.17.1.1 TFA-Hydrolyse (Standard-Methode)

Eluent A KOH (durch Eluentengenerator hergestellt)
Eluent B 200 mM NaOH
Eluent C 100 mM NaOH mit 600 mM NaAc

Die HPAEC-PAD kann in Verbindung mit der sauren Hydrolyse der Oligosaccharide zur qualitativen und quantitativen Analyse der Monosaccharid-Zusammensetzung von Glykanen angewendet werden [299, 300]. Für die saure Hydrolyse der Proben wird das Gesamtprotein in der Vakuumzentrifuge eingeengt, in 2 N TFA aufgenommen und im Umluftschrank inkubiert (4 h, 100 °C). Nach vollständiger Abkühlung auf Eis (15 min) wird die leicht flüchtige TFA in der Vakuumzentrifuge entzogen. Die Probe wird gewaschen (MilliQ-Wasser) und nach erneuter Trocknung im internen Standard-Mix gelöst (500 pmol/10 µl Fructose, 500 pmol/10 µl Desoxyribose). Die Monosaccharide des Standard-Mixes sind nicht in Glykanen enthalten. Als Referenzprobe wird das Protein alpha-1-saures-Glykoprotein (AGP, 75 pmol) verwendet.

Tabelle 17: Zusammensetzung des externen Kalibrierstandards

Zucker	Konzentration
Desoxyribose	500 pmol/10 µl
N-Acetyl-D-glucosamin	250 pmol/10 µl
D-Fructose	500 pmol/10 µl
N-Acetyl-D-galactosamin	250 pmol/10 µl
D-Glucose	250 pmol/10 µl
D-Mannose	250 pmol/10 µl
L-Fucose	250 pmol/10 µl
D-Galactose	250 pmol/10 µl

Tabelle 18: Parameter bei der Monosaccharidbestimmung mittels HPAEC-PAD

HPLC-Methode	18 mM KOH
Säule	CarboPac PA-1 250 × 2 mM
Vorsäule	CarboPac PA-1 50 × 2 mM
Säulenthermostat	25 °C

Das Eluenten-Programm ist der Tabelle 19 zu entnehmen. Die Trennung wird mit 18 mM KOH bei einer Flussrate von 180 µl/min vorgenommen.

Tabelle 19: Eluentenprogramm für die Trennung von Monosacchariden

Zeit [min]	Flussrate [µl/ml]	Eluent A 18 mM [%]	Eluent A 100 mM [%]	Eluent B [%]	Eluent C [%]
0	180	100	0	0	0
30,0	180	100	0	0	0
30,1	180	0	0	0	0
30,5	250	0	0	0	0
31,0	250	0	0	0	100
41,0	250	0	0	0	100
42,0	250	0	0	100	0
52,0	250	0	0	100	0
52,8	250	0	0	0	0
53,0	250	0	100	0	0
58,0	250	0	100	0	0
59,0	180	100	0	0	0
80,0	180	100	0	0	0

4.17.1.2 Einbauraten 2-Desoxy-D-galactose (sanfte TFA-Hydrolyse)

Die Methode zum Nachweis der Einbaurate von 2-Desoxy-D-galactose (2dGal) wurde bereits in früheren Arbeiten etabliert [187]. Für die genaue Beurteilung der Monosaccharid-Zusammensetzung der *N*-Glykane des A1AT aus supplementierten HEK-293-Zellen wurden die Standard-TFA-Hydrolyse und die sanfte TFA-Hydrolyse angewandt. Die Methoden der TFA-Hydrolyse und HPAEC-PAD (Abschnitt 4.17.1.1 und 4.17.1) werden für die sanfte TFA-Hydrolyse leicht abgewandelt. Die sanfte TFA-Hydrolyse wird verkürzt (25 min) mit 0,25 N TFA durchgeführt. Die Kalibrierstandards werden mit der 2dGal (250 pmol/10 µl) ergänzt. Ein Verlust von 32,4 % wird bei der Quantifizierung einbezogen.

4.17.1.3 Einbauraten DMB-markierter Sialinsäuren

Eluent A MilliQ-Wasser
Eluent B Acetonitril/Methanol (60/40)

Zum Nachweis des Einbaus von *N*-Propanoylmannosamin und zur Bestimmung der Einbauraten in die *N*-Glykane des A1ATwt wird eine RP-C18-Säule verwendet.

Tabelle 20: Parameter bei der Auftrennung DMB-markierter Sialinsäuren

HPLC-Methode	Umkehrphase
Säule	Phenomenex Gemini 5µ C18 110A; 4,6 × 250 mM
Vorsäule	Gemini C18 3 × 4 mM
Säulenthermostat	30 °C
Detektion	Fluoreszenz, Extinktion 373 nm, Emission 448 nm

Die DMB-markierten Sialinsäuren werden mit dem folgenden Gradienten aufgetrennt:

Tabelle 21: Gradientenprogramm für die Trennung DMB-markierter Sialinsäuren

Zeit [min]	Flussrate [µl/ml]	Eluent A [%]	Eluent B [%]
0	500	83	15
10	500	83	15
60	500	65	33
61	500	0	100
71	500	0	100
72	500	83	15
87	500	83	15

Nach der Messung wird die Säule mit Eluent B gespült und bei RT gelagert.

4.17.2 Ladungsprofile mit Asahi-Pak

Eluent A 2 % Essigsäure, 1 % Tetrahydrofuran in Acetonitril

Eluent B 5 % Essigsäure, 1 % Tetrahydrofuran, 3 % Triethylamin in MilliQ-Wasser

Die 2AB-markierten Glykane (4.16.1) werden mit der Methode nach den vorhandenen geladenen Sialinsäuren aufgetrennt. Die Trennung erfolgt in neutrale Strukturen (A0), Strukturen mit einfacher (A1), zweifacher (A2), dreifacher (A3) oder vierfacher (A4) Sialinsäureausstattung.

Tabelle 22: Parameter bei der Bestimmung des Ladungsprofils 2AB-markierter *N*-Glykane

HPLC-Methode	Anionenaustauscher
Säule	Shodex Asahi-Pak, NH_2P-50 E4, 250 × 4,6 mM
Säulenthermostat	50 °C
Detektion	Fluoreszenz, Extinktion 330 nm, Emission 420 nm

Tabelle 23: Gradientenprogramm für die Probentrennung mittels Asahi-Pak

Zeit [min]	Flussrate [µl/ml]	Eluent A [%]	Eluent B [%]
0	800	70	30
82	800	5	95
97	800	5	95
98	800	70	30
125	800	70	30

Als Kontrolle wird eine 2AB-markierte Glykanisolierung des AGP gemessen. Die Säule ist nach Verwendung mit Isopropanol zu spülen und wird bei Raumtemperatur gelagert.

4.18 Verwendete Software

Chromeleon 6.80 (Dionex)
Corel DRAW 11 (Corel)
FlexAnalysis 3.0 (Bruker Daltonics)
FlexControl 3.0 (Bruker Daltonics)
Glycoworkbench (www.EuroCarbDB.org)
Glyco-peakfinder (http://www.glyco-peakfinder.org/)
Microsoft Word (Windows)
Microsoft Excel (Windows)
„Magellan V 6.4“ (Tecan)
„32 Karat“ Beckman (Coulter)

5 Anhang

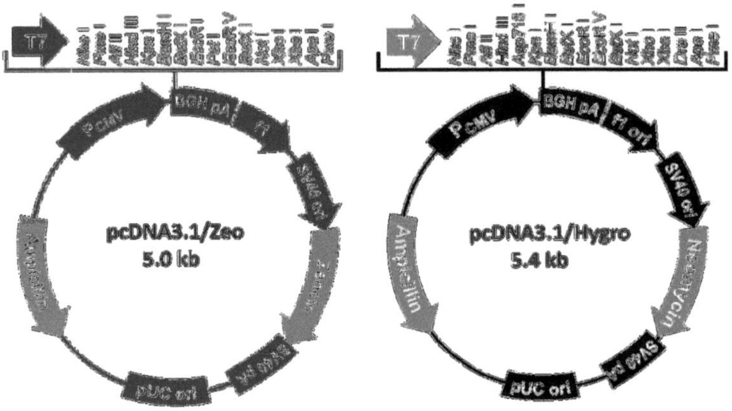

Abbildung 78: Vektorkarte des eukaryotischen Expressionsplasmids pcDNA3.1. Das Plasmid verleiht eine Ampicillinresistenz (100 µg/ml) in Prokaryoten und bei Verwendung in eukaryotischen Zellen wurde die Zeocinselektion (100 µg/ml für Medium mit FKS und 50 µg/ml für serumfreie Kultivierung) bzw. Hygromycinselektion (100 µg/ml für Medium mit FKS und 50 µg/ml für serumfreie Kultivierung) genutzt.

■ *N*-Acetylglucosamin (GlcNAc)	□ *N*-Acetylhexosamin (HexNAc)
● Mannose (Man)	□ *N*-Acetylgalactosamin (GalNAc)
○ Galactose (Gal)	● Glucose (Glc)
◄ Fucose (Fuc)	● 2-Desoxy-D-Galactose (2dGal)
◆ Sialinsäure (Sia)	◇ *N*-Propanoyl-Mannosamin (ManNProp)

Abbildung 79: Legende für die Symbole und Abkürzungen der Monosaccharideinheiten.

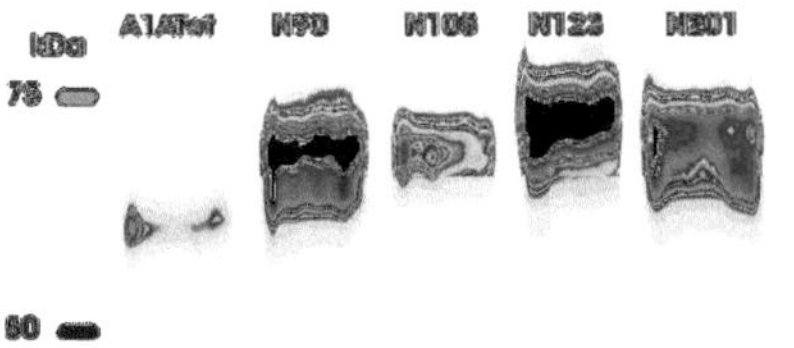

Abbildung 80: Expressionskontrolle von A1ATwt und A1AT-Neoglykoproteinen. Die in CHO-Zellen serumfrei exprimierten Proteine wurden mittels SDS-PAGE unter reduzierenden Bedingungen aufgetrennt und im Western Blot mit dem Peroxidase-gekoppelten Antikörper gegen humanes A1AT detektiert. Der Nachweis erfolgte mittels Chemilumineszens.

Tabelle 24: Übersicht der erzeugten Konstrukte und deren Verwendung in verschiedenen Expressionssystemen.

A1AT-Konstrukte	**Zelllinie**	**Referenz**
A1ATwt in pcDNA3.1zeo	HEK293, HEK293-SialT/GalT, AGE1.HN	diese Arbeit
A1AT-N90/T92 in pcDNA3.1 zeo	HEK293, HEK293-SialT/GalT, AGE1.HN	diese Arbeit
A1AT-N108/T110 in pcDNA3.1 zeo	HEK293	diese Arbeit
A1AT-N123/T125 in pcDNA3.1 zeo	HEK293, HEK293-SialT/GalT, AGE1.HN	diese Arbeit
A1AT-N201 in pcDNA3.1 zeo	HEK293	diese Arbeit
A1AT-N90/T92 und N123/T125 in pcDNA3.1 zeo	HEK293, HEK293-SialT/GalT, AGE1.HN	diese Arbeit
A1AT-N90/T92 und N201 in pcDNA3.1 zeo	HEK293	diese Arbeit
A1AT-N123/T125 und N201 in pcDNA3.1 zeo	HEK293, HEK293-SialT/GalT, AGE1.HN	diese Arbeit
A1AT-N90/T92, N123/T125 und N201 in pcDNA3.1 zeo	HEK293, HEK293-SialT/GalT, AGE1.HN	diese Arbeit
HEK293-SialT/GalT		
pIRES	HEK293-SialT/GalT	AG Marc Ehlers
A1AT supplementiert		
A1ATwt mit 2dGal	HEK293	diese Arbeit
A1ATwt mit ManNProp	HEK293	diese Arbeit
A1ATwt mit 2dGal/ManNProp	HEK293	diese Arbeit
ASGPR		
ASGPR1 in pcDNA3.1zeo	HEK293	diese Arbeit
ASGPR1/2 in pcDNA3.1hygro	HEK293	diese Arbeit

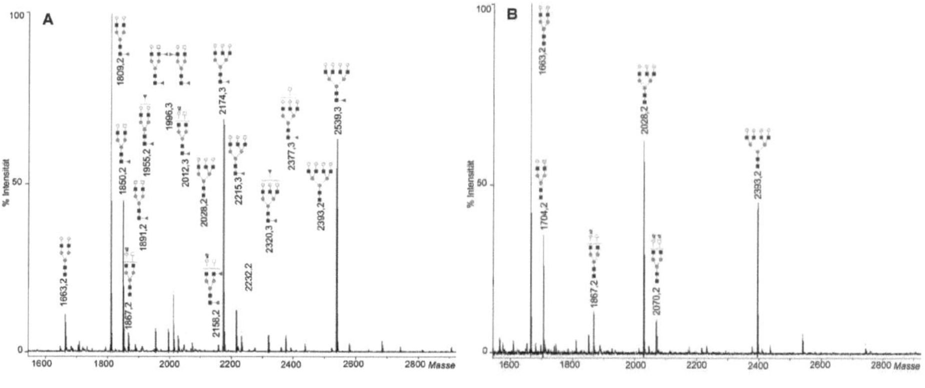

Abbildung 81: Fucosidaseverdaus wurden mittels MALDI-TOF überprüft. Die enzymbehandelten *N*-Glykane zeigen einen Masseverlust von 146 m/z, nachdem sie mit der „*core*"-spezifischen α (1-2,3,4,6) Fucosidase behandelt wurden. Die α (1-3,4) Fucosidase hatte keinen Effekt.

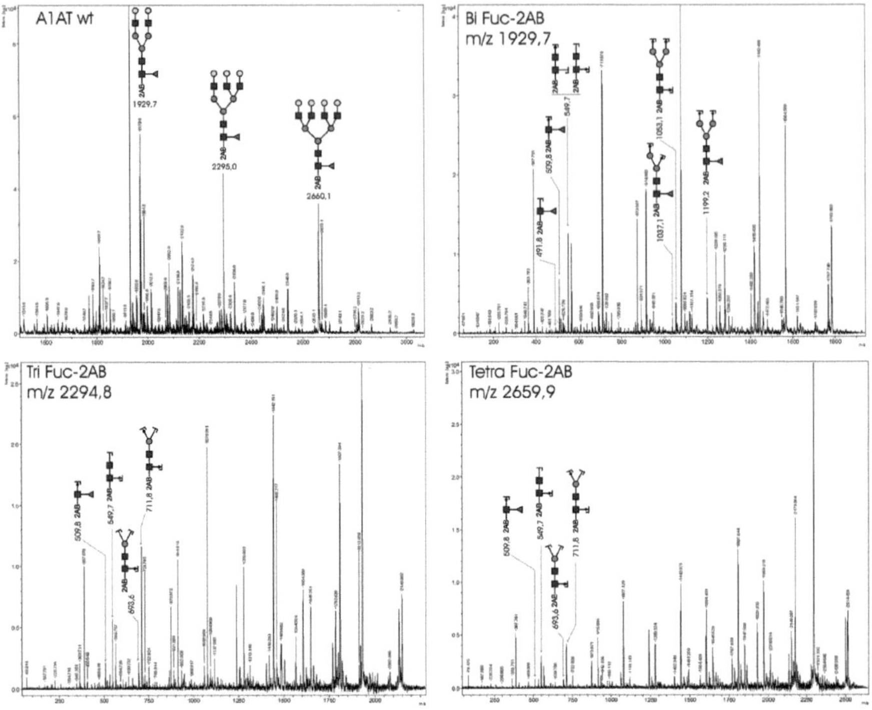

Abbildung 82: MALDI-TOF-TOF 2AB-markierter Hauptstrukturen des A1ATwt zur Bestimmung der Position der Fucose. Ergebnisse zur Fragmentierung der einfach fucosylierten bi-, tri- und teraantennären *N*-Glykane.

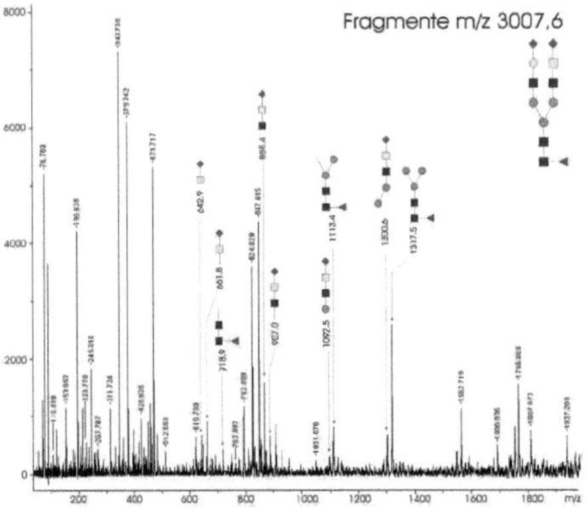

Abbildung 83: MALDI-TOF/TOF-MS der permethylierten Struktur m/z 3007,5. Die terminale Sialylierung findet an der Galactose und dem GalNAc-Rest statt, dies konnte mittels Fragmentierung bestätigt werden.

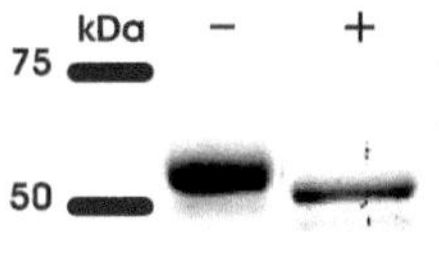

Abbildung 84: Nachweis eines Masseverlusts nach Sialidasebehandlung. Auftrennung von A1ATwt mittels SDS-PAGE unter reduzierenden Bedingungen und anschließende Coomassie-Färbung. Im Vergleich sind A1ATwt unbehandelt (-) und sialidasebehandelt (+) aufgetragen.

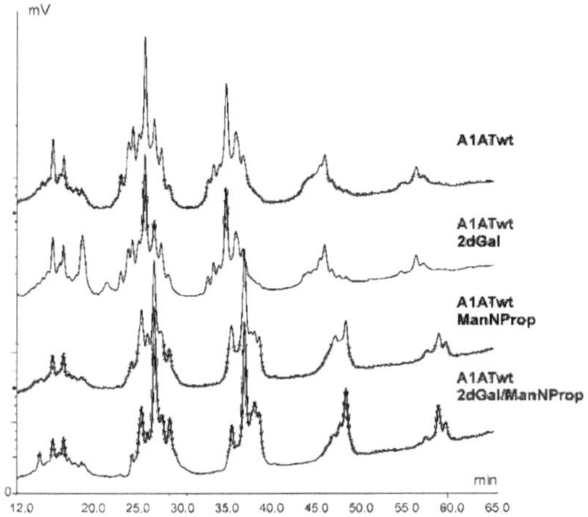

Abbildung 85: Veränderung der Retentionszeit bei Asahi-Pak-HPLC. Bei Trennung supplementierter *N*-Glykane zeigt sich nach ManNProp-Gabe eine Verschiebung der Retentionszeit.

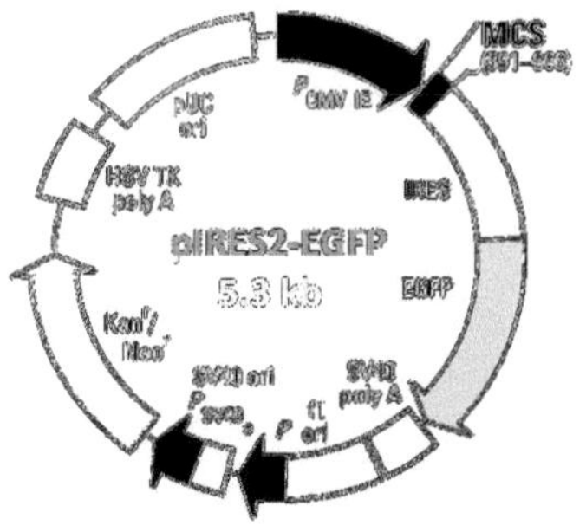

Abbildung 86: Vektorkarte des eukaryotischen Expressionsplasmids pIRES2-EGFP. Das Plasmid verleiht eine Kanamycinresistenz (50 µg/ml) in Prokaryoten und bei Verwendung in eukaryotischen Zellen wurde die G418 (500 µg/ml für Medium mit FKS und 250 µg/ml für serumfreie Kultivierung) genutzt.

6 Literatur

1. Fregonese, L. and J. Stolk, *Hereditary alpha-1-antitrypsin deficiency and its clinical consequences.* Orphanet J Rare Dis, 2008. **3**: p. 16.
2. Ashwell, G. and J. Harford, *Carbohydrate-specific receptors of the liver.* Annu Rev Biochem, 1982. **51**: p. 531-54.
3. Morell, A.G., et al., *The role of sialic acid in determining the survival of glycoproteins in the circulation.* J Biol Chem, 1971. **246**(5): p. 1461-7.
4. Kuster, B., et al., *Glycosylation analysis of gel-separated proteins.* Proteomics, 2001. **1**(2): p. 350-61.
5. Benz, I. and M.A. Schmidt, *Never say never again: protein glycosylation in pathogenic bacteria.* Mol Microbiol, 2002. **45**(2): p. 267-76.
6. Bertozzi, C.R. and L.L. Kiessling, *Chemical glycobiology.* Science, 2001. **291**(5512): p. 2357-64.
7. Raman, R., et al., *Glycomics: an integrated systems approach to structure-function relationships of glycans.* Nat Methods, 2005. **2**(11): p. 817-24.
8. Peracaula, R., et al., *Glycosylation of human pancreatic ribonuclease: differences between normal and tumor states.* Glycobiology, 2003. **13**(4): p. 227-44.
9. Peracaula, R., et al., *Altered glycosylation pattern allows the distinction between prostate-specific antigen (PSA) from normal and tumor origins.* Glycobiology, 2003. **13**(6): p. 457-70.
10. Finne, J., et al., *Occurrence of alpha 2-8 linked polysialosyl units in a neural cell adhesion molecule.* Biochem Biophys Res Commun, 1983. **112**(2): p. 482-7.
11. Wells, L., K. Vosseller, and G.W. Hart, *Glycosylation of nucleocytoplasmic proteins: signal transduction and O-GlcNAc.* Science, 2001. **291**(5512): p. 2376-8.
12. Hossler, P., B.C. Mulukutla, and W.S. Hu, *Systems analysis of N-glycan processing in mammalian cells.* PLoS One, 2007. **2**(1): p. e713.
13. Gavel, Y. and G. von Heijne, *Sequence differences between glycosylated and non-glycosylated Asn-X-Thr/Ser acceptor sites: implications for protein engineering.* Protein Eng, 1990. **3**(5): p. 433-42.
14. Mellquist, J.L., et al., *The amino acid following an asn-X-Ser/Thr sequon is an important determinant of N-linked core glycosylation efficiency.* Biochemistry, 1998. **37**(19): p. 6833-7.
15. Sato, C., et al., *Characterization of the N-oligosaccharides attached to the atypical Asn-X-Cys sequence of recombinant human epidermal growth factor receptor.* J Biochem, 2000. **127**(1): p. 65-72.
16. Vance, B.A., et al., *Multiple dimeric forms of human CD69 result from differential addition of N-glycans to typical (Asn-X-Ser/Thr) and atypical (Asn-X-cys) glycosylation motifs.* J Biol Chem, 1997. **272**(37): p. 23117-22.
17. Taguchi, T., et al., *Structural studies of a novel type of pentaantennary large glycan unit in the fertilization-associated carbohydrate-rich glycopeptide isolated from the fertilized eggs of Oryzias latipes.* J Biol Chem, 1994. **269**(12): p. 8762-71.
18. Zhang, Y., et al., *A novel monoantennary complex-type sugar chain found in octopus rhodopsin: occurrence of the Gal beta1-->4Fuc group linked to the proximal N-acetylglucosamine residue of the trimannosyl core.* Glycobiology, 1997. **7**(8): p. 1153-8.
19. Butters, T.D., *Control in the N-linked glycoprotein biosynthesis pathway.* Chem Biol, 2002. **9**(12): p. 1266-8.

20. Rademacher, T.W., R.B. Parekh, and R.A. Dwek, *Glycobiology.* Annu Rev Biochem, 1988. **57**: p. 785-838.
21. Helenius, A. and M. Aebi, *Intracellular functions of N-linked glycans.* Science, 2001. **291**(5512): p. 2364-9.
22. Frank, C.G., et al., *Does Rft1 flip an N-glycan lipid precursor?* Nature, 2008. **454**(7204): p. E3-4; discussion E4-5.
23. Sanyal, S. and A.K. Menon, *Specific transbilayer translocation of dolichol-linked oligosaccharides by an endoplasmic reticulum flippase.* Proc Natl Acad Sci U S A, 2009. **106**(3): p. 767-72.
24. Imperiali, B. and T.L. Hendrickson, *Asparagine-linked glycosylation: specificity and function of oligosaccharyl transferase.* Bioorg Med Chem, 1995. **3**(12): p. 1565-78.
25. Kaplan, H.A., J.K. Welply, and W.J. Lennarz, *Oligosaccharyl transferase: the central enzyme in the pathway of glycoprotein assembly.* Biochim Biophys Acta, 1987. **906**(2): p. 161-73.
26. Igura, M., et al., *Structure-guided identification of a new catalytic motif of oligosaccharyltransferase.* EMBO J, 2008. **27**(1): p. 234-43.
27. Kobata, A., *Structures and functions of the sugar chains of glycoproteins.* Eur J Biochem, 1992. **209**(2): p. 483-501.
28. Kornfeld, R. and S. Kornfeld, *Assembly of asparagine-linked oligosaccharides.* Annu Rev Biochem, 1985. **54**: p. 631-64.
29. Ou, W.J., et al., *Association of folding intermediates of glycoproteins with calnexin during protein maturation.* Nature, 1993. **364**(6440): p. 771-6.
30. Frenkel, Z., et al., *Endoplasmic reticulum-associated degradation of mammalian glycoproteins involves sugar chain trimming to Man6-5GlcNAc2.* J Biol Chem, 2003. **278**(36): p. 34119-24.
31. Ruddock, L.W. and M. Molinari, *N-glycan processing in ER quality control.* J Cell Sci, 2006. **119**(Pt 21): p. 4373-80.
32. Jones, J., S.S. Krag, and M.J. Betenbaugh, *Controlling N-linked glycan site occupancy.* Biochim Biophys Acta, 2005. **1726**(2): p. 121-37.
33. Petrescu, A.J., et al., *Statistical analysis of the protein environment of N-glycosylation sites: implications for occupancy, structure, and folding.* Glycobiology, 2004. **14**(2): p. 103-14.
34. Varki, A., *Diversity in the sialic acids.* Glycobiology, 1992. **2**(1): p. 25-40.
35. Reuter, G. and H.J. Gabius, *Sialic acids structure-analysis-metabolism-occurrence-recognition.* Biol Chem Hoppe Seyler, 1996. **377**(6): p. 325-42.
36. Traving, C. and R. Schauer, *Structure, function and metabolism of sialic acids.* Cell Mol Life Sci, 1998. **54**(12): p. 1330-49.
37. Irie, A., et al., *The molecular basis for the absence of N-glycolylneuraminic acid in humans.* J Biol Chem, 1998. **273**(25): p. 15866-71.
38. Varki, A., *N-glycolylneuraminic acid deficiency in humans.* Biochimie, 2001. **83**(7): p. 615-22.
39. Iwasaki, M., S. Inoue, and F.A. Troy, *A new sialic acid analogue, 9-O-acetyl-deaminated neuraminic acid, and alpha -2,8-linked O-acetylated poly(N-glycolylneuraminyl) chains in a novel polysialoglycoprotein from salmon eggs.* J Biol Chem, 1990. **265**(5): p. 2596-602.
40. Manzi, A.E., et al., *Studies of naturally occurring modifications of sialic acids by fast-atom bombardment-mass spectrometry. Analysis of positional isomers by periodate cleavage.* J Biol Chem, 1990. **265**(14): p. 8094-107.
41. Schauer, R., *Analysis of sialic acids.* Methods Enzymol, 1987. **138**: p. 132-61.

42. Warren, L., *N-Glycolyl-8-O-Methylneuraminic Acid, a New Form of Sialic Acid in the Starfish Asterias Forbesi.* Biochim Biophys Acta, 1964. **83**: p. 129-32.
43. Troy, F.A., 2nd, *Polysialylation: from bacteria to brains.* Glycobiology, 1992. **2**(1): p. 5-23.
44. von Der Ohe, M., et al., *Localization and characterization of polysialic acid-containing N-linked glycans from bovine NCAM.* Glycobiology, 2002. **12**(1): p. 47-63.
45. Hinderlich, S., et al., *A bifunctional enzyme catalyzes the first two steps in N-acetylneuraminic acid biosynthesis of rat liver. Purification and characterization of UDP-N-acetylglucosamine 2-epimerase/N-acetylmannosamine kinase.* J Biol Chem, 1997. **272**(39): p. 24313-8.
46. Stasche, R., et al., *A bifunctional enzyme catalyzes the first two steps in N-acetylneuraminic acid biosynthesis of rat liver. Molecular cloning and functional expression of UDP-N-acetyl-glucosamine 2-epimerase/N-acetylmannosamine kinase.* J Biol Chem, 1997. **272**(39): p. 24319-24.
47. Kean, E.L., *Nuclear cytidine 5'-monophosphosialic acid synthetase.* J Biol Chem, 1970. **245**(9): p. 2301-8.
48. Eckhardt, M., et al., *Expression cloning of the Golgi CMP-sialic acid transporter.* Proc Natl Acad Sci U S A, 1996. **93**(15): p. 7572-6.
49. Harduin-Lepers, A., et al., *The animal sialyltransferases and sialyltransferase-related genes: a phylogenetic approach.* Glycobiology, 2005. **15**(8): p. 805-17.
50. Reinke, S.O. and S. Hinderlich, *Prediction of three different isoforms of the human UDP-N-acetylglucosamine 2-epimerase/N-acetylmannosamine kinase.* FEBS Lett, 2007. **581**(17): p. 3327-31.
51. Rudd, P.M. and R.A. Dwek, *Glycosylation: heterogeneity and the 3D structure of proteins.* Crit Rev Biochem Mol Biol, 1997. **32**(1): p. 1-100.
52. Apweiler, R., H. Hermjakob, and N. Sharon, *On the frequency of protein glycosylation, as deduced from analysis of the SWISS-PROT database.* Biochim Biophys Acta, 1999. **1473**(1): p. 4-8.
53. Kasturi, L., H. Chen, and S.H. Shakin-Eshleman, *Regulation of N-linked core glycosylation: use of a site-directed mutagenesis approach to identify Asn-Xaa-Ser/Thr sequons that are poor oligosaccharide acceptors.* Biochem J, 1997. **323 (Pt 2)**: p. 415-9.
54. Kasturi, L., et al., *The hydroxy amino acid in an Asn-X-Ser/Thr sequon can influence N-linked core glycosylation efficiency and the level of expression of a cell surface glycoprotein.* J Biol Chem, 1995. **270**(24): p. 14756-61.
55. Walmsley, A.R. and N.M. Hooper, *Distance of sequons to the C-terminus influences the cellular N-glycosylation of the prion protein.* Biochem J, 2003. **370**(Pt 1): p. 351-5.
56. Goochee, C.F. and T. Monica, *Environmental effects on protein glycosylation.* Biotechnology (N Y), 1990. **8**(5): p. 421-7.
57. Yang, M. and M. Butler, *Effect of ammonia on the glycosylation of human recombinant erythropoietin in culture.* Biotechnol Prog, 2000. **16**(5): p. 751-9.
58. Walsh, G. and R. Jefferis, *Post-translational modifications in the context of therapeutic proteins.* Nat Biotechnol, 2006. **24**(10): p. 1241-52.
59. Parodi, A.J., *Protein glucosylation and its role in protein folding.* Annu Rev Biochem, 2000. **69**: p. 69-93.
60. Shental-Bechor, D. and Y. Levy, *Effect of glycosylation on protein folding: a close look at thermodynamic stabilization.* Proc Natl Acad Sci U S A, 2008. **105**(24): p. 8256-61.

61. Marshall, D. and D.O. Haskard, *Clinical overview of leukocyte adhesion and migration: where are we now?* Semin Immunol, 2002. **14**(2): p. 133-40.
62. Rudd, P.M., et al., *Glycosylation and the immune system.* Science, 2001. **291**(5512): p. 2370-6.
63. Hamilton, S.R., et al., *Humanization of yeast to produce complex terminally sialylated glycoproteins.* Science, 2006. **313**(5792): p. 1441-3.
64. Ko, K., et al., *Glyco-engineering of biotherapeutic proteins in plants.* Mol Cells, 2008. **25**(4): p. 494-503.
65. Suzuki, Y., et al., *Sialic acid species as a determinant of the host range of influenza A viruses.* J Virol, 2000. **74**(24): p. 11825-31.
66. Tuomanen, E.I., *Surprise? Bacteria glycosylate proteins too.* J Clin Invest, 1996. **98**(12): p. 2659-60.
67. Wuhrer, M., et al., *Glycosylation profiling of immunoglobulin G (IgG) subclasses from human serum.* Proteomics, 2007. **7**(22): p. 4070-81.
68. Varki, A., *Nothing in glycobiology makes sense, except in the light of evolution.* Cell, 2006. **126**(5): p. 841-5.
69. Shriver, Z., S. Raguram, and R. Sasisekharan, *Glycomics: a pathway to a class of new and improved therapeutics.* Nat Rev Drug Discov, 2004. **3**(10): p. 863-73.
70. Sinclair, A.M. and S. Elliott, *Glycoengineering: the effect of glycosylation on the properties of therapeutic proteins.* J Pharm Sci, 2005. **94**(8): p. 1626-35.
71. Shimamura, M., et al., *Repulsive contribution of surface sialic acid residues to cell adhesion to substratum.* Biochem Mol Biol Int, 1994. **33**(5): p. 871-8.
72. Lasky, L.A., *Selectin-carbohydrate interactions and the initiation of the inflammatory response.* Annu Rev Biochem, 1995. **64**: p. 113-39.
73. McEver, R.P., *Selectins: lectins that initiate cell adhesion under flow.* Curr Opin Cell Biol, 2002. **14**(5): p. 581-6.
74. Chandrasekaran, A., et al., *Glycan topology determines human adaptation of avian H5N1 virus hemagglutinin.* Nat Biotechnol, 2008. **26**(1): p. 107-13.
75. Varki, A., *Glycan-based interactions involving vertebrate sialic-acid-recognizing proteins.* Nature, 2007. **446**(7139): p. 1023-9.
76. Deutschmann, R., et al., *Common sialylated glycan in Actinobacillus suis.* Glycobiology.
77. Chionh, Y.T., et al., *A comparison of glycan expression and adhesion of mouse-adapted strains and clinical isolates of Helicobacter pylori.* FEMS Immunol Med Microbiol, 2009. **57**(1): p. 25-31.
78. Schenkman, S., et al., *Structural and functional properties of Trypanosoma trans-sialidase.* Annu Rev Microbiol, 1994. **48**: p. 499-523.
79. Roy, S., C.W. Douglas, and G.P. Stafford, *A novel sialic acid utilization and uptake system in the periodontal pathogen Tannerella forsythia.* J Bacteriol. **192**(9): p. 2285-93.
80. Varki, A., *Colloquium paper: uniquely human evolution of sialic acid genetics and biology.* Proc Natl Acad Sci U S A, 2010. **107 Suppl 2**: p. 8939-46.
81. Steer, C.J. and G. Ashwell, *Studies on a mammalian hepatic binding protein specific for asialoglycoproteins. Evidence for receptor recycling in isolated rat hepatocytes.* J Biol Chem, 1980. **255**(7): p. 3008-13.
82. Keck, R., et al., *Characterization of a complex glycoprotein whose variable metabolic clearance in humans is dependent on terminal N-acetylglucosamine content.* Biologicals, 2008. **36**(1): p. 49-60.
83. Eklund, E.A. and H.H. Freeze, *The congenital disorders of glycosylation: a multifaceted group of syndromes.* NeuroRx, 2006. **3**(2): p. 254-63.

84. Freeze, H.H., *Update and perspectives on congenital disorders of glycosylation.* Glycobiology, 2001. **11**(12): p. 129R-143R.
85. Grunewald, S., G. Matthijs, and J. Jaeken, *Congenital disorders of glycosylation: a review.* Pediatr Res, 2002. **52**(5): p. 618-24.
86. Jaeken, J. and G. Matthijs, *Congenital disorders of glycosylation: a rapidly expanding disease family.* Annu Rev Genomics Hum Genet, 2007. **8**: p. 261-78.
87. Novak, J., et al., *Heterogeneity of O-glycosylation in the hinge region of human IgA1.* Mol Immunol, 2000. **37**(17): p. 1047-56.
88. Van den Steen, P., et al., *Concepts and principles of O-linked glycosylation.* Crit Rev Biochem Mol Biol, 1998. **33**(3): p. 151-208.
89. Hofsteenge, J., et al., *New type of linkage between a carbohydrate and a protein: C-glycosylation of a specific tryptophan residue in human RNase Us.* Biochemistry, 1994. **33**(46): p. 13524-30.
90. Furmanek, A. and J. Hofsteenge, *Protein C-mannosylation: facts and questions.* Acta Biochim Pol, 2000. **47**(3): p. 781-9.
91. Spiro, R.G., *Protein glycosylation: nature, distribution, enzymatic formation, and disease implications of glycopeptide bonds.* Glycobiology, 2002. **12**(4): p. 43R-56R.
92. Adams, J. and J. Lawler, *Extracellular matrix: the thrombospondin family.* Curr Biol, 1993. **3**(3): p. 188-90.
93. Adams, J.C. and R.P. Tucker, *The thrombospondin type 1 repeat (TSR) superfamily: diverse proteins with related roles in neuronal development.* Dev Dyn, 2000. **218**(2): p. 280-99.
94. Hofsteenge, J., et al., *The four terminal components of the complement system are C-mannosylated on multiple tryptophan residues.* J Biol Chem, 1999. **274**(46): p. 32786-94.
95. Ervin, L.A., et al., *Phosphorylation and glycosylation of bovine lens MP20.* Invest Ophthalmol Vis Sci, 2005. **46**(2): p. 627-35.
96. Krieg, J., et al., *Recognition signal for C-mannosylation of Trp-7 in RNase 2 consists of sequence Trp-x-x-Trp.* Mol Biol Cell, 1998. **9**(2): p. 301-9.
97. Doucey, M.A., et al., *Protein C-mannosylation is enzyme-catalysed and uses dolichyl-phosphate-mannose as a precursor.* Mol Biol Cell, 1998. **9**(2): p. 291-300.
98. Krieg, J., et al., *C-Mannosylation of human RNase 2 is an intracellular process performed by a variety of cultured cells.* J Biol Chem, 1997. **272**(42): p. 26687-92.
99. Perez-Vilar, J., S.H. Randell, and R.C. Boucher, *C-Mannosylation of MUC5AC and MUC5B Cys subdomains.* Glycobiology, 2004. **14**(4): p. 325-37.
100. Ihara, Y., et al., *Increased expression of protein C-mannosylation in the aortic vessels of diabetic Zucker rats.* Glycobiology, 2005. **15**(4): p. 383-92.
101. Mosimann, S.C., et al., *X-ray crystallographic structure of recombinant eosinophil-derived neurotoxin at 1.83 A resolution.* J Mol Biol, 1996. **260**(4): p. 540-52.
102. Haynes, P.A., *Phosphoglycosylation: a new structural class of glycosylation?* Glycobiology, 1998. **8**(1): p. 1-5.
103. Ferguson, M.A., *The structure, biosynthesis and functions of glycosylphosphatidylinositol anchors, and the contributions of trypanosome research.* J Cell Sci, 1999. **112 (Pt 17)**: p. 2799-809.
104. Hartog, J.W., et al., *Advanced glycation end-products (AGEs) and heart failure: pathophysiology and clinical implications.* Eur J Heart Fail, 2007. **9**(12): p. 1146-55.
105. Nass, N., et al., *Advanced glycation end products, diabetes and ageing.* Z Gerontol Geriatr, 2007. **40**(5): p. 349-56.
106. Unoki, H. and S. Yamagishi, *Advanced glycation end products and insulin resistance.* Curr Pharm Des, 2008. **14**(10): p. 987-9.

107. Paakko, P., et al., *Activated neutrophils secrete stored alpha 1-antitrypsin.* Am J Respir Crit Care Med, 1996. **154**(6 Pt 1): p. 1829-33.
108. White, R., et al., *Secretion of alpha 1-proteinase inhibitor by cultured rat alveolar macrophages.* Am Rev Respir Dis, 1981. **123**(4 Pt 1): p. 447-9.
109. Travis, J., *Structure, function, and control of neutrophil proteinases.* Am J Med, 1988. **84**(6A): p. 37-42.
110. Chan, S.K., J. Luby, and Y.C. Wu, *Purification and chemical compositions of human alpha1-antitrypsin of the MM type.* FEBS Lett, 1973. **35**(1): p. 79-82.
111. Travis, J., et al., *Isolation and properties of recombinant DNA produced variants of human alpha 1-proteinase inhibitor.* J Biol Chem, 1985. **260**(7): p. 4384-9.
112. Vemuri, S., C.T. Yu, and N. Roosdorp, *Formulation and stability of recombinant alpha 1-antitrypsin.* Pharm Biotechnol, 1993. **5**: p. 263-86.
113. Kolarich, D., et al., *Comprehensive glyco-proteomic analysis of human alpha1-antitrypsin and its charge isoforms.* Proteomics, 2006. **6**(11): p. 3369-80.
114. Song, H.K., et al., *Crystal structure of an uncleaved alpha 1-antitrypsin reveals the conformation of its inhibitory reactive loop.* FEBS Lett, 1995. **377**(2): p. 150-4.
115. Johnson, D. and J. Travis, *Inactivation of human alpha 1-proteinase inhibitor by thiol proteinases.* Biochem J, 1977. **163**(3): p. 639-41.
116. Lomas, D.A., *Molecular mousetraps, alpha1-antitrypsin deficiency and the serpinopathies.* Clin Med, 2005. **5**(3): p. 249-57.
117. Huntington, J.A., R.J. Read, and R.W. Carrell, *Structure of a serpin-protease complex shows inhibition by deformation.* Nature, 2000. **407**(6806): p. 923-6.
118. Johnson, D. and J. Travis, *Structural evidence for methionine at the reactive site of human alpha-1-proteinase inhibitor.* J Biol Chem, 1978. **253**(20): p. 7142-4.
119. Loebermann, H., et al., *Human alpha 1-proteinase inhibitor. Crystal structure analysis of two crystal modifications, molecular model and preliminary analysis of the implications for function.* J Mol Biol, 1984. **177**(3): p. 531-57.
120. Laurell, C. and S. Eriksson, *The electrophoretic pattern alphal-globulin pattern of serum in alphal-antitrypsin deficiency.* Scan J Clin Lab Invest, 1963. **15**: p. 132-140.
121. Fagerhol, M.K. and C.B. Laurell, *The polymorphism of "prealbumins" and alpha-1-antitrypsin in human sera.* Clin Chim Acta, 1967. **16**(2): p. 199-203.
122. Lindblad, D., K. Blomenkamp, and J. Teckman, *Alpha-1-antitrypsin mutant Z protein content in individual hepatocytes correlates with cell death in a mouse model.* Hepatology, 2007. **46**(4): p. 1228-35.
123. Karnaukhova, E., Y. Ophir, and B. Golding, *Recombinant human alpha-1 proteinase inhibitor: towards therapeutic use.* Amino Acids, 2006. **30**(4): p. 317-32.
124. Hubbard, R.C. and R.G. Crystal, *Strategies for aerosol therapy of alpha 1-antitrypsin deficiency by the aerosol route.* Lung, 1990. **168 Suppl**: p. 565-78.
125. Geraghty, P., et al., *Alpha-1-antitrypsin aerosolised augmentation abrogates neutrophil elastase-induced expression of cathepsin B and matrix metalloprotease 2 in vivo and in vitro.* Thorax, 2008. **63**(7): p. 621-6.
126. Zhang, D., et al., *Alpha-1-antitrypsin expression in the lung is increased by airway delivery of gene-transfected macrophages.* Gene Ther, 2003. **10**(26): p. 2148-52.
127. Luisetti, M. and J. Travis, *Bioengineering: alpha 1-proteinase inhibitor site-specific mutagenesis. The prospect for improving the inhibitor.* Chest, 1996. **110**(6 Suppl): p. 278S-283S.
128. Cantin, A.M., et al., *Polyethylene glycol conjugation at Cys232 prolongs the half-life of alpha1 proteinase inhibitor.* Am J Respir Cell Mol Biol, 2002. **27**(6): p. 659-65.
129. Harris, J.M., N.E. Martin, and M. Modi, *Pegylation: a novel process for modifying pharmacokinetics.* Clin Pharmacokinet, 2001. **40**(7): p. 539-51.

130. Kobata, A., *Glycobiology in the field of aging research--introduction to glycogerontology.* Biochimie, 2003. **85**(1-2): p. 13-24.
131. Stanley, P., T.S. Raju, and M. Bhaumik, *CHO cells provide access to novel N-glycans and developmentally regulated glycosyltransferases.* Glycobiology, 1996. **6**(7): p. 695-9.
132. Grabenhorst, E., et al., *Genetic engineering of recombinant glycoproteins and the glycosylation pathway in mammalian host cells.* Glycoconj J, 1999. **16**(2): p. 81-97.
133. Borys, M.C., et al., *Effects of culture conditions on N-glycolylneuraminic acid (Neu5Gc) content of a recombinant fusion protein produced in CHO cells.* Biotechnol Bioeng. **105**(6): p. 1048-57.
134. Noguchi, A., et al., *Immunogenicity of N-glycolylneuraminic acid-containing carbohydrate chains of recombinant human erythropoietin expressed in Chinese hamster ovary cells.* J Biochem, 1995. **117**(1): p. 59-62.
135. Egrie, J.C. and J.K. Browne, *Development and characterization of novel erythropoiesis stimulating protein (NESP).* Br J Cancer, 2001. **84 Suppl 1**: p. 3-10.
136. Sandoval, C., H. Curtis, and L.F. Congote, *Enhanced proliferative effects of a baculovirus-produced fusion protein of insulin-like growth factor and alpha(1)-proteinase inhibitor and improved anti-elastase activity of the inhibitor with glutamate at position 351.* Protein Eng, 2002. **15**(5): p. 413-8.
137. Horstkorte, R., et al., *Biochemical engineering of the side chain of sialic acids increases the biological stability of the highly sialylated cell adhesion molecule CEACAM1.* Biochem Biophys Res Commun, 2001. **283**(1): p. 31-5.
138. Brooks, S.A., *Appropriate glycosylation of recombinant proteins for human use: implications of choice of expression system.* Mol Biotechnol, 2004. **28**(3): p. 241-55.
139. Raju, T.S., et al., *Glycoengineering of therapeutic glycoproteins: in vitro galactosylation and sialylation of glycoproteins with terminal N-acetylglucosamine and galactose residues.* Biochemistry, 2001. **40**(30): p. 8868-76.
140. Tolvanen, M. and C.G. Gahmberg, *In vitro attachment of mono- and oligosaccharides to surface glycoconjugates of intact cells.* J Biol Chem, 1986. **261**(20): p. 9546-51.
141. Bork, K., et al., *Experimental approaches to interfere with the polysialylation of the neural cell adhesion molecule in vitro and in vivo.* J Neurochem, 2007. **103 Suppl 1**: p. 65-71.
142. Plante, O.J., E.R. Palmacci, and P.H. Seeberger, *Automated solid-phase synthesis of oligosaccharides.* Science, 2001. **291**(5508): p. 1523-7.
143. Seeberger, P.H., *Automated oligosaccharide synthesis.* Chem Soc Rev, 2008. **37**(1): p. 19-28.
144. Koury, M.J. and M.C. Bondurant, *The mechanism of erythropoietin action.* Am J Kidney Dis, 1991. **18**(4 Suppl 1): p. 20-3.
145. Maxwell, P. and P. Ratcliffe, *Regulation of expression of the erythropoietin gene.* Curr Opin Hematol, 1998. **5**(3): p. 166-70.
146. Chmielewski, C., *Aranesp (darbepoetin alfa): a new erythropoiesis-stimulating protein.* Nephrol Nurs J, 2002. **29**(1): p. 67-8.
147. Jelkmann, W., *The enigma of the metabolic fate of circulating erythropoietin (Epo) in view of the pharmacokinetics of the recombinant drugs rhEpo and NESP.* Eur J Haematol, 2002. **69**(5-6): p. 265-74.
148. Koury, M.J., *Sugar coating extends half-lives and improves effectiveness of cytokine hormones.* Trends Biotechnol, 2003. **21**(11): p. 462-4.
149. Keppler, O.T., et al., *Biochemical engineering of the N-acyl side chain of sialic acid: biological implications.* Glycobiology, 2001. **11**(2): p. 11R-18R.

150. Herrmann, M., et al., *Consequences of a subtle sialic acid modification on the murine polyomavirus receptor.* J Virol, 1997. **71**(8): p. 5922-31.
151. Keppler, O.T., et al., *Elongation of the N-acyl side chain of sialic acids in MDCK II cells inhibits influenza A virus infection.* Biochem Biophys Res Commun, 1998. **253**(2): p. 437-42.
152. Keppler, O.T., et al., *Biosynthetic modulation of sialic acid-dependent virus-receptor interactions of two primate polyoma viruses.* J Biol Chem, 1995. **270**(3): p. 1308-14.
153. Blume, A., et al., *Domain-specific characteristics of the bifunctional key enzyme of sialic acid biosynthesis, UDP-N-acetylglucosamine 2-epimerase/N-acetylmannosamine kinase.* Biochem J, 2004. **384**(Pt 3): p. 599-607.
154. Jacobs, C.L., et al., *Substrate specificity of the sialic acid biosynthetic pathway.* Biochemistry, 2001. **40**(43): p. 12864-74.
155. Gagiannis, D., et al., *Engineering the sialic acid in organs of mice using N-propanoylmannosamine.* Biochim Biophys Acta, 2007. **1770**(2): p. 297-306.
156. Kontou, M., et al., *Sialic acid metabolism is involved in the regulation of gene expression during neuronal differentiation of PC12 cells.* Glycoconj J, 2008. **25**(3): p. 237-44.
157. Smith, D.F. and D.O. Keppler, *2-Deoxy-D-galactose metabolism in ascites hepatoma cells results in phosphate trapping and glycolysis inhibition.* Eur J Biochem, 1977. **73**(1): p. 83-92.
158. Schmidt, M.F., R.T. Schwarz, and C. Scholtissek, *Proceedings: Metabolism of 2-deosy-D-glucose in tissue culture cells.* Hoppe Seylers Z Physiol Chem, 1974. **355**(10): p. 1250-1.
159. Buechsel, R., et al., *2-Deoxy-D-galactose impairs the fucosylation of glycoproteins of rat liver and Morris hepatoma.* Eur J Biochem, 1980. **111**(2): p. 445-53.
160. Geilen, C.C., et al., *Incorporation of the hexose analogue 2-deoxy-D-galactose into membrane glycoproteins in HepG2 cells.* Arch Biochem Biophys, 1992. **296**(1): p. 108-14.
161. Thobhani, S., et al., *Identification and quantification of N-linked oligosaccharides released from glycoproteins: an inter-laboratory study.* Glycobiology, 2009. **19**(3): p. 201-11.
162. Tarentino, A.L., C.M. Gomez, and T.H. Plummer, Jr., *Deglycosylation of asparagine-linked glycans by peptide:N-glycosidase F.* Biochemistry, 1985. **24**(17): p. 4665-71.
163. Hermentin, P., et al., *The mapping by high-pH anion-exchange chromatography with pulsed amperometric detection and capillary electrophoresis of the carbohydrate moieties of human plasma alpha 1-acid glycoprotein.* Anal Biochem, 1992. **206**(2): p. 419-29.
164. Morelle, W., et al., *Analysis of N- and O-linked glycans from glycoproteins using MALDI-TOF mass spectrometry.* Methods Mol Biol, 2009. **534**: p. 5-21.
165. Geyer, H. and R. Geyer, *Strategies for analysis of glycoprotein glycosylation.* Biochim Biophys Acta, 2006. **1764**(12): p. 1853-69.
166. Anumula, K.R., *Rapid quantitative determination of sialic acids in glycoproteins by high-performance liquid chromatography with a sensitive fluorescence detection.* Anal Biochem, 1995. **230**(1): p. 24-30.
167. Manzi, A.E., S. Diaz, and A. Varki, *High-pressure liquid chromatography of sialic acids on a pellicular resin anion-exchange column with pulsed amperometric detection: a comparison with six other systems.* Anal Biochem, 1990. **188**(1): p. 20-32.

168. Campbell, M.P., et al., *GlycoBase and autoGU: tools for HPLC-based glycan analysis.* Bioinformatics, 2008. **24**(9): p. 1214-6.
169. Carrell, R.W., et al., *Structure and variation of human alpha 1-antitrypsin.* Nature, 1982. **298**(5872): p. 329-34.
170. Shein, H.M. and J.F. Enders, *Transformation induced by simian virus 40 in human renal cell cultures. I. Morphology and growth characteristics.* Proc Natl Acad Sci U S A, 1962. **48**: p. 1164-72.
171. Hassell, T., S. Gleave, and M. Butler, *Growth inhibition in animal cell culture. The effect of lactate and ammonia.* Appl Biochem Biotechnol, 1991. **30**(1): p. 29-41.
172. Knight, K.R., et al., *The proteinase-antiproteinase theory of emphysema: a speculative analysis of recent advances into the pathogenesis of emphysema.* Respirology, 1997. **2**(2): p. 91-5.
173. Stoller, J.K. and L.S. Aboussouan, *Alpha1-antitrypsin deficiency.* Lancet, 2005. **365**(9478): p. 2225-36.
174. Crystal, R.G., et al., *The alpha 1-antitrypsin gene and its mutations. Clinical consequences and strategies for therapy.* Chest, 1989. **95**(1): p. 196-208.
175. Carrell, R.W., *alpha 1-Antitrypsin: molecular pathology, leukocytes, and tissue damage.* J Clin Invest, 1986. **78**(6): p. 1427-31.
176. Li, W., et al., *Matrix metalloproteinase-26 is associated with estrogen-dependent malignancies and targets alpha1-antitrypsin serpin.* Cancer Res, 2004. **64**(23): p. 8657-65.
177. Liu, C.H. and P.S. Wu, *Characterization of matrix metalloproteinase expressed by human embryonic kidney cells.* Biotechnol Lett, 2006. **28**(21): p. 1725-30.
178. Lemp, D., A. Haselbeck, and F. Klebl, *Molecular cloning and heterologous expression of N-glycosidase F from Flavobacterium meningosepticum.* J Biol Chem, 1990. **265**(26): p. 15606-10.
179. Manabe, S. and Y. Ito, *Total Synthesis of Novel Subclass of Glyco-amino Acid Structure Motif: C2-α-L-C-Mannosylpyranosyl-L-tryptophan.* J. Am. Chem. Soc., 1999. **121**(41): p. 9754-9755.
180. Spada, F., et al., *Molecular patterning of the oikoplastic epithelium of the larvacean tunicate Oikopleura dioica.* J Biol Chem, 2001. **276**(23): p. 20624-32.
181. Lorenzo, P., et al., *Cloning and deduced amino acid sequence of a novel cartilage protein (CILP) identifies a proform including a nucleotide pyrophosphohydrolase.* J Biol Chem, 1998. **273**(36): p. 23469-75.
182. Datema, R. and R.T. Schwarz, *Interference with glycosylation of glycoproteins. Inhibition of formation of lipid-linked oligosaccharides in vivo.* Biochem J, 1979. **184**(1): p. 113-23.
183. McDowell, W. and R.T. Schwarz, *Dissecting glycoprotein biosynthesis by the use of specific inhibitors.* Biochimie, 1988. **70**(11): p. 1535-49.
184. Schwarz, R.T., M.F. Schmidt, and L. Lehle, *Glycosylation in vitro of Semliki-Forest-virus and influenza-virus glycoproteins and its suppression by nucleotide-2-deoxy-hexose.* Eur J Biochem, 1978. **85**(1): p. 163-72.
185. Steiner, S., R.J. Courtney, and J.L. Melnick, *Incorporation of 2-deoxy-D-glucose into glucoproteins of normal and Simian virus 40-transformed hamster cells.* Cancer Res, 1973. **33**(10): p. 2402-7.
186. Kannicht, C., *Glykosylierung des Membranglykoproteins gp110 aus Rattenleber und dessen in vivo-Modulation durch 2-Desoxy-D-galaktose.* . Dissertation, 1995. Freie Universität, Berlin.

187. Groebe, D., *Biochemische Modifikation von Glykan-Strukturen durch nicht natürlichen Monosaccharide und ihr Einfluss auf die Sialidase-Resistenz.* Dissertation, 2008.
188. Schmidt, M.F., R.T. Schwarz, and C. Scholtissek, *Nucleoside-diphosphate derivatives of 2-deoxy-D-glucose in animal cells.* Eur J Biochem, 1974. **49**(1): p. 237-47.
189. Collins, B.E., et al., *Conversion of cellular sialic acid expression from N-acetyl- to N-glycolylneuraminic acid using a synthetic precursor, N-glycolylmannosamine pentaacetate: inhibition of myelin-associated glycoprotein binding to neural cells.* Glycobiology, 2000. **10**(1): p. 11-20.
190. Hahn, T.J. and C.F. Goochee, *Growth-associated glycosylation of transferrin secreted by HepG2 cells.* J Biol Chem, 1992. **267**(33): p. 23982-7.
191. Goochee, C.F., *Bioprocess factors affecting glycoprotein oligosaccharide structure.* Dev Biol Stand, 1992. **76**: p. 95-104.
192. Van Den Hamer, C.J., et al., *Physical and chemical studies on ceruloplasmin. IX. The role of galactosyl residues in the clearance of ceruloplasmin from the circulation.* J Biol Chem, 1970. **245**(17): p. 4397-402.
193. Sibille, Y. and F.X. Marchandise, *Pulmonary immune cells in health and disease: polymorphonuclear neutrophils.* Eur Respir J, 1993. **6**(10): p. 1529-43.
194. Hasegawa, N., et al., *[Measurement of myeloperoxidase and thiobarbituric acid-reactive material in plasma and bronchoalveolar lavage in E. coli-induced acute lung injury].* Nihon Kyobu Shikkan Gakkai Zasshi, 1993. **31**(8): p. 924-31.
195. Pohl, W.R., et al., *[Diagnostic value of secretory products of eosinophils and neutrophils in bronchoalveolar lavage in patients with idiopathic lung fibrosis].* Wien Klin Wochenschr, 1993. **105**(14): p. 387-92.
196. Nakamura, T., et al., *Role of diradylglycerol formation in H2O2 and lactoferrin release in adherent human polymorphonuclear leukocytes.* J Leukoc Biol, 1994. **56**(2): p. 105-9.
197. Suchard, S.J. and L.A. Boxer, *Exocytosis of a subpopulation of specific granules coincides with H2O2 production in adherent human neutrophils.* J Immunol, 1994. **152**(1): p. 290-300.
198. Myhre, O., et al., *Evaluation of the probes 2',7'-dichlorofluorescin diacetate, luminol, and lucigenin as indicators of reactive species formation.* Biochem Pharmacol, 2003. **65**(10): p. 1575-82.
199. Rosenkranz, A.R., et al., *A microplate assay for the detection of oxidative products using 2',7'-dichlorofluorescin-diacetate.* J Immunol Methods, 1992. **156**(1): p. 39-45.
200. Bremnes, R.M., et al., *The E-cadherin cell-cell adhesion complex and lung cancer invasion, metastasis, and prognosis.* Lung Cancer, 2002. **36**(2): p. 115-24.
201. Lieber, M., et al., *A continuous tumor-cell line from a human lung carcinoma with properties of type II alveolar epithelial cells.* Int J Cancer, 1976. **17**(1): p. 62-70.
202. Park, H.I., et al., *Peptide substrate specificities and protein cleavage sites of human endometase/matrilysin-2/matrix metalloproteinase-26.* J Biol Chem, 2002. **277**(38): p. 35168-75.
203. Kolarich, D., et al., *Biochemical, molecular characterization, and glycoproteomic analyses of alpha(1)-proteinase inhibitor products used for replacement therapy.* Transfusion, 2006. **46**(11): p. 1959-77.
204. Brew, K. and H. Nagase, *The tissue inhibitors of metalloproteinases (TIMPs): an ancient family with structural and functional diversity.* Biochim Biophys Acta, 2010. **1803**(1): p. 55-71.

205. Ashwell, G. and A.G. Morell, *The role of surface carbohydrates in the hepatic recognition and transport of circulating glycoproteins.* Adv Enzymol Relat Areas Mol Biol, 1974. **41**(0): p. 99-128.
206. Takeuchi, M., et al., *Comparative study of the asparagine-linked sugar chains of human erythropoietins purified from urine and the culture medium of recombinant Chinese hamster ovary cells.* J Biol Chem, 1988. **263**(8): p. 3657-63.
207. Tsuda, E., et al., *Comparative structural study of N-linked oligosaccharides of urinary and recombinant erythropoietins.* Biochemistry, 1988. **27**(15): p. 5646-54.
208. Skibeli, V., G. Nissen-Lie, and P. Torjesen, *Sugar profiling proves that human serum erythropoietin differs from recombinant human erythropoietin.* Blood, 2001. **98**(13): p. 3626-34.
209. Nissen-Lie, G.e.a., *Charge Analyses of Human Erythropoietin and Analogues* Recent Advances in Doping Analysis, 2002. Sport und Buch Strauß, Köln.
210. Kwon, K.S. and M.H. Yu, *Effect of glycosylation on the stability of alpha1-antitrypsin toward urea denaturation and thermal deactivation.* Biochim Biophys Acta, 1997. **1335**(3): p. 265-72.
211. Liu, X., *Ortsspezifische Strukturaufklärung der N-Glykane von rekombinantem Alpha-1 Antitrypsin.* Dissertation, 2010. Charite Berlin.
212. Green, E.D. and J.U. Baenziger, *Asparagine-linked oligosaccharides on lutropin, follitropin, and thyrotropin. I. Structural elucidation of the sulfated and sialylated oligosaccharides on bovine, ovine, and human pituitary glycoprotein hormones.* J Biol Chem, 1988. **263**(1): p. 25-35.
213. Green, E.D. and J.U. Baenziger, *Asparagine-linked oligosaccharides on lutropin, follitropin, and thyrotropin. II. Distributions of sulfated and sialylated oligosaccharides on bovine, ovine, and human pituitary glycoprotein hormones.* J Biol Chem, 1988. **263**(1): p. 36-44.
214. Kang, S., R.D. Cummings, and J.W. McCall, *Characterization of the N-linked oligosaccharides in glycoproteins synthesized by microfilariae of Dirofilaria immitis.* J Parasitol, 1993. **79**(6): p. 815-28.
215. Mulder, H., et al., *Identification of a novel UDP-GalNAc:GlcNAc beta-R beta 1-4 N-acetylgalactosaminyltransferase from the albumen gland and connective tissue of the snail Lymnaea stagnalis.* Eur J Biochem, 1995. **227**(1-2): p. 175-85.
216. Neeleman, A.P., W.P. van der Knaap, and D.H. van den Eijnden, *Identification and characterization of a UDP-GalNAc:GlcNAc beta-R beta 1-->4-N-acetylgalactosaminyltransferase from cercariae of the schistosome Trichobilharzia ocellata. Catalysis of a key step in the synthesis of N,N'-diacetyllactosediamino (lacdiNAc)-type glycans.* Glycobiology, 1994. **4**(5): p. 641-51.
217. Nyame, K., et al., *Complex-type asparagine-linked oligosaccharides in glycoproteins synthesized by Schistosoma mansoni adult males contain terminal beta-linked N-acetylgalactosamine.* J Biol Chem, 1989. **264**(6): p. 3235-43.
218. Srivatsan, J., D.F. Smith, and R.D. Cummings, *Schistosoma mansoni synthesizes novel biantennary Asn-linked oligosaccharides containing terminal beta-linked N-acetylgalactosamine.* Glycobiology, 1992. **2**(5): p. 445-52.
219. Van den Eijnden, D.H., et al., *Novel glycosylation routes for glycoproteins: the lacdiNAc pathway.* Biochem Soc Trans, 1995. **23**(1): p. 175-9.
220. Van den Eijnden, D.H., et al., *Control and function of complex-type oligosaccharide synthesis. Novel variants of the lacNAc pathway.* Adv Exp Med Biol, 1995. **376**: p. 47-52.

221. van Die, I., et al., *Glycosylation in lepidopteran insect cells: identification of a beta 1-->4-N-acetylgalactosaminyltransferase involved in the synthesis of complex-type oligosaccharide chains.* Glycobiology, 1996. **6**(2): p. 157-64.
222. Manzella, S.M., L.V. Hooper, and J.U. Baenziger, *Oligosaccharides containing beta 1,4-linked N-acetylgalactosamine, a paradigm for protein-specific glycosylation.* J Biol Chem, 1996. **271**(21): p. 12117-20.
223. Fiete, D. and J.U. Baenziger, *Isolation of the SO4-4-GalNAcbeta1,4GlcNAcbeta1,2Manalpha-specific receptor from rat liver.* J Biol Chem, 1997. **272**(23): p. 14629-37.
224. Fiete, D.J., M.C. Beranek, and J.U. Baenziger, *A cysteine-rich domain of the "mannose" receptor mediates GalNAc-4-SO4 binding.* Proc Natl Acad Sci U S A, 1998. **95**(5): p. 2089-93.
225. Wedepohl, S., et al., *N-glycan analysis of recombinant L-Selectin reveals sulfated GalNAc and GalNAc-GalNAc motifs.* J Proteome Res. **9**(7): p. 3403-11.
226. Smith, P.L. and J.U. Baenziger, *Molecular basis of recognition by the glycoprotein hormone-specific N-acetylgalactosamine-transferase.* Proc Natl Acad Sci U S A, 1992. **89**(1): p. 329-33.
227. Mengeling, B.J., S.M. Manzella, and J.U. Baenziger, *A cluster of basic amino acids within an alpha-helix is essential for alpha-subunit recognition by the glycoprotein hormone N-acetylgalactosaminyltransferase.* Proc Natl Acad Sci U S A, 1995. **92**(2): p. 502-6.
228. Skelton, T.P., et al., *Pro-opiomelanocortin synthesized by corticotrophs bears asparagine-linked oligosaccharides terminating with SO4-4GalNAc beta 1,4GlcNAc beta 1,2Man alpha.* J Biol Chem, 1992. **267**(18): p. 12998-3006.
229. Bergwerff, A.A., et al., *The major N-linked carbohydrate chains from human urokinase. The occurrence of 4-O-sulfated, (alpha 2-6)-sialylated or (alpha 1-3)-fucosylated N-acetylgalactosamine(beta 1-4)-N-acetylglucosamine elements.* Eur J Biochem, 1995. **228**(3): p. 1009-19.
230. Chan, A.L., et al., *A novel sialylated N-acetylgalactosamine-containing oligosaccharide is the major complex-type structure present in Bowes melanoma tissue plasminogen activator.* Glycobiology, 1991. **1**(2): p. 173-85.
231. Coddeville, B., et al., *Heterogeneity of bovine lactotransferrin glycans. Characterization of alpha-D-Galp-(1-->3)-beta-D-Gal- and alpha-NeuAc-(2-->6)-beta-D-GalpNAc-(1-->4)- beta-D-GlcNAc-substituted N-linked glycans.* Carbohydr Res, 1992. **236**: p. 145-64.
232. Dell, A., et al., *Structural analysis of the oligosaccharides derived from glycodelin, a human glycoprotein with potent immunosuppressive and contraceptive activities.* J Biol Chem, 1995. **270**(41): p. 24116-26.
233. Hard, K., et al., *The Asn-linked carbohydrate chains of human Tamm-Horsfall glycoprotein of one male. Novel sulfated and novel N-acetylgalactosamine-containing N-linked carbohydrate chains.* Eur J Biochem, 1992. **209**(3): p. 895-915.
234. Kubelka, V., et al., *Primary structures of the N-linked carbohydrate chains from honeybee venom phospholipase A2.* Eur J Biochem, 1993. **213**(3): p. 1193-204.
235. Srivatsan, J., D.F. Smith, and R.D. Cummings, *Demonstration of a novel UDPGalNAc:GlcNAc beta 1-4 N-acetylgalactosaminyltransferase in extracts of Schistosoma mansoni.* J Parasitol, 1994. **80**(6): p. 884-90.
236. Tanaka, N., et al., *Novel structure of the N-acetylgalactosamine containing N-glycosidic carbohydrate chain of batroxobin, a thrombin-like snake venom enzyme.* J Biochem, 1992. **112**(1): p. 68-74.

237. Chiu, M.H., et al., *In vivo targeting function of N-linked oligosaccharides with terminating galactose and N-acetylgalactosamine residues.* J Biol Chem, 1994. **269**(23): p. 16195-202.
238. Dharmesh, S.M., T.P. Skelton, and J.U. Baenziger, *Co-ordinate and restricted expression of the ProXaaArg/Lys-specific GalNAc-transferase and the GalNAc beta 1,4GlcNAc beta 1,2Man alpha-4-sulfotransferase.* J Biol Chem, 1993. **268**(23): p. 17096-102.
239. Palcic, M.M. and O. Hindsgaul, *Flexibility in the donor substrate specificity of beta 1,4-galactosyltransferase: application in the synthesis of complex carbohydrates.* Glycobiology, 1991. **1**(2): p. 205-9.
240. Yan, S.C., et al., *Characterization and novel purification of recombinant human protein C from three mammalian cell lines.* Biotechnology (N Y), 1990. **8**(7): p. 655-61.
241. Lee, R.T. and Y.C. Lee, *Affinity enhancement by multivalent lectin-carbohydrate interaction.* Glycoconj J, 2000. **17**(7-9): p. 543-51.
242. Lee, Y.C., et al., *Binding of synthetic oligosaccharides to the hepatic Gal/GalNAc lectin. Dependence on fine structural features.* J Biol Chem, 1983. **258**(1): p. 199-202.
243. Connolly, D.T., et al., *Binding and endocytosis of cluster glycosides by rabbit hepatocytes. Evidence for a short-circuit pathway that does not lead to degradation.* J Biol Chem, 1982. **257**(2): p. 939-45.
244. Nemansky, M. and D.H. Van den Eijnden, *Bovine colostrum CMP-NeuAc:Gal beta(1-->4)GlcNAc-R alpha(2-->6)-sialyltransferase is involved in the synthesis of the terminal NeuAc alpha(2-->6)GalNAc beta(1-->4)GlcNAc sequence occurring on N-linked glycans of bovine milk glycoproteins.* Biochem J, 1992. **287 (Pt 1)**: p. 311-6.
245. Nimtz, M., et al., *Structural characterization of the oligosaccharide chains of native and crystallized boar seminal plasma spermadhesin PSP-I and PSP-II glycoforms.* Eur J Biochem, 1999. **265**(2): p. 703-18.
246. Kadowaki, T., et al., *N-Linked oligosaccharides on the meprin A metalloprotease are important for secretion and enzymatic activity, but not for apical targeting.* J Biol Chem, 2000. **275**(33): p. 25577-84.
247. Zhou, Y.B., et al., *N-glycosylation is required for efficient secretion of a novel human secreted glycoprotein, hPAP21.* FEBS Lett, 2004. **576**(3): p. 401-7.
248. Hoffmann, A., et al., *'Brain-type' N-glycosylation of asialo-transferrin from human cerebrospinal fluid.* FEBS Lett, 1995. **359**(2-3): p. 164-8.
249. Starling, J.J. and D.O. Keppler, *Metabolism of 2-deoxy-D-galactose in liver induces phosphate and uridylate trapping.* Eur J Biochem, 1977. **80**(2): p. 373-9.
250. Fischer, W. and G. Weidemann, *[the Conversion of 2-Desoxy-D-Galactose in Metabolism. Ii. Identification of Phosphorylated Intermediate Products.].* Hoppe Seylers Z Physiol Chem, 1964. **336**: p. 206-18.
251. Fischer, W. and G. Weidemann, *[the Conversion of 2-Desoxy-D-Galactose in Metabolism. I. A Simple Method for Demonstration of the Leloir Pathway.].* Hoppe Seylers Z Physiol Chem, 1964. **336**: p. 195-205.
252. Bullock, S., J. Potter, and S.P. Rose, *Effects of the amnesic agent 2-deoxygalactose on incorporation of fucose into chick brain glycoproteins.* J Neurochem, 1990. **54**(1): p. 135-42.
253. Feizi, T. and R.A. Childs, *Carbohydrates as antigenic determinants of glycoproteins.* Biochem J, 1987. **245**(1): p. 1-11.

254. Gomord, V., et al., *Biopharmaceutical production in plants: problems, solutions and opportunities.* Trends Biotechnol, 2005. **23**(11): p. 559-65.
255. Gooptu, B. and D.A. Lomas, *Polymers and inflammation: disease mechanisms of the serpinopathies.* J Exp Med, 2008. **205**(7): p. 1529-34.
256. Subramaniyam, D., et al., *Effects of alpha 1-antitrypsin on endotoxin-induced lung inflammation in vivo.* Inflamm Res. **59**(7): p. 571-8.
257. Zelvyte, I., et al., *alpha1-antitrypsin and its C-terminal fragment attenuate effects of degranulated neutrophil-conditioned medium on lung cancer HCC cells, in vitro.* Cancer Cell Int, 2004. **4**(1): p. 7.
258. Tryggvason, K., J. Patrakka, and J. Wartiovaara, *Hereditary proteinuria syndromes and mechanisms of proteinuria.* N Engl J Med, 2006. **354**(13): p. 1387-401.
259. Haraldsson, B. and J. Sorensson, *Why do we not all have proteinuria? An update of our current understanding of the glomerular barrier.* News Physiol Sci, 2004. **19**: p. 7-10.
260. Ceaglio, N., et al., *Novel long-lasting interferon alpha derivatives designed by glycoengineering.* Biochimie, 2008. **90**(3): p. 437-49.
261. Egrie, J.C., et al., *Darbepoetin alfa has a longer circulating half-life and greater in vivo potency than recombinant human erythropoietin.* Exp Hematol, 2003. **31**(4): p. 290-9.
262. Elliott, S., et al., *Enhancement of therapeutic protein in vivo activities through glycoengineering.* Nat Biotechnol, 2003. **21**(4): p. 414-21.
263. Perlman, S., et al., *Glycosylation of an N-terminal extension prolongs the half-life and increases the in vivo activity of follicle stimulating hormone.* J Clin Endocrinol Metab, 2003. **88**(7): p. 3227-35.
264. Gerngross, T.U., *Advances in the production of human therapeutic proteins in yeasts and filamentous fungi.* Nat Biotechnol, 2004. **22**(11): p. 1409-14.
265. Hamilton, S.R. and T.U. Gerngross, *Glycosylation engineering in yeast: the advent of fully humanized yeast.* Curr Opin Biotechnol, 2007. **18**(5): p. 387-92.
266. Chitlaru, T., et al., *Modulation of circulatory residence of recombinant acetylcholinesterase through biochemical or genetic manipulation of sialylation levels.* Biochem J, 1998. **336 (Pt 3)**: p. 647-58.
267. Stoorvogel, W., et al., *Relations between the intracellular pathways of the receptors for transferrin, asialoglycoprotein, and mannose 6-phosphate in human hepatoma cells.* J Cell Biol, 1989. **108**(6): p. 2137-48.
268. Stoorvogel, W., H.J. Geuze, and G.J. Strous, *Sorting of endocytosed transferrin and asialoglycoprotein occurs immediately after internalization in HepG2 cells.* J Cell Biol, 1987. **104**(5): p. 1261-8.
269. Mullis, K., et al., *Specific enzymatic amplification of DNA in vitro: the polymerase chain reaction. 1986.* Biotechnology, 1992. **24**: p. 17-27.
270. Birnboim, H.C. and J. Doly, *A rapid alkaline extraction procedure for screening recombinant plasmid DNA.* Nucleic Acids Res, 1979. **7**(6): p. 1513-23.
271. Mülhardt, C., *Der Experimentator: Molekularbiologie.* 1. Auflage ed. 1999: Gustav Fischer.
272. Sanger, F., S. Nicklen, and A.R. Coulson, *DNA sequencing with chain-terminating inhibitors.* Proc Natl Acad Sci U S A, 1977. **74**(12): p. 5463-7.
273. Smith, P.K., et al., *Measurement of protein using bicinchoninic acid.* Anal Biochem, 1985. **150**(1): p. 76-85.
274. Lottspeich, F., Engels, J.W., ed. *Bioanalytik.* Elsevier ed. Vol. 2. Auflage. 2006, Spektrum Akademischer Verlag.

275. Laemmli, U.K., *Cleavage of structural proteins during the assembly of the head of bacteriophage T4.* Nature, 1970. **227**(5259): p. 680-5.
276. Towbin, H., T. Staehelin, and J. Gordon, *Electrophoretic transfer of proteins from polyacrylamide gels to nitrocellulose sheets: procedure and some applications.* Proc Natl Acad Sci U S A, 1979. **76**(9): p. 4350-4.
277. Sober, H.A. and E.A. Peterson, *Protein chromatography on ion exchange cellulose.* Fed Proc, 1958. **17**(4): p. 1116-26.
278. Salmon, P., et al., *Pharmacokinetics and pharmacodynamics of recombinant human interferon-beta in healthy male volunteers.* J Interferon Cytokine Res, 1996. **16**(10): p. 759-64.
279. Albini, A., et al., *A rapid in vitro assay for quantitating the invasive potential of tumor cells.* Cancer Res, 1987. **47**(12): p. 3239-45.
280. Terranova, V.P., et al., *Use of a reconstituted basement membrane to measure cell invasiveness and select for highly invasive tumor cells.* Proc Natl Acad Sci U S A, 1986. **83**(2): p. 465-9.
281. Crouch, S.P., et al., *The use of ATP bioluminescence as a measure of cell proliferation and cytotoxicity.* J Immunol Methods, 1993. **160**(1): p. 81-8.
282. Plummer, T.H., Jr. and A.L. Tarentino, *Facile cleavage of complex oligosaccharides from glycopeptides by almond emulsin peptide: N-glycosidase.* J Biol Chem, 1981. **256**(20): p. 10243-6.
283. Packer, N.H., et al., *A general approach to desalting oligosaccharides released from glycoproteins.* Glycoconj J, 1998. **15**(8): p. 737-47.
284. Ohl, C., et al., *N-glycosylation patterns of HSA/CD24 from different cell lines and brain homogenates: a comparison.* Biochimie, 2003. **85**(6): p. 565-73.
285. Dwek, R.A., et al., *Analysis of glycoprotein-associated oligosaccharides.* Annu Rev Biochem, 1993. **62**: p. 65-100.
286. Kobata, A., *Use of endo- and exoglycosidases for structural studies of glycoconjugates.* Anal Biochem, 1979. **100**(1): p. 1-14.
287. Uchida, Y., Y. Tsukada, and T. Sugimori, *Enzymatic properties of neuraminidases from Arthrobacter ureafaciens.* J Biochem, 1979. **86**(5): p. 1573-85.
288. Scudder, P., et al., *The isolation by ligand affinity chromatography of a novel form of alpha-L-fucosidase from almond.* J Biol Chem, 1990. **265**(27): p. 16472-7.
289. Dell, A., *Preparation and desorption mass spectrometry of permethyl and peracetyl derivatives of oligosaccharides.* Methods Enzymol, 1990. **193**: p. 647-60.
290. Harvey, D.J., *Matrix-assisted laser desorption/ionization mass spectrometry of carbohydrates.* Mass Spectrom Rev, 1999. **18**(6): p. 349-450.
291. Wuhrer, M. and A.M. Deelder, *Matrix-assisted laser desorption/ionization in-source decay combined with tandem time-of-flight mass spectrometry of permethylated oligosaccharides: targeted characterization of specific parts of the glycan structure.* Rapid Commun Mass Spectrom, 2006. **20**(6): p. 943-51.
292. Papac, D.I., A. Wong, and A.J. Jones, *Analysis of acidic oligosaccharides and glycopeptides by matrix-assisted laser desorption/ionization time-of-flight mass spectrometry.* Anal Chem, 1996. **68**(18): p. 3215-23.
293. Bigge, J.C., et al., *Nonselective and efficient fluorescent labeling of glycans using 2-amino benzamide and anthranilic acid.* Anal Biochem, 1995. **230**(2): p. 229-38.
294. Gohlke, M., et al., *Carbohydrate structures of soluble human L-selectin recombinantly expressed in baby-hamster kidney cells.* Biotechnol Appl Biochem, 2000. **32 (Pt 1)**: p. 41-51.
295. Merry, A.H., et al., *Recovery of intact 2-aminobenzamide-labeled O-glycans released from glycoproteins by hydrazinolysis.* Anal Biochem, 2002. **304**(1): p. 91-9.

296. Wuhrer, M. and A.M. Deelder, *Negative-mode MALDI-TOF/TOF-MS of oligosaccharides labeled with 2-aminobenzamide.* Anal Chem, 2005. **77**(21): p. 6954-9.
297. Hara, S., et al., *Determination of mono-O-acetylated N-acetylneuraminic acids in human and rat sera by fluorometric high-performance liquid chromatography.* Anal Biochem, 1989. **179**(1): p. 162-6.
298. Townsend, R.R., et al., *Chromatography of carbohydrates.* Nature, 1988. **335**(6188): p. 379-80.
299. Andersen, R. and A. Sorensen, *Separation and determination of alditols and sugars by high-pH anion-exchange chromatography with pulsed amperometric detection.* J Chromatogr A, 2000. **897**(1-2): p. 195-204.
300. Hardy, M.R., R.R. Townsend, and Y.C. Lee, *Monosaccharide analysis of glycoconjugates by anion exchange chromatography with pulsed amperometric detection.* Anal Biochem, 1988. **170**(1): p. 54-62.

MIX
Papier aus verantwortungsvollen Quellen
Paper from responsible sources
FSC® C105338

Printed by Books on Demand GmbH, Norderstedt / Germany